Utilize este código QR para se cadastrar de forma mais rápida:

Ou, se preferir, entre em:
www.moderna.com.br/ac/livroportal
e siga as instruções para ter acesso aos conteúdos exclusivos do
Portal e Livro Digital

Faça apenas um cadastro. Ele será válido para:

 SANTILLANA EDUCAÇÃO Richmond SANTILLANA ESPAÑOL

6612112141 ARARIBA PLUS GEO 7 ED5_851

CB053100

Da semente ao livro,
sustentabilidade por todo o caminho

Plantar florestas

A madeira que serve de matéria-prima para nosso papel vem de plantio renovável, ou seja, não é fruto de desmatamento. Essa prática gera milhares de empregos para agricultores e ajuda a recuperar áreas ambientais degradadas.

Fabricar papel e imprimir livros

Toda a cadeia produtiva do papel, desde a produção de celulose até a encadernação do livro, é certificada, cumprindo padrões internacionais de processamento sustentável e boas práticas ambientais.

Criar conteúdos

Os profissionais envolvidos na elaboração de nossas soluções educacionais buscam uma educação para a vida pautada por curadoria editorial, diversidade de olhares e responsabilidade socioambiental.

Taciro Comunicação, Alexandre Santana e Estúdio Pingado

Construir projetos de vida

Oferecer uma solução educacional Moderna é um ato de comprometimento com o futuro das novas gerações, possibilitando uma relação de parceria entre escolas e famílias na missão de educar!

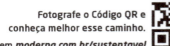

Fotografe o Código QR e conheça melhor esse caminho.

Saiba mais em *moderna.com.br/sustentavel*

ARARIBÁ PLUS
Geografia
7

Organizadora: Editora Moderna
Obra coletiva concebida, desenvolvida
e produzida pela Editora Moderna.

Editor Executivo:
Cesar Brumini Dellore

5ª edição

MODERNA

© Editora Moderna, 2018

 MODERNA

Elaboração de originais:

Aline Lima Santos
Doutora em Ciências pela Universidade de São Paulo, área de concentração: Geografia Humana. Pesquisadora acadêmica.

Ana Lúcia Barreto de Lucena
Bacharel em Ciências Sociais pela Universidade Federal de Minas Gerais. Editora.

André dos Santos Araújo
Licenciado em Geografia pela Universidade Cruzeiro do Sul. Editor.

Andrea de Marco Leite de Barros
Mestre em Ciências pela Universidade de São Paulo, área de concentração: Geografia Humana. Editora.

Carlos José Espíndola
Doutor em Ciências pela Universidade de São Paulo, área de concentração: Geografia Humana. Professor da Universidade Federal de Santa Catarina.

Carlos Vinicius Xavier
Mestre em Ciências pela Universidade de São Paulo, área de concentração: Geografia Humana. Editor.

Cesar Brumini Dellore
Bacharel em Geografia pela Universidade de São Paulo. Editor.

Cintia Fontes
Licenciada em Geografia pela Universidade de São Paulo. Professora em escolas particulares de São Paulo.

Fernando Carlo Vedovate
Mestre em Ciências pela Universidade de São Paulo, área de concentração: Geografia Humana. Editor e professor da rede pública de ensino e de escolas particulares de São Paulo.

Francisco Martins Garcia
Bacharel em Geografia pela Universidade de São Paulo. Escritor, fotógrafo e documentarista.

Gustavo Nagib
Mestre em Ciências pela Universidade de São Paulo, área de concentração: Geografia Humana. Professor em escolas particulares e curso pré-vestibular de São Paulo.

Jonatas Mendonça dos Santos
Mestre em Ciências pela Universidade de São Paulo, área de concentração: Geografia Humana. Professor de escolas particulares de São Paulo.

Maíra Fernandes
Mestra em Arquitetura e Urbanismo pela Universidade de São Paulo, área de concentração: Planejamento Urbano e Regional. Bacharel e licenciada em Geografia pela Universidade de São Paulo. Professora em escolas particulares de São Paulo.

Imagem de capa
Amanhecer na cidade de São Paulo (SP) com *drone* em primeiro plano: coleta de dados com uso de novas tecnologias na gestão urbana.

Coordenação editorial: Cesar Brumini Dellore
Edição de texto: André dos Santos Araújo, Andrea de Marco Leite de Barros, Carlos Vinicius Xavier, Maria Carolina Aguilera Maccagnini, Silvia Ricardo
Assistência editorial: Mirna Acras Abed Moraes Imperatore
Gerência de *design* e produção gráfica: Sandra Botelho de Carvalho Homma
Coordenação de produção: Everson de Paula, Patricia Costa
Suporte administrativo editorial: Maria de Lourdes Rodrigues
Coordenação de *design* e projetos visuais: Marta Cerqueira Leite
Projeto gráfico e capa: Daniel Messias, Otávio dos Santos
Pesquisa iconográfica para capa: Daniel Messias, Otávio dos Santos, Bruno Tonel
      Fotos: Jag_cz/Shutterstock, Alceu Batistão/Getty Images
Coordenação de arte: Carolina de Oliveira
Edição de arte: Arleth Rodrigues, Cristiane Cabral
Editoração eletrônica: Casa de Ideias
Edição de infografia: Luiz Iria, Priscilla Boffo, Giselle Hirata
Coordenação de revisão: Maristela S. Carrasco
Revisão: Beatriz Rocha, Cárita Negromonte, Know How Editorial Ltda., Leandra Trindade, Márcia Leme, Simone Garcia, Viviane Oshima
Coordenação de pesquisa iconográfica: Luciano Baneza Gabarron
Pesquisa iconográfica: Camila Soufer
Coordenação de *bureau*: Rubens M. Rodrigues
Tratamento de imagens: Fernando Bertolo, Joel Aparecido, Luiz Carlos Costa, Marina M. Buzzinaro
Pré-impressão: Alexandre Petreca, Everton L. de Oliveira, Marcio H. Kamoto, Vitória Sousa
Coordenação de produção industrial: Wendell Monteiro
Impressão e acabamento: A.S. Pereira Gráfica e Editora EIRELI - Lote: 788142 - Código: 12112141

Dados Internacionais de Catalogação na Publicação (CIP)
(Câmara Brasileira do Livro, SP, Brasil)

Araribá plus : geografia / organizadora Editora Moderna ; obra coletiva concebida, desenvolvida e produzida pela Editora Moderna ; editor executivo Cesar Brumini Dellore. – 5. ed. – São Paulo : Moderna, 2018.

Obra em 4 v. para alunos do 6º ao 9º ano. Bibliografia.

11. Geografia (Ensino fundamental) I. Dellore, Cesar Brumini.

18-16964   CDD-372.891

Índices para catálogo sistemático:
1. Geografia : Ensino fundamental 372.891
Maria Alice Ferreira - Bibliotecária - CRB-8/7964

ISBN 978-85-16-11214-1 (LA)
ISBN 978-85-16-11215-8 (LP)

EDITORA MODERNA LTDA.
Rua Padre Adelino, 758 – Belenzinho
São Paulo – SP – Brasil – CEP 03303-904
Vendas e Atendimento: Tel. (0_ _11) 2602-5510
Fax (0_ _11) 2790-1501
www.moderna.com.br
2024
Impresso no Brasil

1 3 5 7 9 10 8 6 4 2

APRESENTAÇÃO

A Terra abriga múltiplas relações e, por isso, pode ser vista por meio de diferentes lentes – a Geografia é uma delas. Ao estudar com os livros da coleção **Araribá Plus Geografia**, você vai exercitar a interpretação do mundo com base no olhar geográfico, isto é, pela maneira como materializamos no espaço nossos projetos e nossas necessidades.

A todo momento, os seres humanos se relacionam entre si e com o meio em que vivem, construindo novas paisagens e novas relações sociais. Ao longo do estudo, você vai conhecer as características de alguns continentes, como seu território, sua população e sua economia, e perceber que em todos eles existem problemas parecidos com os que enfrentamos no Brasil. Também vai conhecer a diversidade de povos e culturas e entender como as diferenças podem ser o ponto de partida para melhorarmos o mundo em que vivemos.

Com o professor, você e seus colegas vão realizar um trabalho colaborativo em que a opinião de todos será muito importante na construção do conhecimento. Para isso, contaremos também com a prática das chamadas **Atitudes para a vida**, que ajudam a lidar com situações desafiadoras de maneira criativa e inteligente. Esse é o primeiro passo para alcançar uma postura consciente e crítica diante de nossa realidade.

Ótimo estudo!

ATITUDES PARA A VIDA

11 ATITUDES MUITO ÚTEIS PARA O SEU DIA A DIA!

As Atitudes para a vida trabalham competências socioemocionais e nos ajudam a resolver situações e desafios em todas as áreas, inclusive no estudo de Geografia.

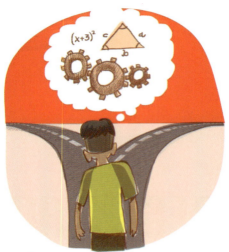

 1. Persistir

Se a primeira tentativa para encontrar a resposta não der certo, **não desista**, busque outra estratégia para resolver a questão.

2. Controlar a impulsividade

Pense antes de agir. Reflita sobre os caminhos que pode escolher para resolver uma situação.

3. Escutar os outros com atenção e empatia

Dar atenção e escutar os outros são ações importantes para se relacionar bem com as pessoas.

4. Pensar com flexibilidade

Considere diferentes possibilidades para chegar à solução. Use os recursos disponíveis e dê asas à imaginação!

5. Esforçar-se por exatidão e precisão

Confira os dados do seu trabalho. Informação incorreta ou apresentação desleixada podem prejudicar a sua credibilidade e comprometer todo o seu esforço.

6. Questionar e levantar problemas

Fazer as perguntas certas pode ser determinante para esclarecer suas dúvidas. Esteja alerta: indague, questione e levante problemas que possam ajudá-lo a compreender melhor o que está ao seu redor.

 7. Aplicar conhecimentos prévios a novas situações

Use o que você já sabe!
O que você já aprendeu pode ajudá-lo a entender o novo e a resolver até os maiores desafios.

8. Pensar e comunicar-se com clareza

Organize suas ideias e comunique-se com clareza.
Quanto mais claro você for, mais fácil será estruturar um plano de ação para realizar seus trabalhos.

9. Imaginar, criar e inovar

Desenvolva a criatividade conhecendo outros pontos de vista, imaginando-se em outros papéis, melhorando continuamente suas criações.

10. Assumir riscos com responsabilidade

Explore suas capacidades!
Estudar é uma aventura, não tenha medo de ousar. Busque informação sobre os resultados possíveis, e você se sentirá mais seguro para arriscar um palpite.

11. Pensar de maneira interdependente

Trabalhe em grupo, colabore. Juntando ideias e força com seus colegas, vocês podem criar e executar projetos que ninguém poderia fazer sozinho.

 No Portal *Arariбá Plus* e ao final do seu livro, você poderá saber mais sobre as *Atitudes para a vida*. Veja <www.moderna.com.br/araribaplus> em **Competências socioemocionais**.

CONHEÇA O SEU LIVRO

UM LIVRO ORGANIZADO

Seu livro tem 8 Unidades, que apresentam uma organização regular. Todas elas têm uma abertura, 4 Temas, páginas de atividades e, ao final, as seções *Representações gráficas*, *Atitudes para a vida* e *Compreender um texto*.

ABERTURA DE UNIDADE

Um texto apresenta o assunto que será desenvolvido e os principais objetivos de aprendizagem da Unidade.

As questões propostas em *Começando a Unidade* convidam você a analisar uma ou mais imagens e a verificar conhecimentos preexistentes.

O boxe *Atitudes para a vida* indica as atitudes cujo desenvolvimento será priorizado na Unidade.

No glossário, você encontra explicações sobre as palavras destacadas no texto.

TEMAS

Cada Unidade apresenta 4 Temas que desenvolvem os conteúdos de forma clara e organizada, mesclando texto e imagens.

Recursos digitais complementam os conteúdos do livro.

Elementos visuais, como ilustrações e fotos, exemplificam e complementam os conteúdos desenvolvidos.

Atividades solicitam a leitura e a interpretação de fotos, mapas, gráficos, tabelas e ilustrações que complementam as informações do texto.

Sugestões de leituras, vídeos e *sites* dão suporte para você aprofundar seus conhecimentos.

Gráficos, mapas, tabelas e infográficos estimulam a leitura de informações em diferentes linguagens.

SAIBA MAIS

Seção com informações adicionais sobre algum assunto abordado na Unidade e atividades que estimulam a análise geográfica com base em situações concretas.

TECNOLOGIA E GEOGRAFIA

Seção com exemplos de aplicação de tecnologia que interferem na maneira como a sociedade interpreta e interage com o espaço geográfico.

Aplicar seus conhecimentos

Atividades de aplicação de conceitos em situações relativamente novas, que desenvolvem a leitura de textos e imagens.

ATIVIDADES
Organizar o conhecimento

Atividades de organização e sistematização do conteúdo.

Desafio digital

Atividades que integram o conteúdo estudado ao uso de recursos digitais.

CONHEÇA O SEU LIVRO

REPRESENTAÇÕES GRÁFICAS

Programa que desenvolve, em cada Unidade, técnicas e diferentes tipos de representação gráfica. Explica, com uma linguagem clara e direta, o que é e como é utilizado cada um dos instrumentos apresentados.

ÍCONES DA COLEÇÃO

Glossário

Atitudes para a vida

Indica que existem jogos, vídeos, atividades ou outros recursos no **livro digital** ou no **portal** da coleção.

ATITUDES PARA A VIDA

Os textos desta seção apresentam situações em que atitudes selecionadas foram essenciais para a conquista de um objetivo. As atividades estimulam a compreensão das atitudes, ao mesmo tempo que levam à reflexão sobre a importância de colocá-las em prática.

Obter informações

Desenvolve a habilidade de identificar e fixar as principais ideias do texto.

COMPREENDER UM TEXTO

Seção com diferentes tipos de texto e atividades que desenvolvem a compreensão leitora.

Interpretar

Estimula a interpretação, a compreensão e a análise das informações do texto.

Pesquisar/Refletir/ Usar a criatividade

Propõe a pesquisa de novas informações, relacionando o que você leu com seus conhecimentos ou sugerindo a elaboração de trabalhos que estimulam a criatividade.

CONTEÚDO DOS MATERIAIS DIGITAIS

O *Projeto Araribá Plus* apresenta um Portal exclusivo, com ferramentas diferenciadas e motivadoras para o seu estudo. Tudo integrado com o livro para tornar a experiência de aprendizagem mais intensa e significativa.

Portal Araribá Plus – Geografia

- Conteúdos
  - OEDs
- Competências socioemocionais – **11 Atitudes para a vida**
  - Atividades
    - Caderno **11 Atitudes para a vida**
- Guia virtual de estudos
- Livro digital
- Obras complementares
- Programas de leitura

Livro digital com tecnologia *HTML5* para garantir melhor usabilidade e ferramentas que possibilitam buscar termos, destacar trechos e fazer anotações para posterior consulta.

O livro digital é enriquecido com objetos educacionais digitais (OEDs) integrados aos conteúdos. Você pode acessá-lo de diversas maneiras: no *smartphone*, no *tablet* (Android e iOS), no *desktop* e *on-line* no *site*:

http://mod.lk/livdig

ARARIBÁ PLUS APP

Aplicativo exclusivo para você com recursos educacionais na palma da mão!

Objetos educacionais digitais diretamente no seu *smartphone* para uso *on-line* e *off-line*.

Acesso rápido por meio do leitor de código *QR*.
http://mod.lk/app

Stryx, um guia virtual criado especialmente para você! Ele o ajudará a entender temas importantes e a achar videoaulas e outros conteúdos confiáveis, alinhados com o seu livro.

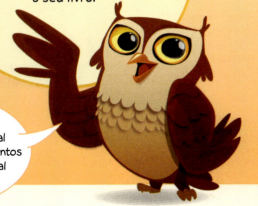

Eu sou o **Stryx** e serei seu guia virtual por trilhas de conhecimentos de um jeito muito legal de estudar!

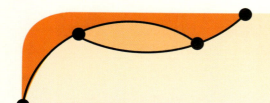

LISTA DOS OEDs DO 7º ANO

UNIDADE	TEMA	TÍTULO DO OBJETO DIGITAL
1	2 (Atividades)	Conhecendo a Chapada dos Veadeiros
2	3	Os povos indígenas
2	4 (Atividades)	Inventário cultural de quilombos do Vale do Ribeira
3	1	Reformas urbanas no Rio de Janeiro atual
3	4 (Atividades)	Dimensões do agronegócio
4	4 (Atividades)	Dinâmicas espaciais da Amazônia
5	4	Serra da Capivara
5	4 (Atividades)	O Sertão nordestino brasileiro
6	4 (Atividades)	Mobilidade urbana
7	2 (Atividades)	Aquífero Guarani
8	2	Oscar Niemeyer
8	4 (Atividades)	O Parque Indígena do Xingu

http://mod.lk/app

SUMÁRIO

SUMÁRIO

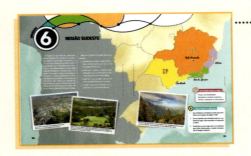

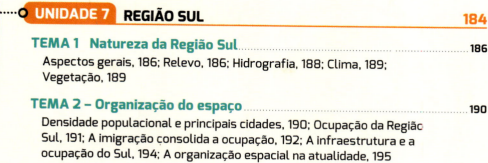

1

BRASIL: TERRITÓRIO E REGIONALIZAÇÃO

Conhecer os principais aspectos físicos, a formação e a ocupação do território e as regionalizações do Brasil favorece o entendimento de dinâmicas espaciais que ocorrem no país.

Após o estudo desta Unidade, você será capaz de:

- relacionar a posição e a extensão do Brasil com algumas características físicas do país;

- reconhecer a importância dos recursos naturais, da biodiversidade e das políticas de conservação ambiental;

- compreender o processo histórico--geográfico de formação e ocupação do território brasileiro;

- explicar o conceito de região e os critérios utilizados para regionalizações do território brasileiro.

ATITUDES PARA A VIDA

- Persistir.
- Escutar os outros com atenção e empatia.
- Pensar de maneira interdependente.

Vista de praia e área urbana no município de Santa Cruz Cabrália (BA, 2017).

TALEB AZZI/PULSAR IMAGENS

▶ COMEÇANDO A UNIDADE

1. Você conhece outras paisagens brasileiras parecidas com a que está representada na imagem? Comente quais são as semelhanças verificadas.

2. Observando a imagem e a partir de seus conhecimentos, explique como é o clima e o relevo do local representado.

3. No período da colonização portuguesa no Brasil, como você imagina que era a paisagem do local representado na imagem?

NATUREZA DO BRASIL

LOCALIZAÇÃO E DIMENSÕES DO TERRITÓRIO

O Brasil está localizado no continente americano, em quase toda a sua totalidade no **Hemisfério Sul** – ao sul da Linha do Equador – e totalmente no **Hemisfério Ocidental**, a oeste do Meridiano de Greenwich.

Segundo o Instituto Brasileiro de Geografia e Estatística (IBGE), o Brasil ocupa uma área de 8.515.759,090 km², o que faz dele o 5º maior país do mundo em extensão territorial. Sua costa, banhada pelo Oceano Atlântico, se estende por 7.367 km. O território brasileiro se limita com quase todos os países da América do Sul, exceto Chile e Equador.

Em razão de sua vasta área, o Brasil apresenta grandes distâncias entre seus pontos extremos (figura 1).

Por que o Brasil é um país de grande diversidade natural?

De olho no mapa

1. Em que zona climática se localiza a maior parte do litoral brasileiro?

2. Qual é o único ponto extremo do Brasil localizado no Hemisfério Norte?

FIGURA 1. BRASIL: PONTOS EXTREMOS E EXTENSÕES DO TERRITÓRIO

Fonte: IBGE. *Atlas geográfico escolar*. 7. ed. Rio de Janeiro: IBGE, 2016. p. 91.

FERNANDO JOSÉ FERREIRA

AS LONGITUDES E OS FUSOS HORÁRIOS

Os **fusos horários** são definidos pelos meridianos. Atualmente, são adotados no país quatro diferentes fusos horários: o primeiro deles abrange só o Arquipélago de Fernando de Noronha e o quarto, apenas o estado do Acre e parte do Amazonas.

Para evitar dois horários diferentes dentro dos limites de alguns estados brasileiros, estabeleceu-se um desvio dentro dos limites teóricos dos fusos, conhecido como "limite prático" (figura 2).

O horário de Brasília, estabelecido como oficial do país, é regulado de acordo com a GMT (abreviação da expressão inglesa *Greenwich Meridian Time*, que significa Hora do Meridiano de Greenwich) e apresenta três horas de atraso em relação ao horário do Meridiano de Greenwich.

AS LATITUDES E AS PAISAGENS

Levando em consideração a posição do Brasil em relação aos trópicos e círculos polares, que delimitam as **zonas térmicas** da Terra, podemos notar que a maior parte do território brasileiro se encontra na **Zona Tropical**. Esse fator é determinante para o predomínio de climas tropicais no Brasil e para a existência de formações vegetais como as florestas tropicais e o cerrado (figura 3).

No entanto, parte do território brasileiro está situada na **Zona Temperada do Sul**, onde ocorrem temperaturas mais baixas do que no restante do país e paisagens naturais com tipos de vegetação adaptados a essas características climáticas.

Figura 3. Paisagem com vegetação de cerrado, no município de Delfinópolis (MG, 2016). Essa formação vegetal abriga grande diversidade de espécies de plantas nativas.

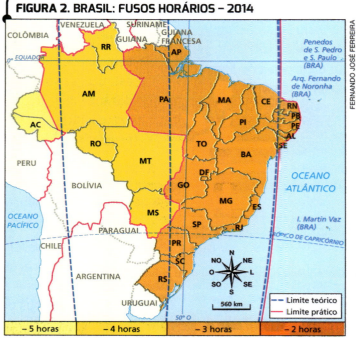

FIGURA 2. BRASIL: FUSOS HORÁRIOS – 2014

Fonte: IBGE 7 a 12. Disponível em: <http://7a12.ibge.gov.br/images/7a12/mapas/Brasil/brasil_fusos_horarios.pdf>. Acesso em: 13 mar. 2018.

O RELEVO BRASILEIRO

O Brasil está localizado em uma área considerada tectonicamente estável, sem vulcões ativos e com baixa atividade sísmica. Seu território é formado por estruturas rochosas antigas, que foram desgastadas por processos erosivos durante milhões de anos. Ao longo do tempo geológico, os efeitos de mudanças climáticas, alternando períodos de glaciação com períodos interglaciais, produziram formas de relevo com altitudes médias inferiores a 1.000 metros.

O ponto mais alto do país é o Pico da Neblina, com 2.994 metros de altitude. Se comparado a outras elevações existentes na América do Sul, como as montanhas da Cordilheira dos Andes, algumas com mais de 6.000 metros, o Brasil não apresenta grandes elevações (figura 4).

O relevo brasileiro continua a ser remodelado. Os fatores que provocam as maiores modificações, além da ação humana, são as chuvas abundantes, os ventos, as altas temperaturas e a ação dos rios, que estão diretamente relacionados com os processos de intemperismo, erosão e sedimentação.

Atividade sísmica: liberação de energia no interior da crosta terrestre capaz de gerar vibrações na superfície, originando os terremotos.

De olho no mapa

Estabeleça a relação entre o curso dos rios e as diferenças de altitude do relevo da porção leste do país.

FIGURA 4. BRASIL: FÍSICO

Fonte: IBGE. *Atlas geográfico escolar.* 7. ed. Rio de Janeiro: IBGE, 2016. p. 88.

OS RIOS BRASILEIROS

O Brasil possui a maior rede fluvial do mundo e milhões de brasileiros dependem dos rios para sobreviver, utilizando suas águas para diversos fins, como: **irrigação agrícola, abastecimento de água, pesca, produção de energia elétrica, navegação e transporte** (figura 5).

AS REGIÕES E BACIAS HIDROGRÁFICAS

Em função das variações do relevo, alguns rios drenam para si todos os cursos de água de uma **bacia hidrográfica**, área que compreende o rio principal e todos os seus afluentes, ribeirões e córregos que o alimentam.

Em 2008, o Ministério do Meio Ambiente produziu o Plano Nacional de Recursos Hídricos, que delimitou 12 **regiões hidrográficas**, algumas constituídas pelo agrupamento de rios de menor extensão e vazão ao longo do litoral brasileiro (figura 6).

Figura 5. Embarcação transportando cana-de-açúcar na Hidrovia Tietê-Paraná, no município de Pederneiras (SP, 2016).

FIGURA 6. BRASIL: REGIÕES HIDROGRÁFICAS

Fonte: IBGE. *Atlas geográfico escolar.* 7. ed. Rio de Janeiro: IBGE, 2016. p. 105.

De olho no mapa

Indique onde deságuam os rios mais importantes da Bacia Tocantins-Araguaia.

O CLIMA NO BRASIL

Os elementos do clima, como temperatura e precipitações, estão associados aos processos de transformação e modelagem do relevo. Além disso, influenciam os tipos de vegetação, a hidrografia, a agricultura e, de maneira geral, o cotidiano das pessoas.

No Brasil predominam climas quentes e úmidos. Isso acontece porque a maior parte do território brasileiro encontra-se em áreas de baixas latitudes, entre a Linha do Equador e o Trópico de Capricórnio; ou seja, na Zona Tropical, que é a mais quente da Terra. Os tipos de clima que ocorrem em maiores áreas do país são o **clima equatorial**, o **clima tropical** e o **clima subtropical** (figura 7).

Além da localização, existem outros fatores que influenciam a ocorrência dos seis principais tipos climáticos do Brasil. Um deles é a inexistência de altas cadeias montanhosas, sendo um território em que prevalecem baixas altitudes. Outro fator é a dinâmica das massas de ar, que adquirem características de temperatura e umidade do ar das áreas nas quais se originam.

PARA PESQUISAR

- **Centro de Previsão de Tempo e Estudos Climáticos (CPTEC)** <http://clima.cptec.inpe.br/>

  O *site* apresenta vídeos, mapas, imagens de satélites e gráficos com informações sobre o tempo atmosférico e a dinâmica climática no Brasil e no mundo.

FIGURA 7. BRASIL: CLIMAS

FERNANDO JOSÉ FERREIRA

De olho no mapa

Qual ou quais os tipos de clima que ocorrem na unidade federativa em que você vive?

Legenda do mapa:
- ◼ Equatorial
- ◼ Tropical
- ◼ Tropical semiárido
- ◼ Tropical litorâneo
- ◼ Tropical de altitude
- ◼ Subtropical

Fonte: FERREIRA, Graça M. L. *Atlas geográfico*: espaço mundial. 4. ed. São Paulo: Moderna, 2013. p. 123.

TIPOS DE VEGETAÇÃO DO BRASIL

No Brasil, a grande extensão territorial e a variedade de tipos climáticos influenciam as formações vegetais, que abrigam diversidade de espécies vegetais e animais.

Existem quatro tipos principais de vegetação no país: as florestas (Floresta Amazônica, Mata Atlântica e Mata dos Pinhais), o cerrado, a caatinga e os campos. O Pantanal é um complexo de formações vegetais que compreende florestas e campos (figura 8).

A vegetação nativa, porém, foi bastante modificada, e em parte destruída, por atividades extrativas e agropecuárias e pela expansão urbana (figura 9).

De olho nos mapas

Quais formações vegetais brasileiras foram mais transformadas pela ação humana?

FIGURA 8. BRASIL: VEGETAÇÃO ORIGINAL

Legenda:
- Floresta Amazônica
- Mata Atlântica
- Mata dos Pinhais
- Cerrado
- Caatinga
- Campos
- Complexo do Pantanal
- Vegetação litorânea

FIGURA 9. BRASIL: VEGETAÇÃO ATUAL

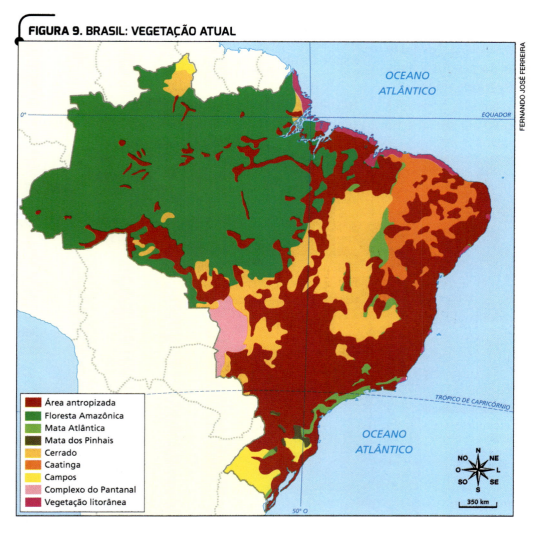

Legenda:
- Área antropizada
- Floresta Amazônica
- Mata Atlântica
- Mata dos Pinhais
- Cerrado
- Caatinga
- Campos
- Complexo do Pantanal
- Vegetação litorânea

Fonte dos mapas: FERREIRA, Graça M. L. Atlas geográfico: espaço mundial. 4. ed. São Paulo: Moderna, 2013. p. 125.

23

② CONSERVAÇÃO DA NATUREZA

Que ações são necessárias para que o Brasil conserve um dos maiores patrimônios ambientais do planeta?

PATRIMÔNIO E SUSTENTABILIDADE

A noção de **patrimônio** está relacionada ao conjunto de bens de valor natural e cultural herdados por uma sociedade. É referência de identidade de uma sociedade e, por isso, deve ser preservado e transmitido de geração a geração.

Um dos principais desafios da atualidade é assegurar o **desenvolvimento sustentável**, ou seja, um modelo de desenvolvimento capaz de satisfazer as necessidades da população atual sem comprometer as necessidades das gerações futuras. No setor agrícola, por exemplo, o aumento da produtividade resultou em muitos impactos ambientais negativos. Alguns modelos de agricultura sustentável, baseados no crescimento econômico, na equidade social e no equilíbrio ecológico, já estão sendo priorizados, como os sistemas agroflorestais (figura 10).

Para assegurar a sustentabilidade, é preciso combater a pobreza e reduzir as desigualdades sociais, garantindo oportunidades iguais para todos.

Atualmente, uma considerável parcela da população mundial consome muito mais do que necessita para sua sobrevivência, motivando uma exploração excessiva dos recursos naturais do planeta. Ao mesmo tempo, a pobreza exclui o acesso de grande parte da população a bens e serviços básicos, como alimentos de boa qualidade e serviços de saneamento ambiental.

De modo geral, as sociedades precisam encontrar formas eficazes de promover o desenvolvimento sustentável e proteger seu patrimônio natural e cultural.

MARCOS AMEND/PULSAR IMAGENS

Figura 10. Os sistemas agroflorestais são formas de plantio de espécies agrícolas e florestais em uma mesma área. Dessa maneira, misturam-se cerca de dez a vinte espécies, resultando em diversas colheitas ao longo dos anos. Na foto, área de sistema agloflorestal, com plantação de mandioca, banana e outras espécies, no município de Feijó (AC, 2016).

BRASIL MEGADIVERSO

Os países que abrigam grande diversidade de espécies em seu território são denominados **países megadiversos** (figura 11). O Brasil é o primeiro colocado entre os 17 países mais ricos em biodiversidade do planeta.

FIGURA 11. PAÍSES MEGADIVERSOS

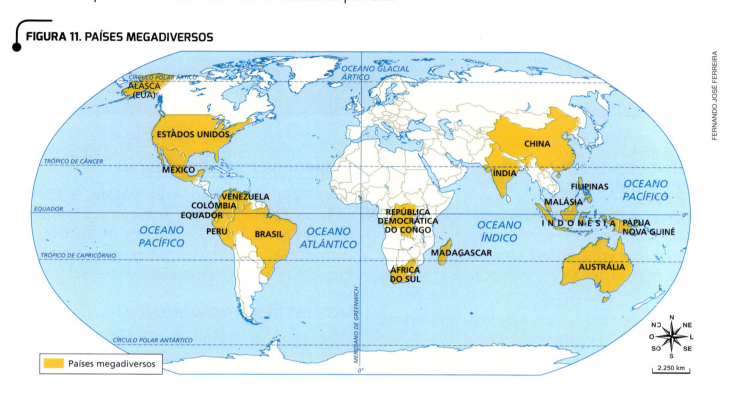

FERNANDO JOSÉ FERREIRA

A biodiversidade envolve toda a variedade de espécies de flora, fauna e microrganismos e a relação entre os organismos vivos.

Países em desenvolvimento localizados em áreas de climas quentes e úmidos, com vastas florestas e variedade de espécies, concentram a maior parte dessa megadiversidade, embora enfrentem dificuldades para explorá-la de forma sustentável. Isso ocorre, em parte, porque esses países possuem menos recursos financeiros e tecnológicos do que os países mais desenvolvidos, além de apresentarem grandes disparidades sociais.

Para muitos países em desenvolvimento, um dos principais desafios é explorar comercialmente suas grandes áreas florestais de forma sustentável.

Fonte: BIODIVERSITY A-Z. *Megadiverse countries*. Disponível em: <http://www.biodiversitya-z.org/content/megadiverse-ccuntries>. Acesso em: 14 mar. 2018.

De olho no mapa

Em que zona climática se localiza a maior parte dos países megadiversos? Por quê?

QUADRO

O combate à biopirataria

A **biopirataria** é uma atividade ilegal comum no Brasil e em outros países megadiversos. Essa prática consiste na apropriação indevida de recursos biológicos e de conhecimentos tradicionais por grupos econômicos internacionais que desejam a rápida obtenção de lucro. São exemplos dessas atividades a exploração das plantas medicinais e aromáticas e o tráfico de animais silvestres.

- Por que a biopirataria deve ser combatida pelo governo brasileiro?

Figura 12. Paredões de arenito no Parque Nacional da Chapada dos Guimarães, localizado no município da Chapada dos Guimarães (MT, 2017). Esta Unidade de Conservação foi criada com o objetivo de preservar a fauna e flora da região.

A POLÍTICA E A LEGISLAÇÃO AMBIENTAL NO BRASIL

Embora o primeiro **Código Florestal** brasileiro tenha sido criado em 1934, a fim de garantir a integridade natural de áreas do território nacional, apenas em meados do século XX a preservação dos recursos naturais passou a ser discutida com ênfase no país.

A década de 1960 marcou o início da proliferação de leis ambientais em diferentes países.

Em 1972, a Conferência das Nações Unidas, realizada em Estocolmo, chamou a atenção do mundo para essa questão. No ano seguinte, o governo brasileiro criou a Secretaria Especial do Meio Ambiente (Sema). Sua evolução resultou na criação, em 15 de março de 1985, do Ministério do Desenvolvimento Urbano e do Meio Ambiente, que na década seguinte deu origem ao atual Ministério do Meio Ambiente.

Em 1989, foi criado o **Instituto Brasileiro de Meio Ambiente e dos Recursos Naturais Renováveis (Ibama)**, que tem a responsabilidade de executar ações das políticas nacionais de meio ambiente, conceder licenças ambientais, promover a fiscalização ambiental, entre outras atribuições.

Após a realização de discussões entre diferentes setores da sociedade, foi aprovado o **Novo Código Florestal** brasileiro, em 2012.

PARA PESQUISAR

- **Greenpeace Brasil**
  <www.greenpeace.org/brasil>
  O portal reúne notícias, fotos e documentos sobre a questão ambiental no Brasil e no mundo.

AS UNIDADES DE CONSERVAÇÃO

No Brasil, o governo criou as Unidades de Conservação para proteger o meio ambiente e preservar os recursos naturais em longo prazo. As Unidades de Conservação se dividem em dois grupos: Unidades de Proteção Integral e Unidades de Uso Sustentável.

UNIDADES DE PROTEÇÃO INTEGRAL

Nas Unidades de Proteção Integral, o principal objetivo é manter a área praticamente intacta. Essas unidades apresentam normas mais restritivas, não permitindo o consumo, a coleta ou qualquer tipo de dano aos recursos naturais. Nesses locais, pode ser praticado o ecoturismo, além de atividades relacionadas a pesquisa científica, educação ambiental e recreação.

As Unidades de Proteção Integral se dividem em:

- **Estação Ecológica** – área de preservação, com realização de pesquisas científicas e visitação com objetivo educacional.

- **Reserva Biológica** – área de preservação e recuperação dos ecossistemas alterados, permitindo apenas visitas com objetivo educacional.

- **Parque Nacional** – área de preservação e de beleza cênica, com realização de pesquisas científicas, atividades recreativas e educativas (figura 12).

- **Monumento Natural** – área de preservação de lugares raros e de grande beleza cênica (que pode ser propriedade particular), com atividades de visitação.

- **Refúgio da Vida Silvestre** – área de preservação para a existência e a reprodução de espécies (que pode ser propriedade particular), com atividades de visitação.

UNIDADES DE USO SUSTENTÁVEL

Nas Unidades de Uso Sustentável, a conservação da natureza é conciliada com o uso sustentável dos recursos naturais.

As categorias dessas unidades são:

- **Área de Proteção Ambiental** – área pública ou particular com proteção da biodiversidade e organização da ocupação humana.

- **Área de Relevante Interesse Ecológico** – área pública ou particular com preservação de ecossistemas e baixa ocupação humana.

- **Floresta Nacional** – área florestal que abriga vegetação e população tradicional nativas.

- **Reserva Extrativista** – área com população extrativista tradicional que permite visitação pública e realização de pesquisa científica.

- **Reserva de Fauna** – área natural que abriga animais nativos.

- **Reserva de Desenvolvimento Sustentável** – área natural com população tradicional que permite visitação pública e realização de pesquisa científica.

- **Reserva Particular do Patrimônio Natural** – área particular de conservação da biodiversidade na qual são permitidas atividades de pesquisa científica, visitação turística, recreativa e educacional.

Observe as Unidades de Conservação brasileiras no mapa da figura 13.

FERNANDO JOSÉ FERREIRA

FIGURA 13. BRASIL: UNIDADES DE CONSERVAÇÃO – 2016

PARA LER

- **É possível explorar e preservar a Amazônia?**
Ricardo Dreguer, Eliete Toledo.
São Paulo: Moderna, 2013.

Discute a exploração e a preservação dos recursos naturais da Amazônia, interligando diferentes temas e conteúdos, como biodiversidade e desmatamento, extrativismo e conflitos sociais, povos indígenas e preservação etc.

De olho no mapa

1. Retome seus conhecimentos sobre as formações vegetais do Brasil e indique em qual delas há maiores extensões protegidas por Unidades de Conservação.

2. No municípo em que você reside existe alguma Unidade de Conservação?

No mapa estão representadas apenas as Unidades de Conservação maiores que 3.000 hectares.

Fonte: MMA. Disponível em: <https://mmagovbr-my.sharepoint.com/personal/22240033327_mma_gov_br/Documents/CNUC/Site/A0_CNUC_PT-BR.pdf?slrid=ca70539e-704c-5000-cf6c-89a534af5cd1>. Acesso em: 14 mar. 2018.

ATIVIDADES

ORGANIZAR O CONHECIMENTO

1. Qual é a posição do Brasil em relação aos hemisférios da Terra?

2. Leia as afirmações sobre fusos horários e assinale a alternativa correta.

  a) Os horários em todo o Brasil seguem a hora da capital Brasília, o chamado "limite prático".

  b) O "limite prático" divide o Brasil em quatro zonas de fusos horários.

  c) O Brasil está localizado em apenas uma zona de fuso horário, sem a necessidade do chamado "limite prático".

  d) O Brasil apresenta diferença de até duas horas entre fusos divididos por um "limite prático".

  e) O horário de Brasília apresenta seis horas de atraso em relação ao horário do Meridiano de Greenwich.

3. Analise as afirmativas e assinale V (para verdadeira) ou F (para falsa).

  (   ) A maior parte do território brasileiro está localizada na Zona Tropical.

  (   ) As variações do relevo não influenciam na forma como os rios drenam suas águas.

  (   ) No Brasil, as chuvas abundantes, os ventos, as altas temperaturas, os rios e a ação humana geram as maiores modificações no relevo.

  (   ) As atividades humanas modificaram grande parte das extensas formações vegetais que existiam originalmente no Brasil.

  (   ) As altas cadeias montanhosas existentes no Brasil contribuem para o predomínio de tipos climáticos quentes.

  (   ) O relevo do Brasil, comparado ao de outros países da América do Sul, como Chile e Argentina, não apresenta grandes elevações.

4. Defina sucintamente os termos apresentados a seguir.

  a) Patrimônio.

  b) Desenvolvimento sustentável.

5. Quais são os principais tipos de vegetação encontrados no Brasil? A que se deve a diversidade de formações vegetais no país?

6. Reveja a figura 11, na página 25. Que aspectos do quadro físico e territorial são comuns a esse grupo de países?

APLICAR SEUS CONHECIMENTOS

7. Observe o mapa reproduzido abaixo e, com base em sua interpretação e nos conhecimentos adquiridos, faça o que se pede.

Fonte: IBGE. *Atlas geográfico escolar.* 7. ed. Rio de Janeiro: IBGE, 2016. p. 41.

  a) Liste os países sul-americanos que fazem e os que não fazem fronteira com o Brasil.

  b) Na fronteira com qual país está localizado o Rio Moa, cuja nascente é o ponto mais ocidental do Brasil?

  c) Que países representados no mapa têm seu território integralmente localizado no Hemisfério Sul?

  d) Qual é a capital de país mais próxima de Brasília, em linha reta? Explique como você chegou a essa resposta.

8. Comente a relação entre o texto e a charge reproduzidos a seguir.

"[...] As grandes árvores da Amazônia, cujas copas estão no dossel da floresta, podem chegar a 55 m de altura (um edifício de 20 andares) e pesar algumas centenas de toneladas, sem contar as inúmeras plantas menores que se dependuram nela. Numa grande árvore pode-se encontrar mais de 50 espécies de samambaias, bromélias, cactos, aráceas e outras formas de vida vegetal. [...] Quando um gigante deste cai na mata, uma comunidade inteira de vida, que levou centenas de anos para alcançar aquele estágio, se encerra abruptamente [...]."

MEIRELLES FILHO, João. *O livro de ouro da Amazônia*.
Rio de Janeiro: Ediouro, 2004. p. 50.

9. Leia o texto a seguir a respeito da diversidade do Pantanal.

O Pantanal é a maior planície alagável do mundo. Foi considerado Patrimônio Nacional pela Constituição Federal de 1988 e, desde 2000, é Patrimônio da Humanidade e Reserva da Biosfera pelas Nações Unidas.

A vegetação do Pantanal é bastante heterogênea e apresenta características da Floresta Amazônica, do Cerrado, da Mata Atlântica, além de espécies aquáticas e cactáceas. A fauna da região também é muito rica, dotada de enorme biodiversidade.

O Pantanal é um ecossistema frágil e está ameaçado por uma série de atividades humanas, entre elas a caça e a pesca predatórias, a expansão das lavouras comerciais e do uso de agrotóxicos, a exploração mineral, o transporte hidroviário pelo Rio Paraguai, o turismo não controlado e a pecuária.

a) Qual é a razão para o Pantanal ser considerado um patrimônio?

b) Faça uma pesquisa e liste cinco animais típicos da fauna pantaneira.

10. Leia o texto a seguir.

"O desmatamento é um dos maiores inimigos de uma Unidade de Conservação. A fiscalização é uma tarefa difícil, ainda mais diante das equipes reduzidas da maioria das unidades.

Recentemente, o Imazon produziu um relatório no qual levanta os dados do desmatamento em UCs da Amazônia Legal entre 2012 e 2015. O número assusta: foram 237,3 mil hectares de áreas desmatadas dentro das próprias unidades. Segundo o relatório, esse desmatamento equivale a aproximadamente 136 milhões de árvores destruídas, assim como o *habitat* de 4,2 milhões de aves e 137 mil macacos.

As unidades de conservação da Floresta Amazônica não são as únicas que sofrem com o desmatamento. O cerrado também é um bioma sensível às pressões do desmatamento provocado pela voracidade da agropecuária na região central do país."

MENEGASSI, Bruna. 5 grandes problemas que as Unidades de Conservação enfrentam no Brasil. *Wiki Parques*. Disponível em: <http://www.wikiparques.org/5-grandes-problemas-que-as-unidades-de-conservacao-enfrentam-no-brasil/>. Acesso em: 21 maio 2018.

Responda:

a) Qual é a importância das Unidades de Conservação?

b) Que atividade vem causando desmatamento nas UCs da região central do país?

c) Além do desmatamento, quais são os principais desafios enfrentados na conservação dessas Unidades?

DESAFIO DIGITAL

11. Acesse os vídeos do objeto digital *Conhecendo a Chapada dos Veadeiros*, disponível em: <http://mod.lk/desv7u1>, e faça o que se pede.

a) Quais recursos extraídos pelos Kalungas são citados no objeto digital? Com base em seus conhecimentos, explique por que os Kalungas não podem explorar as áreas do interior do Parque Nacional da Chapada dos Veadeiros.

b) Caracterize um Parque Nacional e informe em que tipo de Unidade de Conservação ele se enquadra.

c) Quais são as principais causas e consequências dos impactos no cerrado brasileiro?

TEMA 3

FORMAÇÃO DO TERRITÓRIO BRASILEIRO

O território brasileiro sempre teve os limites atuais?

Burguesia: grupo social que se dedicava principalmente às atividades comerciais e que buscava acumular riquezas, adquirir influência política e destaque social.

Figura 14. Durante o mercantilismo, a cidade italiana de Veneza foi um dos principais centros econômicos do mundo. A cidade concentrava importantes instituições comerciais e financeiras da época. Na imagem, óleo sobre tela *Vista da Baía de São Marcos*, de Francesco Guardi, do século XVIII.

O SURGIMENTO DO CAPITALISMO E O INÍCIO DA FORMAÇÃO TERRITORIAL DO BRASIL

O início da formação territorial do Brasil está diretamente associado ao desenvolvimento, na Europa, do **capitalismo**, no final da Idade Média. O surgimento desse sistema foi responsável por transformar as relações econômicas e sociais que existiam até então. Nesse contexto, algumas das mudanças que ocorreram foram: o fortalecimento da burguesia, o surgimento dos bancos e do sistema financeiro, a intensificação das relações comerciais e o crescimento das cidades.

AS GRANDES NAVEGAÇÕES

Essa fase inicial de desenvolvimento do sistema capitalista recebe a denominação de capitalismo comercial ou mercantilismo, e se estendeu de 1450 a 1750 (figura 14).

Durante essa fase, os reis dos principais países da Europa (as potências Portugal, Espanha, França, Holanda e Inglaterra) e a burguesia compartilhavam alguns interesses. Os primeiros buscavam ampliar seus domínios territoriais, enquanto a burguesia desejava aumentar seus mercados, estabelecendo novas relações comerciais e concentrando maior riqueza. Esses interesses comuns motivaram as **Grandes Navegações**, impulsionando o comércio ultramarino, especialmente o comércio de especiarias, metais preciosos e escravos entre os continentes asiático, africano, americano e europeu.

DIVISÃO INTERNACIONAL DO TRABALHO

Durante o mercantilismo, as potências europeias entendiam que era necessário dominar e explorar novas terras. Para isso, buscaram expandir seus impérios e controlar rotas marítimo-comerciais (figura 15). Valendo-se de sua superioridade militar, estabeleceram colônias visando garantir mercado consumidor para seus produtos e, ao mesmo tempo, controlar fontes de recursos naturais e matérias-primas.

De olho no mapa

De que maneira as rotas marítimo-comerciais representam o poder e a influência econômica europeia no mundo durante o mercantilismo?

FIGURA 15. MUNDO: ROTAS MARÍTIMO-COMERCIAIS – SÉCULOS XV-XVI

FERNANDO JOSÉ FERREIRA

Fonte: *Atlas histórico escolar.* 7. ed. Rio de Janeiro: FAE, 1979. p. 98.

Por meio do **Pacto Colonial**, imposto pelas potências europeias, as colônias eram sujeitadas a estabelecer relações econômicas exclusivamente com suas metrópoles, uma vez que eram territórios dominados política e economicamente. Dessa relação formou-se um sistema econômico internacional, já que as relações de produção, bem como as trocas comerciais, ampliaram-se em escala mundial, envolvendo todos os continentes e tendo a Europa como centro político e econômico.

Durante essa fase do capitalismo comercial formou-se a **divisão internacional do trabalho**, isto é, a divisão entre metrópoles e colônias, em que as primeiras forneciam produtos manufaturados e as últimas metais preciosos, alimentos, matérias-primas e escravos (figura 16).

PARA PESQUISAR

• **Atlas Histórico do Brasil** <http://atlas.fgv.br/>

O site do Atlas reúne uma série de textos, gráficos e mapas, além de conteúdos fotográficos e audiovisuais que abrangem um longo período histórico, que vai desde o período anterior às Grandes Navegações, passando por momentos marcantes do processo de formação territorial do Brasil.

FIGURA 16. MERCANTILISMO: DIVISÃO INTERNACIONAL DO TRABALHO

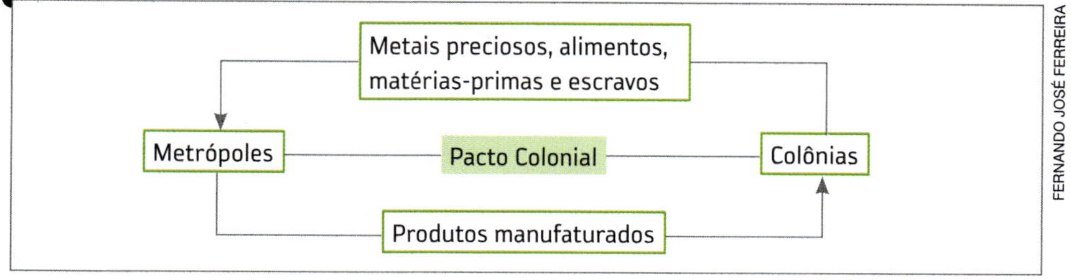

FERNANDO JOSÉ FERREIRA

```
        Metais preciosos, alimentos,
        matérias-primas e escravos

Metrópoles ──── Pacto Colonial ──── Colônias

        Produtos manufaturados
```

PARA PESQUISAR

- **Programa Povos Indígenas no Brasil**
  <https://pib.socioambiental.org/pt>

  O *site* reúne uma série de conteúdos como textos, gráficos, mapas, fotos e notícias que permitem conhecer de maneira mais profunda a realidade atual dos povos indígenas e seus territórios.

A COLONIZAÇÃO E A OCUPAÇÃO DO TERRITÓRIO

O atual território brasileiro é resultado de séculos de conquistas, expansões e diferentes tratados.

Foi no período mercantilista, precisamente em 22 de abril de 1500, quando a frota de Pedro Álvares Cabral chegou a Porto Seguro, no atual estado da Bahia, que teve início a colonização portuguesa em terras americanas.

Há mais de quinhentos anos, o território que hoje conhecemos como Brasil era muito diferente em diversos aspectos, a começar pela população original que habitava essas terras.

Antes do período colonial, cerca de 4 milhões de indígenas, distribuídos entre mais de mil povos diferentes, viviam nas terras que hoje formam o Brasil (figura 17). Mas, com o processo de colonização, esses povos foram submetidos aos interesses da Coroa de Portugal. Esse processo foi marcado por situações tanto de coexistência ou estabelecimento de alianças entre indígenas e portugueses como, principalmente, de enfrentamento e tentativa de resistência dos povos nativos que não aceitaram a dominação do colonizador – processo que contribuiu para a redução acentuada da população indígena brasileira.

Estima-se que atualmente vivam no território brasileiro aproximadamente 896 mil indígenas, divididos em 254 diferentes povos.

De olho no mapa

Cite um grupo indígena que habitava o território que hoje corresponde à unidade federativa onde você mora. Se necessário, utilize um atlas para localizar a unidade federativa.

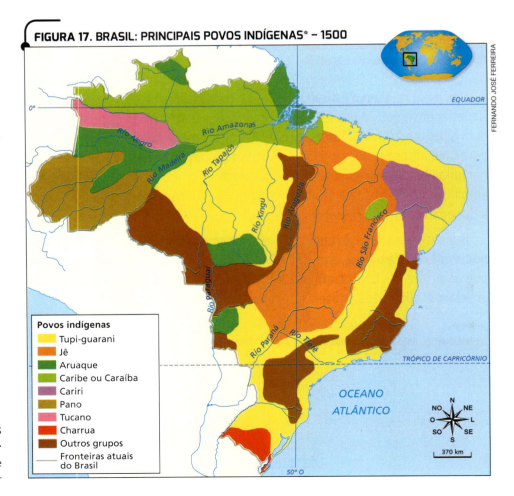

FIGURA 17. BRASIL: PRINCIPAIS POVOS INDÍGENAS* – 1500

Povos indígenas
- Tupi-guarani
- Jê
- Aruaque
- Caribe ou Caraíba
- Cariri
- Pano
- Tucano
- Charrua
- Outros grupos
- Fronteiras atuais do Brasil

* Classificação feita de acordo com as principais línguas indígenas brasileiras.

Fonte: *Atlas histórico escolar.* 8. ed. Rio de Janeiro: FAE, 1991. p. 12.

Inicialmente, os colonizadores se fixaram no litoral, onde passaram a explorar o pau-brasil da Mata Atlântica. A madeira dessa árvore nativa era utilizada para o tingimento de tecidos e possuía alto valor comercial no mercado europeu. Durante o desenvolvimento dessa atividade, a força de trabalho indígena foi amplamente utilizada pelos colonizadores. Nesse contexto, diversos povos nativos foram escravizados e exterminados.

A posse das novas terras pelos portugueses foi estabelecida ao longo dos séculos XVI e XVII, por empreendimentos de exploração agropecuária, com destaque para a cana-de-açúcar no litoral do Nordeste brasileiro (figura 18), complementada pelo plantio do fumo e pela pecuária.

No século XVI, com a ampliação das atividades econômicas, começaram a chegar os primeiros africanos ao Brasil, trazidos para a colônia na condição de escravos.

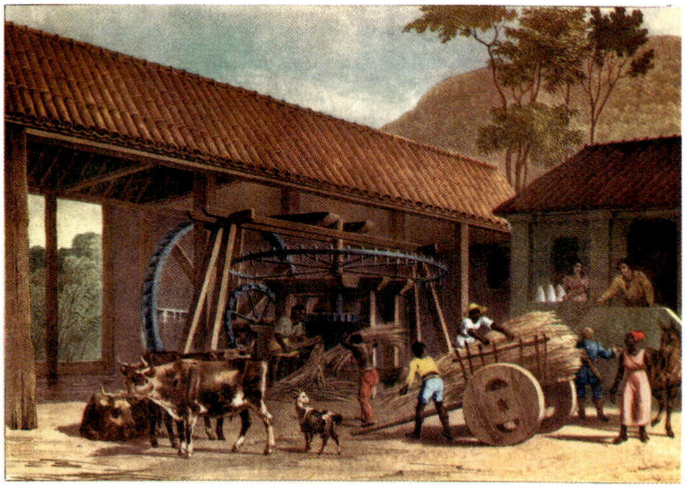

JOHANN-MORITZ RUGENDAS - BIBLIOTECA MUNICIPAL MÁRIO DE ANDRADE, SÃO PAULO

Figura 18. Durante o período colonial do Brasil, as atividades econômicas eram desenvolvidas com emprego de trabalho escravo, inicialmente composto por indígenas e, posteriormente, por africanos que foram forçadamente trazidos para o Brasil como escravos. Na imagem, litografia de Johann Moritz Rugendas, *Moinho de açúcar*, 1835. Nessa obra, o artista retrata o trabalho de africanos escravizados na atividade canavieira.

DEFINIÇÃO DOS PRIMEIROS LIMITES TERRITORIAIS DO BRASIL

Os limites do território brasileiro começaram a ser definidos em 1494, com o **Tratado de Tordesilhas**, que dividia as terras americanas entre as duas potências coloniais da época (Portugal e Espanha). Essa divisão partia de um meridiano imaginário a 370 léguas (o equivalente a aproximadamente 1.800 km) da Ilha de Cabo Verde, próxima à costa africana: as terras localizadas a leste desse meridiano passariam a pertencer a Portugal; as localizadas a oeste, à Espanha.

Entre 1534 e 1536, a Coroa Portuguesa dividiu o território que lhe pertencia em **capitanias hereditárias**. Essas terras eram cedidas pelo rei de Portugal aos chamados donatários (figura 19). Estes, por sua vez, podiam transmitir a propriedade de terras a seus herdeiros.

A organização e a divisão do território em capitanias hereditárias garantiam, assim, a posse da colônia do Brasil e maior proteção contra invasões estrangeiras, como as francesas e as holandesas.

FIGURA 19. BRASIL: CAPITANIAS HEREDITÁRIAS

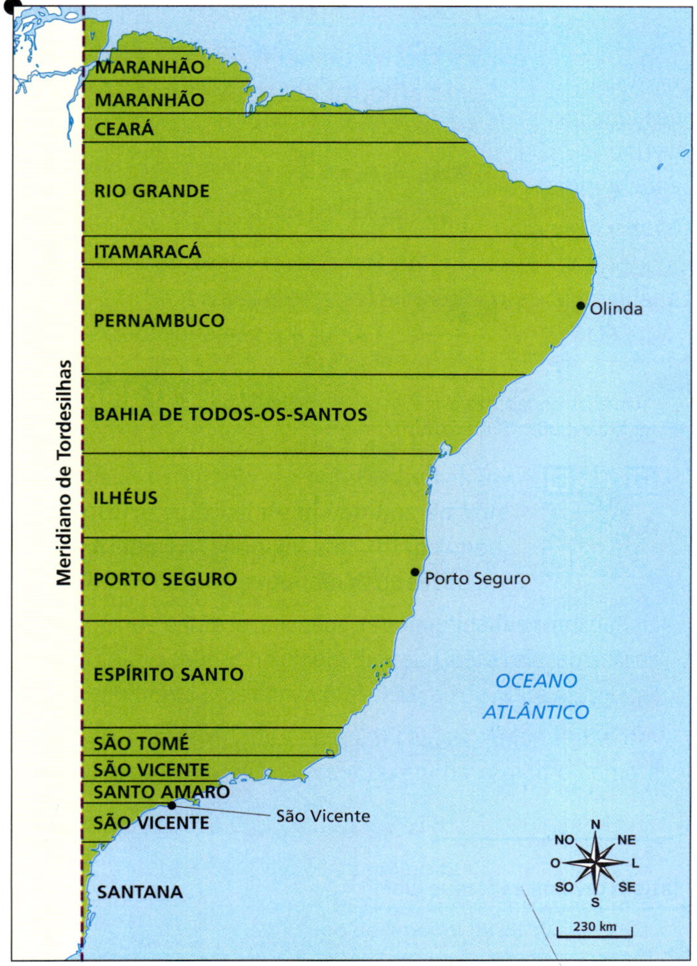

ANDERSON DE ANDRADE PIMENTEL

Fonte: *Atlas histórico escolar*. 7. ed. Rio de Janeiro: FAE, 1979. p. 14.

EXPANSÃO DO TERRITÓRIO

Os portugueses e seus descendentes ampliaram seus domínios territoriais ultrapassando a linha do Tratado de Tordesilhas.

Os **jesuítas** tiveram papel fundamental no processo de interiorização do povoamento, ocorrido entre os séculos XVI e XVIII. Por meio da catequização de indígenas, as missões jesuíticas contribuíram para a fundação de vilas e a ocupação de novas terras.

Nesse mesmo período, os **bandeirantes** também foram decisivos para a expansão portuguesa na América. Em grupos que partiam de São Paulo, eles adentravam o território à procura de minerais preciosos, como ouro, e de indígenas, com o intuito de capturá-los e escravizá-los.

A exploração econômica foi um fator de grande importância para os colonizadores expandirem a busca por terras e a ocupação.

A ECONOMIA E O TERRITÓRIO DO BRASIL

A expansão da ocupação territorial está fortemente relacionada com as atividades econômicas desenvolvidas em diferentes épocas. Além disso, alguns tratados definiram os limites do atual território brasileiro.

No século XVI, desenvolveu-se no litoral nordestino a exploração do pau-brasil e o cultivo da cana-de-açúcar (figura 20). A partir do século XVII, a expansão do povoamento acompanhou a produção de cana-de-açúcar em áreas do Sudeste. A pecuária levou o povoamento em direção ao interior do território, e a busca pelas drogas do sertão — guaraná, urucum, cravo, canela, salsa, entre outras — possibilitou a ocupação da Amazônia pelos portugueses (figura 21).

FIGURA 20. BRASIL: ECONOMIA E TERRITÓRIO NO SÉCULO XVI

FIGURA 21. BRASIL: ECONOMIA E TERRITÓRIO NO SÉCULO XVII

MAPAS: ANDERSON DE ANDRADE PIMENTEL

No século XVIII, o domínio português das terras situadas a oeste e ao sul foi favorecido principalmente pela expansão da pecuária e pela exploração de ouro e diamantes (figura 22). Em 1750, Portugal e Espanha assinaram o **Tratado de Madri**, delimitando fronteiras semelhantes às que vigoram atualmente. Esse tratado levou em conta o princípio da posse de território, de modo que as terras ocupadas por Portugal passaram a pertencer oficialmente à Coroa portuguesa.

Na segunda metade do século XIX, o Brasil independente fortaleceu-se com a economia cafeeira, cuja expansão tomou o Oeste Paulista e configurou uma nova relação com o território ao centralizar o poder econômico no Sudeste (figura 23).

Na Amazônia, o avanço da ocupação territorial ocorreu em função da produção da borracha. Essa atividade, embora tenha tido um curto período de duração, impulsionou o crescimento de cidades como Manaus e deixou legados da riqueza produzida, como o Teatro Amazonas, inaugurado em 1896.

O atual estado do Acre foi o último território continental anexado ao Brasil, em 1903, pelo Tratado de Petrópolis. José Maria da Silva Paranhos Júnior, o Barão do Rio Branco, negociou sua compra da Bolívia após conflitos ocorridos naquele território em decorrência da presença de seringueiros brasileiros. Pelo tratado, o Brasil se comprometeu a construir a ferrovia Madeira-Mamoré e a pagar 2 milhões de libras esterlinas à Bolívia.

De olho nos mapas

Compare os mapas das figuras 20 a 23 e indique as atividades econômicas que mais contribuíram para a interiorização da ocupação do território do século XVII ao XIX.

Fontes: THÉRY, Hervé; MELLO, Neli A. de. *Atlas do Brasil*: disparidades e dinâmicas do território. São Paulo: Edusp, 2005. p. 35-41 (com modificações); *Atlas histórico escolar*. 8. ed. Rio de Janeiro: FAE, 1991. p. 20-38.

FIGURA 22. BRASIL: ECONOMIA E TERRITÓRIO NO SÉCULO XVIII

FIGURA 23. BRASIL: ECONOMIA E TERRITÓRIO NO SÉCULO XIX

MAPAS: ANDERSON DE ANDRADE PIMENTEL

35

TEMA 4

REGIONALIZAÇÃO DO TERRITÓRIO BRASILEIRO

É possível dividir o Brasil em regiões diferentes das que existem atualmente?

REGIÃO E REGIONALIZAÇÃO

A **região** pode ser definida como uma porção do espaço cujas características naturais, sociais, econômicas e históricas lhe conferem uma unidade. O conceito de região, palavra de origem latina (*regere*), foi definido de maneiras distintas ao longo da história. No antigo Império Romano, *regione* era o nome dado às localidades subordinadas ao poder central, localizado em Roma. Não é de hoje, portanto, que os governos regionalizam seus territórios.

Uma das finalidades de estabelecer a divisão de um território em regiões é a necessidade de organização e melhor planejamento das ações dos governos centrais sobre o espaço que controlam. **Regionalizar**, portanto, é dividir o espaço geográfico de acordo com critérios preestabelecidos, baseados em características comuns observadas em determinadas áreas, que podem ser socioeconômicas, históricas, naturais ou uma composição de todas elas. Trata-se de uma tarefa complexa, que atende a diferentes interesses e possui conotação política.

Para aperfeiçoar a administração do território, é possível organizá-lo em função das atividades econômicas predominantes em cada espaço e dividi-lo, por exemplo, em setores: industrial, agrário e comercial.

REGIONALIZAÇÕES DO BRASIL

Além de descentralizar a administração de um território, permitindo melhor planejamento das ações governamentais, a regionalização é usada para coletar dados e realizar estudos sobre determinadas áreas. Os estudos por região ajudam a conhecer melhor os aspectos de cada porção do território e a entender como as diferentes regiões se relacionam entre si.

O Instituto Brasileiro de Geografia e Estatística (IBGE) realiza regionalizações do território brasileiro com o objetivo de facilitar seu trabalho de coleta e organização de informações que depois serão usadas pelos órgãos governamentais e por pesquisadores.

A REGIONALIZAÇÃO OFICIAL

Em 1941, o IBGE iniciou seus estudos de divisão regional do território brasileiro, levando em consideração os aspectos socioeconômicos, históricos e naturais. Da década de 1940 até os dias de hoje, foram apresentadas diferentes regionalizações, adaptadas às modificações socioespaciais brasileiras.

GRANDES REGIÕES

A atual regionalização oficial do IBGE, criada em 1970, respeita os limites dos estados brasileiros para facilitar os estudos estatísticos, agrupando-os em cinco **Macrorregiões (Grandes Regiões): Norte, Nordeste, Centro-Oeste, Sudeste** e **Sul** (figura 24).

Ao longo dos anos, a divisão regional do Brasil passou por algumas alterações em decorrência de modificações na divisão política do país. Em 1977, Mato Grosso foi desmembrado, dando origem a dois estados: Mato Grosso e Mato Grosso do Sul. Em 1982, o território de Rondônia foi elevado à condição de estado. As últimas modificações ocorreram com a Constituição de 1988: Goiás foi desmembrado para a criação do estado do Tocantins, incluído na Região Norte; Amapá e Roraima deixaram de ser territórios e passaram a ser considerados estados; e o arquipélago de Fernando de Noronha foi anexado a Pernambuco.

Em 2011, houve uma proposta de desmembramento do Pará para a criação de dois novos estados: Tapajós e Carajás, que foi rejeitada em plebiscito.

Nas Unidades 4 a 8, vamos estudar mais detalhadamente as cinco Grandes Regiões brasileiras, que, apesar de reunirem características comuns, não são homogêneas.

AS REGIÕES GEOECONÔMICAS

Em 1967, o geógrafo Pedro Pinchas Geiger propôs uma divisão regional do Brasil baseada em critérios históricos e econômicos: as **Regiões Geoeconômicas** ou **Complexos Regionais**. Essa divisão compreende apenas três regiões: **Amazônia**, **Nordeste** e **Centro-Sul** (figura 25), não considerando os limites territoriais dos estados. Mato Grosso, por exemplo, tem parte de seu território situado na Amazônia e parte no Centro-Sul. No caso de Minas Gerais, sua porção norte está inserida no Nordeste, enquanto o restante do estado faz parte da Região Sudeste.

A **Amazônia** compreende uma Região Geoeconômica de ocupação tardia, pouco povoada e caracterizada pelas atividades extrativas (mineral e vegetal).

O **Nordeste** é uma Região Geoeconômica com elevadas taxas de emigração e marcada por sérios problemas sociais. Embora tenha sido a mais rica do Brasil até o século XVIII, a região perdeu importância econômica após o declínio da economia açucareira colonial.

O **Centro-Sul** representa a região mais dinâmica da economia nacional. Destaca-se pela agricultura moderna, pelo parque industrial diversificado e pela grande oferta de serviços urbanos, além de concentrar a maior parte da população brasileira, a maior renda nacional e abrigar as duas principais metrópoles do país: São Paulo e Rio de Janeiro.

FIGURA 24. BRASIL: GRANDES REGIÕES

ANDERSON DE ANDRADE PIMENTEL

Fonte: IBGE. *Atlas geográfico escolar*. 7. ed. Rio de Janeiro: IBGE, 2016. p. 94.

Plebiscito: consulta sobre questão específica, de interesse político ou social, na qual a população manifesta sua opinião (sim ou não) por meio de votação.

FIGURA 25. BRASIL: REGIÕES GEOECONÔMICAS

ANDERSON DE ANDRADE PIMENTEL

Fonte: IBGE. *Atlas geográfico escolar*. 7. ed. Rio de Janeiro: IBGE, 2016. p. 152.

Trilha de estudo

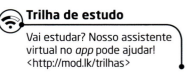

Vai estudar? Nosso assistente virtual no *app* pode ajudar! <http://mod.lk/trilhas>

ATIVIDADES

ORGANIZAR O CONHECIMENTO

1. Com o surgimento do capitalismo, quais foram as principais mudanças econômicas e sociais que ocorreram na época?

2. Durante o mercantilismo, estabeleceu-se a divisão internacional do trabalho. Explique a que se refere essa divisão.

3. Aponte a consequência do "desrespeito" português ao Tratado de Tordesilhas.

4. Explique a diferença entre os objetivos de bandeirantes e jesuítas na captura de povos indígenas e sua relação com a expansão territorial portuguesa.

5. Qual é a importância de regionalizar um território?

6. Sobre as Macrorregiões, responda:

   a) Na atualidade, o Brasil está dividido em quantas Macrorregiões? Quais são elas?

   b) Em qual Macrorregião você mora? Você identifica características específicas dessa região em seu modo de vida?

APLICAR SEUS CONHECIMENTOS

7. Leia o texto a seguir para responder às questões.

   Espacialmente, a história colonial brasileira teve por consequência a formação de um território voltado para o exterior. As áreas produtivas do interior estavam diretamente ligadas aos portos, de onde os produtos (metais preciosos, matérias-primas e alimentos) eram enviados para Portugal. Não havia integração interna das distintas áreas produtivas. A comunicação e a circulação de pessoas e mercadorias entre as diferentes áreas produtoras eram precárias ou quase inexistentes.

   a) Identifique no texto o trecho que revela o estabelecimento do Pacto Colonial.

   b) De que modo essa característica da formação territorial do Brasil, voltada para o exterior, está relacionada com a divisão internacional do trabalho durante o mercantilismo?

8. Observe o gráfico a seguir e responda às questões.

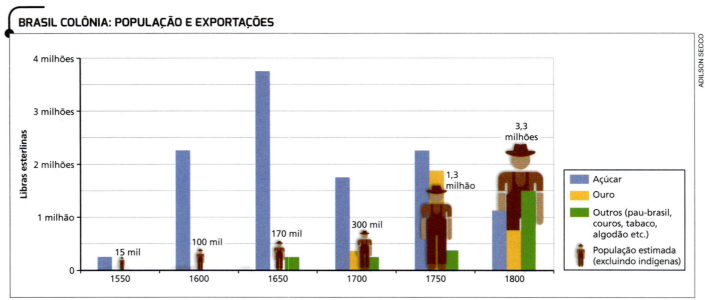

BRASIL COLÔNIA: POPULAÇÃO E EXPORTAÇÕES

Fonte: *Atlas histórico Brasil.* Fundação Getúlio Vargas, 2016. Disponível em: < http://atlas.fgv.br/marcos/descoberta-do-ouro/mapas/populacao-e-exportacoes-da-colonia>. Acesso em: 19 mar. 2018.

a) Durante o período colonial do Brasil, qual foi o principal produto de exportação? Explique.

b) A partir de meados do século XVIII, que produtos apresentam maior crescimento nas exportações? A que está relacionado esse aumento?

9. **Leia o texto e responda às questões.**

"O patrimônio indígena é composto pela terra em sua dimensão territorial e em seus usos de acordo com as normas e os costumes das sociedades indígenas. Os acidentes geográficos, os recursos naturais, os marcos míticos, os cemitérios, os sítios arqueológicos; os bens produzidos e manejos ambientais, as roças, as sementes, as técnicas de caça, coleta, pesca e de agricultura; as edificações tradicionais; assim como as atuais escolas, os postos de saúde, a radiofonia; as artes, os artesanatos e outras manufaturas, todos estes itens compõem o patrimônio indígena.

Além destes, os bens imateriais, tais como os saberes tradicionais, as línguas narrativas, os rituais, as expressões religiosas e os conhecimentos específicos, somam-se aos direitos autorais, ao direito de imagem e ao direito intelectual. As Terras Indígenas e todo o conjunto elencado são de usufruto exclusivo dos povos que as habitam, conforme a Constituição Federal, constituindo crime a sua violação.

Há de se dizer, com preocupação, que o patrimônio indígena foi duramente atacado ao longo do ano de 2016. Sem recursos para realizar a proteção e fiscalização das Terras Indígenas, os órgãos de estado mantiveram-se distantes delas, o que desencadeou uma intensa ofensiva de madeireiros sobre as florestas existentes nas áreas de comunidades e povos indígenas, especialmente nos estados de Rondônia, Mato Grosso, Pará, Acre e Maranhão. Milhares de hectares de florestas foram derrubados e retirados por madeireiros. [...]"

CIMI. *Relatório*: Violência contra os povos indígenas do Brasil. p. 42. Disponível em: <https://www.cimi.org.br/pub/relatorio/Relatorio-violencia-contra-povos-indigenas_2016-Cimi.pdf>. Acesso em: 23 maio 2018.

a) Qual é o tema principal tratado no texto?

b) Este tema é recente na história dos povos indígenas brasileiros? Justifique.

c) Por que a terra é considerada patrimônio indígena?

10. **Leia o texto sobre a divisão regional do Brasil.**

"[...] O caráter [...] da Divisão Regional do Brasil refere-se a um conjunto de determinações econômicas, sociais e políticas que dizem respeito à totalidade da organização do espaço nacional, referendado no caso brasileiro pela forma desigual como vem se processando o desenvolvimento das forças produtivas em suas interações com o quadro natural. [...]"

IBGE. Disponível em: <www.ibge.gov.br/home/geociencias/geografia/default_div_int.shtm?c=1>. Acesso em: 24 nov. 2014.

a) A que se refere a "forma desigual como vem se processando o desenvolvimento das forças produtivas"?

b) As desigualdades brasileiras são percebidas apenas entre as Macrorregiões? Justifique sua resposta.

---

11. **Interprete o gráfico e responda às questões.**

BRASIL: PROPORÇÃO DOS ESTUDANTES DE 18 A 24 ANOS DE IDADE QUE FREQUENTAM O ENSINO SUPERIOR – 2004-2014

Norte
Nordeste
Sudeste
Sul
Centro-Oeste

ERICSON GUILHERME LUCIANO

a) Os dados do gráfico estão agrupados de acordo com que divisão regional?

b) De acordo com as informações do gráfico, quais eram as regiões que apresentavam o melhor e o pior percentual de estudantes no Ensino Superior em 2014?

c) Como a divisão regional facilita o trabalho do Instituto Brasileiro de Geografia e Estatística (IBGE)?

Fonte: IBGE. *Síntese de indicadores sociais 2016*. Disponível em: <https://biblioteca.ibge.gov.br/visualizacao/livros/liv98965.pdf>. Acesso em: 23 maio 2018.

 **Mais questões no livro digital**

REPRESENTAÇÕES GRÁFICAS

Símbolos

A representação em mapas deve reproduzir graficamente as relações de proporção, ordem e diversidade entre os elementos geográficos observados na paisagem.

Para fazer essas representações, é preciso conhecer as variáveis visuais e as propriedades que as caracterizam, conforme mostra o quadro ao lado.

No quadro abaixo, pode-se observar a aplicação prática: pontos, linhas e áreas diferenciados, ordenados e proporcionais entre si.

Variável visual	Representação gráfica	Como varia	Para que servem
Tamanho	(círculos de tamanhos crescentes)	Do pequeno ao grande	Representar proporção
Valor	(tons do claro ao escuro)	Do tom mais claro ao mais escuro	Representar ordem
Cor	(vermelho, amarelo, verde)	Vermelho, amarelo, verde etc.	Representar diversidade
Forma	(quadrado, círculo, estrela)	Quadrado, círculo, estrela etc.	Representar diversidade

ILUSTRAÇÕES: ADILSON SECCO

ATIVIDADES

1. Indique a variável visual mais adequada para:

   a) representar áreas de ocorrência de tipos climáticos;

   b) indicar as diferenças de altitude do relevo.

2. Suponha que você deva representar em um mapa a localização de diferentes Unidades de Conservação encontradas em sua região. Você usaria áreas diferenciadas, ordenadas ou proporcionais? Justifique.

	Em pontos	Em linhas	Em áreas
Para a representação de elementos diferentes entre si.	Pontos diferenciados	Linhas diferenciadas	Áreas diferenciadas
Para a representação de elementos ordenados entre si.	Pontos ordenados	Linhas ordenadas	Áreas ordenadas
Para a representação de elementos quantificados entre si.	Pontos proporcionais	Linhas proporcionais	Áreas proporcionais

ILUSTRAÇÕES: ADILSON SECCO

ATITUDES PARA A VIDA

Líder comunitária recebe prêmio na Alemanha

"A líder comunitária da Reserva Extrativista (Resex) Verde para Sempre, no Pará, Maria Margarida Ribeiro da Silva, recebeu o prêmio *Wangari Maathai 'Forest Champions'*. A premiação, dedicada a indivíduos que trabalharam para conservar as florestas e melhorar a vida das pessoas que dependem delas, foi [em dezembro de 2017], em Bonn, Alemanha. [...]

'Sinto-me agradecida e emocionada. Valeu a pena todo esforço, a dedicação às articulações, as parceiras. É um reconhecimento que não é só meu. É de todo um grupo do manejo comunitário que não tinha uma política definida para eles. Esse prêmio é de todos', afirmou Margarida.

Verde para Sempre

Para quem atua com a temática do manejo florestal comunitário e familiar, o nome de Margarida Ribeiro é conhecido. Há mais de 10 anos, luta para que as comunidades extrativistas possam usufruir de forma sustentável dos recursos das florestas. Nascida no município paraense de Porto de Moz, Margarida atua na maior reserva extrativista do país, a Resex Verde para Sempre, que possui mais de 1,2 hectares. Em 2006, Margarida liderou uma articulação que resultou na aprovação de um plano de manejo florestal comunitário para a Resex. O feito permitiu que os moradores da Resex pudessem extrair e comercializar madeira de maneira sustentável.

Conquistar o direito de usufruir os recursos florestais foi o primeiro passo. Margarida segue trabalhando para que o uso da floresta seja feito de forma sustentável e socialmente justa. Sua atuação é marcada pela busca constante do aperfeiçoamento técnico e fortalecimento organizacional das comunidades, de maneira a viabilizar o manejo florestal de baixo impacto e ajudar as comunidades a gerenciar adequadamente os recursos econômicos provenientes da atividade. Como resultado do trabalho as comunidades obtiveram uma certificação do Conselho de Manejo Florestal (da sigla em inglês, FSC), em 2016."

ICM Bio. Manejo florestal é destaque em premiação internacional, 21 dez. 2017. Disponível em: <http://www.icmbio.gov.br/portal/ultimas-noticias/20-geral/9374-manejo-florestal-e-destaque-em-premiacao>. Acesso em: 14 mar. 2018.

Plano de manejo florestal comunitário: o manejo florestal é realizado segundo critérios e ações estabelecidas em um documento chamado Plano de Manejo Florestal Sustentável (PMFS). Ele deve ser elaborado por engenheiros florestais e aprovado pelo Instituto Brasileiro do Meio Ambiente e dos Recursos Naturais Renováveis (Ibama).

ATIVIDADES

1. Em 2006, Margarida liderou uma articulação que resultou na aprovação de um plano de manejo florestal comunitário para a Reserva Extrativista Verde para Sempre. Em sua opinião, ela persistiu para alcançar esse objetivo?

2. Em uma atividade em que é necessário o trabalho em conjunto, por que as atitudes escutar os outros com atenção e empatia e pensar de maneira interdependente são importantes? É possível reconhecer que essas atitudes foram aplicadas pelas comunidades da Reserva Verde para Sempre?

Maria Margarida Ribeiro da Silva e o líder indígena Marcos Terena recebendo o prêmio em Bonn (Alemanha, 2017).

GLF/PILAR VALBUENA

Reprodução proibida. Art.184 do Código Penal e Lei 9.610 de 19 de fevereiro de 1998.

Os tipos de clima do Brasil são resultado de uma combinação de fatores que inclui a configuração e a extensão do território, as modestas altitudes, as formas de relevo, a dinâmica das massas de ar, o papel da vegetação e das atividades humanas. Conheça no texto a seguir o fenômeno dos rios voadores e perceba como ele integra alguns desses fatores.

Propelido: empurrado, impulsionado.

Alíseo: vento que sopra durante todo o ano em direção à área de baixas latitudes. O alíseo do Hemisfério Sul sopra de sudeste para noroeste e o do Hemisfério Norte, de nordeste para sudoeste.

Fenômeno dos rios voadores

"Os rios voadores são 'cursos de água atmosféricos', formados por massas de ar carregadas de vapor de água, muitas vezes acompanhados por nuvens, e são propelidos pelos ventos. Essas correntes de ar invisíveis passam em cima das nossas cabeças carregando umidade da Bacia Amazônica para o Centro-Oeste, Sudeste e Sul do Brasil.

Essa umidade, nas condições meteorológicas propícias como uma frente fria vinda do sul, por exemplo, se transforma em chuva. É essa ação de transporte de enormes quantidades de vapor de água pelas correntes aéreas que recebe o nome de rios voadores – um termo que descreve perfeitamente, mas em termos poéticos, um fenômeno real que tem um impacto significativo em nossas vidas.

A Floresta Amazônica funciona como uma bomba-d'água. Ela puxa para dentro do continente a umidade evaporada pelo Oceano Atlântico e carregada pelos ventos alíseos. Ao seguir terra adentro, a umidade cai como chuva sobre a floresta. Pela ação da evapotranspiração das árvores sob o sol tropical, a floresta devolve a água da chuva para a atmosfera na forma de vapor de água. Dessa forma, o ar é sempre recarregado com mais umidade, que continua sendo transportada rumo ao oeste para cair novamente como chuva mais adiante.

Propelidos em direção ao oeste, os rios voadores (massas de ar) recarregados de umidade – boa parte dela proveniente da evapotranspiração da floresta – encontram a barreira natural formada pela Cordilheira dos Andes. Eles se precipitam parcialmente nas encostas leste da cadeia de montanhas, formando as cabeceiras dos rios amazônicos. Porém, barrados pelo paredão de 4.000 metros de altura, os rios voadores, ainda transportando vapor de água, fazem a curva e partem em direção ao sul, rumo às regiões do Centro-Oeste, Sudeste e Sul do Brasil e aos países vizinhos.

FARRELL

É assim que o regime de chuva e o clima do Brasil se deve muito a um acidente geográfico localizado fora do país! A chuva, claro, é de suma importância para nossa vida, nosso bem-estar e para a economia do país. Ela irriga as lavouras, enche os rios terrestres e as represas que fornecem nossa energia.

[...]

Por incrível que pareça, a quantidade de vapor de água evaporada pelas árvores da Floresta Amazônica pode ter a mesma ordem de grandeza, ou mais, que a vazão* do Rio Amazonas (200.000 m³/s), tudo isso graças aos serviços prestados da floresta.

Estudos promovidos pelo INPA [Instituto Nacional de Pesquisas da Amazônia] já mostraram que uma árvore com copa de 10 metros de diâmetro é capaz de bombear para a atmosfera mais de 300 litros de água, em forma de vapor, em um único dia – ou seja, mais que o dobro da água que um brasileiro usa diariamente! Uma árvore maior, com copa de 20 metros de diâmetro, por exemplo, pode evapotranspirar bem mais de 1.000 litros por dia. Estima-se que haja 600 bilhões de árvores na Amazônia: imagine então quanta água a floresta toda está bombeando a cada 24 horas!

Todas as previsões indicam alterações importantes no clima da América do Sul em decorrência da substituição de florestas por agricultura ou pastos. Ao avançar cada vez mais por dentro da floresta, o agronegócio pode dar um tiro no próprio pé com a eventual perda de chuva imprescindível para as plantações.

O Brasil tem uma posição privilegiada no que diz respeito aos recursos hídricos. Porém, com o aquecimento global e as mudanças climáticas que ameaçam alterar regimes de chuva em escala mundial, é hora de analisarmos melhor os serviços ambientais prestados pela Floresta Amazônica antes que seja tarde demais."

Expedição Rios Voadores. Fenômeno dos rios voadores. Disponível em: <http://riosvoadores.com.br/o-projeto/fenomeno-dos-rios-voadores/>. Acesso em: 15 mar. 2018.

* **Vazão fluvial** é o volume de água que passa por uma seção do rio em um segundo. É medida em metros cúbicos por segundo (m³/s).

ATIVIDADES

OBTER INFORMAÇÕES

1. O que são os rios voadores?

2. Qual é a principal fonte da umidade transportada nos rios voadores? Sob que forma ela se apresenta?

3. Em que condições apontadas no texto ocorre a precipitação da umidade dos rios voadores?

INTERPRETAR

4. Por que o nome *rios voadores* descreve "em termos poéticos" o fenômeno tratado no texto?

5. Explique a afirmação "é hora de analisarmos melhor os serviços ambientais prestados pela Floresta Amazônica antes que seja tarde demais".

USAR A CRIATIVIDADE

6. Imagine que você precisa explicar o fenômeno dos rios voadores para uma pessoa que que não o conheça. Para isso, em conjunto com um colega, faça uma pesquisa em diferentes fontes sobre esse assunto e crie uma ilustração esquemática para explicar o fenômeno, incluindo pequenos textos explicativos.

2

BRASIL: POPULAÇÃO

A população brasileira é caracterizada pela diversidade cultural, resultado das influências que recebeu de variados povos. Mas, ao mesmo tempo, trata-se de uma população que convive com profundas desigualdades, reveladas tanto na forma como ela se distribui no território quanto nos indicadores sociais e econômicos.

Após o estudo desta Unidade, você será capaz de:

- interpretar características atuais da população brasileira e sua distribuição no território;

- compreender como indicadores sociais revelam desigualdades territoriais no Brasil;

- examinar a diversidade étnica e cultural do Brasil e aspectos da dinâmica populacional;

- explicar o que são comunidades tradicionais e por que a preservação do ambiente natural é importante para elas.

Desfile de um bloco carnavalesco no centro do município de Recife (PE, 2015).

- Persistir.
- Controlar a impulsividade.
- Pensar com flexibilidade.
- Pensar e comunicar-se com clareza.

COMEÇANDO A UNIDADE

1. Que festa popular está sendo mostrada na imagem? Você sabe que povo a trouxe para o Brasil?

2. Quais são os povos que contribuíram para formar a atual população brasileira?

3. Você conhece outras manifestações culturais brasileiras que tenham sido influenciadas por esses povos?

HANS VON MANTEUFFEL/PULSAR IMAGENS

TEMA 1

ASPECTOS GERAIS DA POPULAÇÃO BRASILEIRA

POPULAÇÃO TOTAL

Em 2016, a **população absoluta** ou **total** do Brasil somava cerca de 206 milhões de habitantes, o que fazia do país o quinto mais **populoso** do mundo.

Do início do século XX até 2016, o número de habitantes no Brasil aumentou mais de onze vezes (figura 1). Hoje, apenas nas duas cidades brasileiras mais populosas – São Paulo (SP) e Rio de Janeiro (RJ) – existem mais pessoas do que havia em todo o país em 1900.

Qual é a importância de obter informações sobre a população de um país?

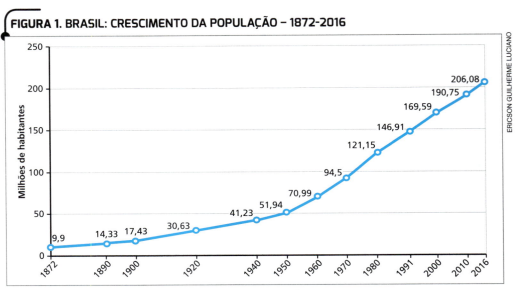

FIGURA 1. BRASIL: CRESCIMENTO DA POPULAÇÃO – 1872-2016

ERICSON GUILHERME LUCIANO

Fonte: IBGE. *Anuário estatístico do Brasil 2016.* Rio de Janeiro: IBGE, 2017. v. 76.

DENSIDADE DEMOGRÁFICA

A população do Brasil se distribui irregularmente por sua grande extensão territorial. Para saber qual é a concentração de habitantes em determinada área, divide-se o número de pessoas pela medida dessa área, geralmente expressa em quilômetros quadrados (km^2). O resultado representa a **população relativa** ou a **densidade demográfica** da área que está sendo analisada. Quanto maior for a densidade demográfica, maior será o número de habitantes por km^2.

No Brasil, a densidade demográfica é maior principalmente em áreas próximas ao litoral, onde se localiza a maioria dos municípios brasileiros com mais de 10 mil habitantes (figura 2).

PARA PESQUISAR

- **Atlas do Desenvolvimento no Brasil** <http://www.atlasbrasil.org.br/2013/pt/>

    Plataforma de consulta de indicadores sociais do Brasil baseada nos censos demográficos de 1991, 2000 e 2010. É possível selecionar dados e construir mapas e gráficos.

FIGURA 2. BRASIL: DENSIDADE DEMOGRÁFICA – 2014

Habitantes por km²
- menos de 1,00
- 1,00 a 10,00
- 10,01 a 25,00
- 25,01 a 100,00
- 100,01 a 13.300,85
- ◉ Capital

De olho no mapa

Que fatores históricos e econômicos da formação territorial do Brasil contribuíram para essa distribuição irregular da população?

Fonte: *Atlas geográfico escolar:* ensino fundamental do 6º ao 9º ano. 2. ed. Rio de Janeiro: IBGE, 2015. p. 23.

NATALIDADE E MORTALIDADE

O **crescimento natural** ou **vegetativo** de uma população é determinado pela diferença entre a taxa de natalidade e a taxa de mortalidade.

A **taxa de natalidade** representa o número de nascimentos por mil habitantes, em determinado período. Assim, uma taxa de natalidade de 4‰ indica quatro nascimentos para cada mil habitantes. A **taxa de mortalidade** representa o número de óbitos em cada grupo de mil habitantes, em determinado período.

A população de um país cresce quando a taxa de natalidade é superior à taxa de mortalidade, ou quando há contribuição de movimentos de imigração. No Brasil, a população cresceu de maneira acelerada até a primeira metade do século XX. No entanto, a partir da década de 1960, a taxa de natalidade passou a decair mais rapidamente do que a taxa de mortalidade, caracterizando menor crescimento da população (figura 3).

FIGURA 3. BRASIL: TAXAS DE NATALIDADE E MORTALIDADE – 1900-2016

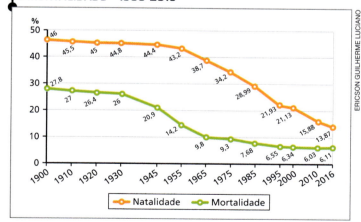

Fonte: IBGE. *Anuário estatístico do Brasil 2016.* Rio de Janeiro: IBGE, 2017. v. 76; IBGE. *Séries históricas e estatísticas.* Disponível em: <http://seriesestatisticas.ibge.gov.br/series.aspx?no=10&op=0&vcodigo=CD109&t=taxas-brutas-natalidade-mortalidade>. Acesso em: 19 mar. 2018.

CRESCIMENTO POPULACIONAL EM QUEDA

A população brasileira aumentou mais de vinte vezes desde o primeiro censo demográfico realizado no país, em 1872. Mas, desde a década de 1960, ocorre redução do ritmo de crescimento, o que se deve, principalmente, à diminuição da taxa de natalidade.

Diversos fatores acentuaram a queda da taxa de natalidade, como a popularização de métodos anticonceptivos, o aumento da participação das mulheres no mercado de trabalho (que levou muitas a adiarem a gravidez por priorizarem suas carreiras profissionais) e o planejamento familiar, que possibilita aos casais decidir quantos filhos terão, com base nas condições de educação, saúde e lazer que lhes poderão oferecer.

Um dos resultados dessas mudanças foi a diminuição na **taxa de fecundidade**, que indica o número médio de filhos por mulher, considerando mulheres entre 15 e 49 anos. No Brasil, em 1960, a taxa era de 6,3 filhos por mulher; em 1980, havia caído para 4,4 filhos; e, em 2010, já era inferior a 2 filhos por mulher (figura 4).

Segundo projeções do IBGE, a população brasileira seguirá crescendo em ritmo lento até 2050, quando a taxa de natalidade ficará abaixo da taxa de mortalidade e a população passará a diminuir.

FIGURA 4. BRASIL: TAXA DE FECUNDIDADE – 1960-2016

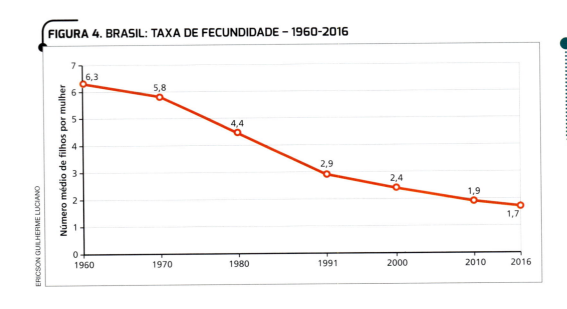

ERICSON GUILHERME LUCIANO

De olho no gráfico

Em que período houve a maior queda da taxa de fecundidade? Como você chegou a essa conclusão?

Fonte: IBGE. *Anuário estatístico do Brasil 2016.* Rio de Janeiro: IBGE, 2017. v. 76; IBGE. *Séries históricas e estatísticas.* Disponível em: <https://seriesestatisticas.ibge.gov.br/series.aspx?no=10&op=0&vcodigo=POP263&t=taxa-fecundidade-total>. Acesso em: 20 mar. 2018.

IDADE E SEXO

A **pirâmide etária** é um gráfico que representa as quantidades de população masculina e feminina por faixas de idade. Por isso, é também denominada pirâmide de idades. O formato da pirâmide etária nos revela alguns aspectos sobre a população de um país. Uma base larga indica número elevado de jovens, enquanto um topo estreito indica pequena quantidade de idosos, revelando baixa expectativa de vida.

Também denominada **esperança de vida ao nascer**, a **expectativa de vida** corresponde a quantos anos, em média, as pessoas viverão, se forem mantidas as condições de vida do momento em que a previsão foi realizada. Em 1940, a esperança de vida de um brasileiro era de apenas 41,5 anos; em 2015, era de 75,4 anos; já em 2020, projeta-se uma esperança de vida de 76,7 anos.

ENVELHECIMENTO DA POPULAÇÃO

A pirâmide etária brasileira de 1980 tem base larga, o que indica taxa de natalidade elevada. O topo estreito mostra pequeno número de idosos, indicando que as más condições de saúde pública mantinham baixa a expectativa de vida. Essa pirâmide retrata um país "jovem", com a maior parte de sua população na faixa etária até 19 anos (figura 5).

A pirâmide etária de 2020 aponta um país mais "maduro", isto é, com predomínio de adultos na faixa etária de 20 a 59 anos (figura 6). Os países "maduros" geralmente apresentam expressivo desenvolvimento econômico, uma vez que grande parte de seus habitantes se encontra na faixa etária da População Economicamente Ativa (PEA) e, portanto, gera riquezas. Por outro lado, esses países têm como desafio manter boas condições de vida para os idosos, que representam grande parcela da população.

Como consequência da baixa natalidade, em alguns anos poderão faltar profissionais no mercado de trabalho, o que poderá comprometer a previdência social, que garante o pagamento de aposentadorias e benefícios como auxílio-doença, salário-maternidade e pensão em caso de morte. Além disso, a carência de trabalhadores em alguns setores pode gerar fluxos migratórios, alterando as características da população.

População Economicamente Ativa (PEA): parcela da população com idade superior a 15 anos que está trabalhando ou procurando emprego, segundo os critérios do IBGE.

De olho nos gráficos

Considerando as faixas etárias de seus pais e de seus avós, que mudanças podem ser observadas entre 1980 e 2020?

FIGURA 5. BRASIL: PIRÂMIDE ETÁRIA – 1980

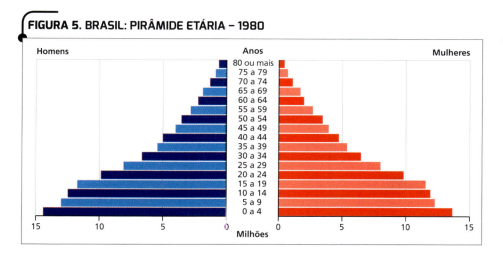

Fonte: IBGE. *Anuário estatístico do Brasil 2007*. Rio de Janeiro: IBGE, 2008. v. 67. p. 73.

FIGURA 6. BRASIL: PIRÂMIDE ETÁRIA – 2020*

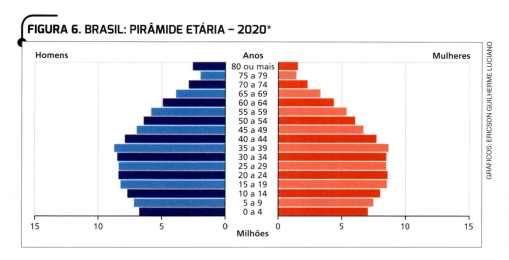

GRÁFICOS: ERICSON GUILHERME LUCIANO

*Dados de projeção.

Fonte: IBGE. *Anuário estatístico do Brasil 2016*. Rio de Janeiro: IBGE, 2017. v. 76. Tabela 2.1.1.3.

DESIGUALDADES TERRITORIAIS

Como estudar as desigualdades existentes no território brasileiro?

ANÁLISE SOCIOECONÔMICA

Para que os governos atendam à população, é necessário que conheçam seus problemas e necessidades. Investimentos em educação, infraestrutura, saúde etc. podem ser planejados com base em **indicadores sociais**, dados que informam, geralmente por meio de dados estatísticos, sobre características de escolaridade, acesso a bens e serviços, renda, entre outros. Esses indicadores são um meio para o entendimento da realidade dos lugares, mas dependem de uma correta interpretação para que as políticas públicas sejam eficientes.

PIB *PER CAPITA*

Uma das formas usadas para avaliar a riqueza de um país, estado ou município é analisar o **PIB *per capita*** (por pessoa) de seus habitantes. Para calculá-lo, divide-se o Produto Interno Bruto (PIB) – soma, em valores monetários, de todos os bens e serviços produzidos em uma área, durante determinado período – pelo total da população.

Em 2015, o PIB *per capita* anual do brasileiro foi de 29.323 reais. Entretanto, esse valor não traduz a desigualdade entre os mais ricos e os mais pobres, pois a maior parte da riqueza encontra-se concentrada nas mãos de reduzida parcela da população (figura 7).

FIGURA 7. BRASIL: PIB *PER CAPITA* – 2015

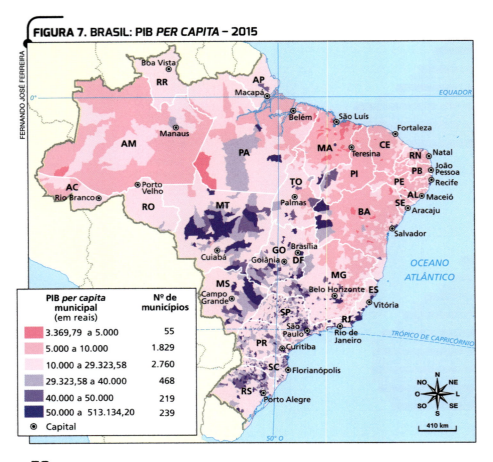

FERNANDO JOSÉ FERREIRA

PIB *per capita* municipal (em reais)	Nº de municípios
3.369,79 a 5.000	55
5.000 a 10.000	1.829
10.000 a 29.323,58	2.760
29.323,58 a 40.000	468
40.000 a 50.000	219
50.000 a 513.134,20	239
⊙ Capital	

De olho no mapa

Cite uma unidade da federação do Centro-Oeste, uma do Norte e uma do Nordeste que apresentam municípios com PIB *per capita* entre 50.000 e 513.134,20 reais.

Os tons de rosa representam os municípios com PIB *per capita* inferior ao da média nacional e os tons de roxo representam os municípios com PIB *per capita* superior ao da média nacional.

Fonte: IBGE. *Produto interno bruto dos municípios – 2010-2015.* Disponível em: <https://biblioteca.ibge.gov.br/visualizacao/livros/liv101458.pdf>. Acesso em: 20 mar. 2018.

A POBREZA NO BRASIL

Segundo o IBGE, em 2016, 25,4% da população brasileira vivia em situação de pobreza. Para chegar a esse dado, foram utilizados critérios adotados pelo Banco Mundial, que considera pobre quem ganha menos do que 5,5 dólares por dia. Esse valor equivalia a uma renda domiciliar *per capita* de 387 reais por mês.

Além dos aspectos econômicos, é importante analisar a pobreza a partir de critérios relacionados a direitos sociais, como acesso da população a bens e serviços, moradia adequada e internet.

Nos últimos anos, políticas de inclusão social e de transferência de renda contribuíram para a redução da pobreza e da desigualdade econômica do Brasil. Contudo, essas medidas são insuficientes para oferecer boas condições de vida para grande parcela da população.

EDUCAÇÃO

A educação é importante para o desenvolvimento econômico e social de uma população. Embora o Brasil tenha avançado nesse campo nas últimas décadas, ainda há muito a ser feito.

Em 2016, a **taxa de analfabetismo** no país foi de 7,2%, o que correspondia a 11,8 milhões de brasileiros. No mesmo ano, cerca de 66,3 milhões de pessoas de 25 anos ou mais de idade tinham concluído apenas o ensino fundamental e menos de 20 milhões de adultos haviam concluído o ensino superior.

A falta de acesso a educação é um dos problemas que revela desigualdade entre brancos e pretos ou pardos e entre as regiões do país (figura 8). Em 2016, 8,8% dos pretos ou pardos tinham nível superior, enquanto essa taxa ficava em 22,2% entre os brancos. Algumas políticas públicas visam eliminar essas diferenças, de modo a garantir um futuro mais justo e com oportunidades iguais para todos.

Taxa de analfabetismo: percentual de pessoas com 15 anos de idade ou mais que não sabem ler nem escrever.

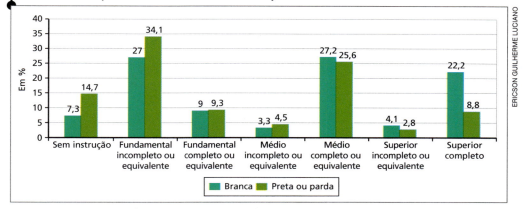

FIGURA 8. BRASIL: DISTRIBUIÇÃO DAS PESSOAS DE 25 ANOS OU MAIS DE IDADE, POR COR OU RAÇA, SEGUNDO NÍVEL DE INSTRUÇÃO – 2016

Em %

Nível de instrução	Branca	Preta ou parda
Sem instrução	7,3	14,7
Fundamental incompleto ou equivalente	27	34,1
Fundamental completo ou equivalente	9	9,3
Médio incompleto ou equivalente	3,3	4,5
Médio completo ou equivalente	27,2	25,6
Superior incompleto ou equivalente	4,1	2,8
Superior completo	22,2	8,8

Fonte: IBGE. PNAD Contínua 2016: 51% da população com 25 anos ou mais do Brasil possuíam apenas o ensino fundamental completo. *Agência Notícias*, 21 dez. 2017. Disponível em: <https://agenciadenoticias.ibge.gov.br/agencia-noticias/2013-agencia-de-noticias/releases/18992-pnad-continua-2016-51-da-populacao-com-25-anos-ou-mais-do-brasil-possuiam-apenas-o-ensino-fundamental-completo.html>. Acesso em: 28 maio 2018.

LONGEVIDADE

Um país longevo é aquele em que a população apresenta expectativa de vida elevada. A boa qualidade dos serviços de saúde e saneamento básico, que afetam diretamente as taxas de mortalidade adulta e infantil, é essencial para que a expectativa de vida da população de um país seja elevada.

A longevidade da população brasileira aumentou nas últimas décadas, após o país reduzir a taxa de mortalidade infantil e elevar a expectativa de vida, que passou de 75,5, em 2015, para 75,8, em 2016 (figura 9).

Apesar dessa elevação, as desigualdades regionais também ficam expressas quando observamos a diferença entre as expectativas de vida em âmbito nacional: em 2016, os três estados sulistas estavam acima da média brasileira, enquanto Maranhão e Piauí, estados da Região Nordeste, apresentavam as menores médias do país.

FIGURA 9. BRASIL: EXPECTATIVA DE VIDA AO NASCER – 1940-2016

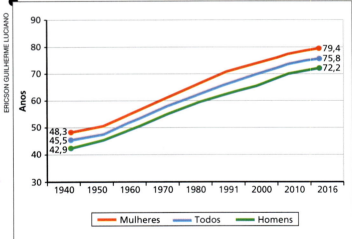

Fonte: Agência IBGE Notícias. Disponível em: <https://agenciadenoticias.ibge.gov.br/agencia-noticias/2012-agencia-de-noticias/noticias/18469-expectativa-de-vida-do-brasileiro-sobe-para-75-8-anos.html>. Acesso em: 20 mar. 2018.

PARA PESQUISAR

- **PNUD – Atlas do Desenvolvimento Humano no Brasil 2013**
  <atlasbrasil.org.br/2013/pt/consulta>
  Plataforma de consulta de indicadores sociais do Brasil em que é possível selecionar dados e construir mapas e gráficos.

ÍNDICE DE DESENVOLVIMENTO HUMANO (IDH)

Para calcular o desenvolvimento humano de um município, estado ou país, é utilizado o **Índice de Desenvolvimento Humano (IDH)**, uma medida que considera três dimensões: renda, educação e saúde de uma população. O valor do IDH varia entre 0 e 1 e, quanto mais próximo estiver de 1, melhor será a qualidade de vida da população.

A divulgação dos resultados é feita pelo Programa das Nações Unidas para o Desenvolvimento (PNUD). De acordo com seus índices, os países são divididos em quatro grupos, com IDH baixo, médio, elevado ou muito elevado.

Em conjunto, essas três dimensões oferecem melhores condições para a análise da realidade, em contraponto a indicadores que levam em consideração apenas a dimensão econômica, como é o caso do PIB.

Contudo, outros importantes aspectos do desenvolvimento humano, como sistema político democrático, igualdade de gêneros e sustentabilidade, não são contemplados pelo IDH.

O IDH do Brasil evoluiu nas últimas décadas e, em 2015, alcançou o valor de 0,754, considerado elevado, e bem superior ao registrado em 1990 (figura 10).

Apesar da melhoria registrada nos critérios saúde e educação, o Brasil piorou no de renda. Na América do Sul, o país tem o quinto maior IDH, ficando atrás de Chile, Argentina, Uruguai e Venezuela.

FIGURA 10. BRASIL: EVOLUÇÃO DO IDH – 1990-2015

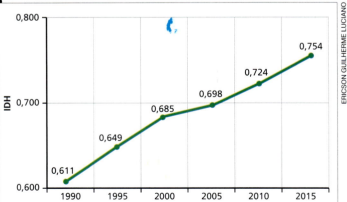

Fonte: PNUD Brasil. *Relatório do PNUD destaca grupos sociais que não se beneficiam do desenvolvimento humano.* Disponível em: <http://www.br.undp.org/content/brazil/pt/home/presscenter/articles/2017/03/21/relat-rio-do-pnud-destaca-grupos-sociais-que-n-o-se-beneficiam-do-desenvolvimento-humano.html>. Acesso em: 20 mar. 2018.

Acesso à tecnologia: o novo indicador de desigualdade

"O mundo digital com todas as suas vantagens – como a infinidade de informações ao alcance de um clique e a comunicação imediata – não chega a todos da mesma forma. O acesso à internet pode marcar a diferença entre a exclusão social e a igualdade de oportunidades. Se não forem adotadas soluções, aumentará a disparidade existente entre os países mais desenvolvidos e as nações em desenvolvimento. O alerta é feito pelo Unicef [Fundo das Nações Unidas para a Infância] em seu relatório *Situação Mundial da Infância 2017*: as crianças em um mundo digital.

Na África, 60% das pessoas entre 15 e 24 anos não têm acesso à internet; na Europa, essa porcentagem cai para 4%. Os países em que crianças e adolescentes têm menos acesso estão no continente africano. A digitalização também é limitada em áreas de conflito armado deflagrado ou recente, como Iêmen, Iraque e Afeganistão. [...]

Promover estratégias de mercado que favoreçam a implantação de empresas de tecnologia, o apoio por parte dos provedores a entidades locais e a implantação de conexões públicas à internet são algumas das medidas propostas pelo Unicef para reduzir o desnível. [...] A organização identifica quatro benefícios derivados da implantação maciça de novas tecnologias:

1. Melhora na qualidade da educação.
2. Possibilidade de acessar ferramentas e informação que permitam aos jovens buscar novas soluções para seus problemas.
3. Nova economia com mais opções profissionais para os jovens.
4. Melhor atenção em caso de emergência."

PEIRÓ, Patricia. Acesso à tecnologia: o novo indicador de desigualdade. *El País*, Madri, 11 dez. 2017. Disponível em: <https://brasil.elpais.com/brasil/2017/12/05/tecnologia/1512475978_439857.html>. Acesso em: 20 mar. 2018.

Brasil: domicílios, por presença de computador e internet – 2016				
Região	Computador e internet (%)	Apenas computador (%)	Apenas internet (%)	Nem computador nem internet (%)
Sudeste	50	6	14	30
Sul	41	7	12	41
Centro-Oeste	40	5	16	38
Nordeste	26	7	15	53
Norte	24	8	22	45

Fonte: CETIC.BR. *Pesquisa sobre o Uso das Tecnologias de Informação e Comunicação nos domicílios brasileiros* – TIC Domicílios 2016. Disponível em: <http://cetic.br/tics/domicilios/2016/domicilios/A4B/>. Acesso em: 20 mar. 2018.

 ATIVIDADES

1. Por que o acesso à internet pode ser considerado um indicador social de desigualdade regional?

2. O acesso à internet é possível nos domicílios representados em quais colunas da tabela?

3. Segundo o texto, há disparidade no acesso à internet entre as pessoas dos continentes europeu e africano. É possível fazer a mesma afirmação ao comparar os dados das regiões brasileiras reproduzidos na tabela? Justifique.

ATIVIDADES

Reprodução proibida. Art.184 do Código Penal e Lei 9.610 de 19 de fevereiro de 1998.

ORGANIZAR O CONHECIMENTO

1. Caracterize a distribuição da população brasileira no território.

2. Analise a figura 3, na página 47, e responda às questões.

   a) De que maneira é possível calcular a taxa de crescimento natural da população para determinado período?

   b) Em que período o crescimento natural da população brasileira foi mais intenso? Explique.

3. O ritmo de crescimento da população brasileira tem diminuído desde a década de 1960, principalmente devido à redução da taxa de natalidade.

   a) Aponte dois fatores que contribuíram para a queda da taxa de natalidade no Brasil.

   b) Quanto à redução das taxas de mortalidade, que fatores contribuíram para isso?

4. Apesar de ser um importante indicador para calcular a riqueza de uma localidade, o PIB possui algumas limitações. Quais são elas?

5. Em relação ao Índice de Desenvolvimento Humano (IDH), responda:

   a) Quais aspectos são considerados no cálculo do índice?

   b) O IDH do Brasil evoluiu nas últimas décadas e passou a integrar o conjunto de países de IDH elevado. Isso significa que toda a população brasileira tem boas condições de vida? Explique.

APLICAR SEUS CONHECIMENTOS

6. Analise os tipos de pirâmides etárias a seguir e assinale a afirmativa correta.

PIRÂMIDE I

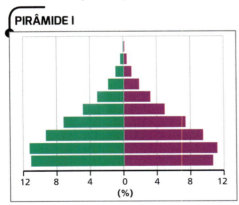

PIRÂMIDE II

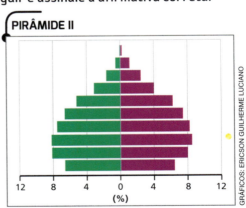

   a) A pirâmide I retrata uma população "jovem", com elevada expectativa de vida e baixa taxa de natalidade.

   b) A pirâmide II representa uma tendência de redução na taxa de natalidade, com a maior parte da população idosa.

   c) A pirâmide II retrata uma população adulta, com baixa taxa de mortalidade e elevada expectativa de vida.

   d) A pirâmide I aponta uma população "madura", com predomínio de adultos e elevada taxa de natalidade.

   e) A pirâmide II retrata uma população adulta, com alto índice de mortalidade e elevada expectativa de vida.

7. Observe o gráfico abaixo e faça o que se pede.

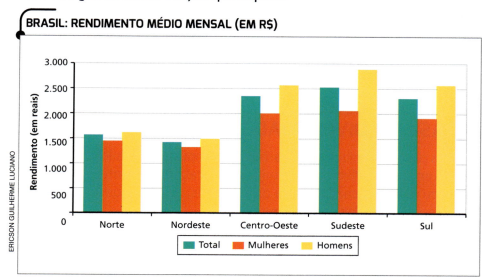

BRASIL: RENDIMENTO MÉDIO MENSAL (EM R$)

Fonte: VENTURINI, Lilian. Como está a desigualdade de renda no Brasil, segundo o IBGE. *Nexo*, 30 nov. 2017. Disponível em: <https://www.nexojornal.com.br/expresso/2017/11/30/Como-est%C3%A1-a-desigualdade-de-renda-no-Brasil-segundo-o-IBGE>. Acesso em: 31 maio 2018.

a) A partir da análise dos dados do gráfico, por que é possível afirmar que existem desigualdades territoriais e sociais no Brasil?

b) Comente o rendimento médio mensal das mulheres nas Regiões Norte, Centro-Oeste e Sul.

8. Leia atentamente o texto abaixo e responda aos itens.

"[...] a falta de saneamento adequado traz não apenas problemas sociais ao país, mas também ambientais, financeiros e de saúde, já que é um fator importante na disseminação de doenças. 'O saneamento é a estrutura que mais benefícios traz para a população. O 'básico' do nome não está ali à toa, é a estrutura mais elementar e a mais relevante. Por isso, a questão da melhora dos índices e da própria universalização se torna tão urgente na pauta do país' [...]

Sobre a discrepância dos índices entre as regiões, o ministério diz que 'um dos grandes desafios da política pública brasileira é exatamente vencer a barreira das desigualdades sociais, assegurando, no caso do setor saneamento, o direito humano fundamental a água e esgotos, preconizado em resolução da ONU [...]'."

VELASCO, Clara. Saneamento melhora, mas metade dos brasileiros segue sem esgoto no país. G1, 19 fev. 2017. Disponível em: <https://g1.globo.com/economia/noticia/saneamento-melhora-mas-metade-dos-brasileiros-segue-sem-esgoto-no-pais.ghtml>. Acesso em: 22 mar. 2018.

a) Quais problemas a falta de saneamento básico pode acarretar para a população?

b) Por que oferecer acesso à água e ao saneamento básico é uma forma de diminuir as desigualdades sociais?

9. Observe a charge a seguir e responda às questões.

a) Qual é a crítica ao sistema educacional do Brasil contida na charge?

b) De acordo com os dados recentes, quais são outros problemas que se revelam na educação do Brasil?

c) Como vimos no Tema 2, embora o Brasil tenha avançado no campo da educação nas últimas décadas, ainda há muito a avançar. Em sua opinião, o que poderia ser feito para melhorar a educação do país?

DIVERSIDADE DA POPULAÇÃO BRASILEIRA

Como você identifica a diversidade cultural do Brasil no dia a dia?

O BRASIL DA DIVERSIDADE

Vários povos contribuíram para formar a população brasileira e essa mistura resultou em grande diversidade étnica e cultural. Inicialmente, o povo brasileiro se formou da miscigenação entre os indígenas, os portugueses colonizadores e os africanos trazidos como escravos.

A composição da população é diferente em cada estado. Ela reflete o processo de ocupação que ocorreu em diferentes partes do território brasileiro. Nas pesquisas censitárias realizadas pelo IBGE, na categoria "raça ou cor", cada pessoa pode se autodeclarar branca, parda, preta, amarela ou indígena (figura 11).

De olho no mapa

Compare a composição da população do Amazonas e de Santa Catarina e crie hipóteses para explicar as diferenças.

PARA LER

- **Pau-brasil – A arte e o engenho do povo brasileiro**
  São Paulo: Moderna, 2010.
  O livro trata da diversidade cultural brasileira a partir da mistura de povos que caracteriza a composição étnica da população.

Fonte: IBGE. *Atlas geográfico escolar*. 7. ed. Rio de Janeiro: IBGE, 2016. p. 116.

FIGURA 11. BRASIL: DISTRIBUIÇÃO DA POPULAÇÃO POR COR OU RAÇA – 2013

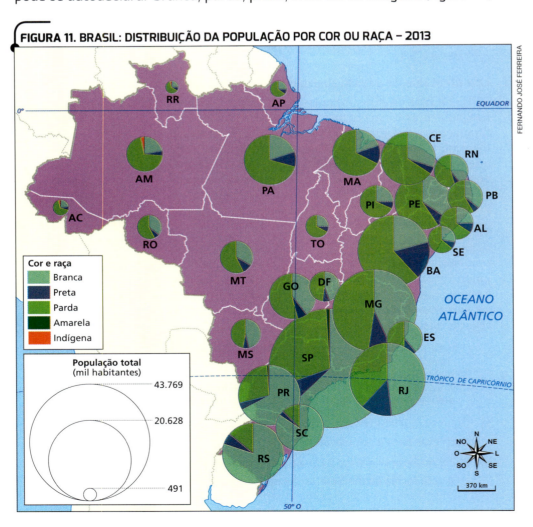

POVOS INDÍGENAS

Os **povos indígenas** do Brasil são descendentes dos habitantes nativos do atual território do país, que aqui viviam antes da chegada dos colonizadores portugueses no século XVI.

Apesar de perseguidos e quase dizimados ao longo do tempo, o Censo de 2010 apontou que a população indígena brasileira era de mais de 896 mil indivíduos pertencentes a 305 etnias. A população indígena concentra-se principalmente na Região Norte (figura 12).

Etnia: grupo humano que compartilha afinidades linguísticas, culturais e genéticas.

PARA LER

● **ABC dos povos indígenas do Brasil**
Marina Kahn.
São Paulo: SM, 2007.

Livro com informações sobre grupos indígenas brasileiros, como aspectos culturais, modo de vida e sua relação com a natureza.

FIGURA 12. BRASIL: DISTRIBUIÇÃO DA POPULAÇÃO INDÍGENA POR REGIÃO – 2010

ADILSON SECCO

Os povos indígenas

O audiovisual apresenta um panorama dos desafios e explorações que os indígenas brasileiros enfrentam desde o período da colonização portuguesa.

Eixo vertical: Habitantes (0; 200.000; 400.000; 600.000; 800.000; 1.000.000)

Categorias: Brasil, Norte, Nordeste, Sudeste, Sul, Centro-Oeste

■ Nas terras indígenas ■ Fora das terras indígenas

Fonte: IBGE. *Atlas do censo demográfico 2010.* Rio de Janeiro: IBGE, 2013. p. 55.

PRESERVANDO A CULTURA INDÍGENA

Aproximadamente 58% dos indivíduos que se declararam indígenas no censo de 2010 habitavam **Terras Indígenas**, áreas reconhecidas pelo governo brasileiro como de ocupação legítima dos grupos indígenas que sobre elas detêm autonomia.

Existem dezenas de parques e terras indígenas reconhecidas no Brasil que ajudam a preservar mais de 270 idiomas, além de outras riquezas culturais e costumes tradicionais desses povos (figura 13).

Entre os indivíduos que viviam fora de terras indígenas, parcela significativa habitava áreas urbanas em 2010, onde, em geral, é mais difícil preservar a língua e a cultura tradicional, sobretudo entre os jovens.

RUBENS CHAVES/PULSAR IMAGENS

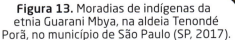

Figura 13. Moradias de indígenas da etnia Guarani Mbya, na aldeia Tenondé Porã, no município de São Paulo (SP, 2017).

POVOS AFRICANOS

Entre os séculos XVI e XIX, cerca de 4 milhões de africanos de diversos grupos étnicos foram escravizados e trazidos para o Brasil para trabalhar nas lavouras de cana-de-açúcar e tabaco, na mineração e em outras atividades econômicas.

Vivendo no Brasil, os africanos mantiveram alguns hábitos e tradições de seus lugares de origem, influenciando a formação da cultura brasileira. Na música, gêneros de influência africana serviram de base para ritmos como o maxixe, o samba, o choro, entre outros estilos. A influência africana também pode ser identificada na religião, com a difusão do candomblé e da umbanda, e na culinária, com pratos típicos como o vatapá e o acarajé, que utilizam o azeite de dendê na preparação (figura 14).

Também existem centenas de **comunidades quilombolas** no Brasil, que são grupos de ancestralidade africana remanescentes de antigos **quilombos** — agrupamentos de resistência de escravos fugidos ou áreas doadas para escravos libertos durante os anos de escravidão no Brasil.

Os brasileiros que descendem de povos africanos são considerados afrodescendentes e, infelizmente, muitos ainda sofrem com o **preconceito racial**, que é a discriminação em virtude da raça ou cor da pele, um grave problema a ser combatido pela sociedade brasileira.

OS IMIGRANTES

Grande parte da população brasileira é formada por descendentes de pessoas vindas de diferentes partes do mundo. A chegada de imigrantes ocorreu de maneira particularmente intensa entre meados do século XIX e meados do século XX, quando muitos europeus (principalmente portugueses, italianos, espanhóis, alemães) e asiáticos (sírios, libaneses, japoneses, entre outros) chegaram ao país. Nas regiões onde os imigrantes se estabeleceram, podemos notar influências deixadas na paisagem (figura 15).

LULA SAMPAIO/OPÇÃO BRASIL IMAGENS

Figura 14. Dos frutos do dendezeiro, que é uma palmeira originária da África, se extrai o óleo de dendê, utilizado em diversos pratos da culinária brasileira. Atualmente tem ocorrido uma expansão da plantação de dendezeiros no Brasil, especialmente na Região Norte. Isso acontece porque seus frutos também são utilizados para produção de biodiesel. Na foto, plantação de dendê nas imediações do Rio Jauaperi (AM, 2016).

PARA ASSISTIR

- **Atlântico negro – Na rota dos orixás**
  Direção: Renato Barbieri. Brasil: Videografia, 1998.

  Documentário sobre a escravidão, a influência das culturas africanas no Brasil e a relação do país com a África, incluindo a história de pessoas que voltaram para o continente africano após a abolição.

HANS VON MANTEUFFEL/ PULSAR IMAGENS

Figura 15. Casarões coloniais na Rua da Aurora, no município de Recife (PE, 2016). A arquitetura das construções é marcada pela influência europeia de portugueses, holandeses e franceses.

OS MOVIMENTOS MIGRATÓRIOS

Quando as pessoas deixam seu local de residência para fixar moradia em outra localidade, elas realizam **migração** ou **movimento migratório**.

Existem dois tipos de migração: a **migração externa**, que ocorre quando a população se desloca de um país para outro, e a **migração interna**, que ocorre quando a população se desloca dentro de um mesmo país, seja de uma região para outra (**inter-regional**), seja dentro de uma região (**intrarregional**).

São diversos os motivos que levam as pessoas a migrar, como dificuldades econômicas, busca por oportunidades de trabalho, guerras e perseguições políticas ou religiosas, além de adversidades naturais, como secas prolongadas, enchentes e terremotos.

MIGRAÇÕES EXTERNAS NO BRASIL

Desde a independência do Brasil, em 1822, até meados do século XX, o país recebeu um grande número de imigrantes europeus e asiáticos. Observe a tabela.

Muitos vieram para o Brasil para trabalhar em fazendas, como os italianos, que, em sua maioria, se dirigiram para as plantações de café. Outros vieram para fugir de conflitos e guerras em seus países de origem, como os japoneses, cujos descendentes estão atualmente mais concentrados no estado de São Paulo.

Imigrante: pessoa que se estabelece em um lugar que não é o de sua origem.

QUADRO

O papel das migrações externas

As migrações externas desempenharam papel importante na formação de nossa população: muitos brasileiros têm antepassados que nasceram em outros países. Os imigrantes influenciaram traços culturais da sociedade, contribuindo com a diversidade de nossa população.

- Como os imigrantes contribuem para enriquecer a cultura de seus locais de destino?

TABELA. CHEGADA DE IMIGRANTES NO BRASIL – 1884-1933	
Nacionalidade	**Imigrantes**
Italianos	1.401.335
Portugueses	1.145.737
Espanhóis	587.114
Alemães	154.397
Japoneses	142.457
Sírios e turcos	93.823
Outros	434.645
Total	**3.963.599**

Fonte: IBGE. *Estatísticas do povoamento*. Disponível em: <http://brasil500anos.ibge.gov.br/estatisticas-do-povoamento/imigracao-por-nacionalidade-1884-1933>. Acesso em: 21 mar. 2018.

MIGRAÇÕES EXTERNAS RECENTES

Nos últimos anos, o Brasil vem recebendo imigrantes provenientes de vários países, a maioria dos quais enfrenta dificuldades econômicas ou passou recentemente por uma catástrofe natural ou uma situação de guerra. São imigrantes da Bolívia, da Colômbia, da Argentina, do Uruguai, do Haiti, da Nigéria, da Síria, entre outros, que buscam oportunidades em nosso território brasileiro.

Em contrapartida, muitos brasileiros também se tornaram emigrantes nas últimas décadas e mudaram-se para outros países (figura 16).

Emigrante: pessoa que deixa seu lugar de origem para se estabelecer em outro.

FIGURA 16. BRASILEIROS RESIDENTES, POR PAÍS – 2015

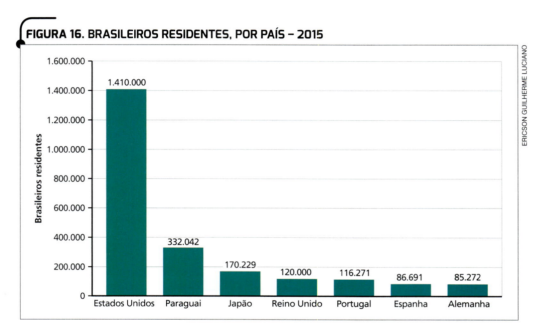

ERICSON GUILHERME LUCIANO

Fonte: ITAMARATY. *Estimativas populacionais das comunidades brasileiras no mundo em 2015.* Disponível em: <http://www.brasileirosnomundo.itamaraty.gov.br/a-comunidade/estimativas-populacionais-das-comunidades/Estimativas%20RCN%202015%20-%20Atualizado.pdf>. Acesso em: 22 mar. 2018.

MIGRAÇÕES INTERNAS NO BRASIL

Atualmente, milhões de brasileiros vivem fora de seu estado ou município de nascimento, pois muitas migrações internas ocorreram no Brasil. A seguir, destacamos alguns acontecimentos que marcaram esses movimentos populacionais, sobretudo a partir da segunda metade do século XX.

ENTRE 1950 E 1990

Nesse período, ocorreram muitos deslocamentos no Brasil, principalmente do Nordeste para o Sudeste.

A partir de 1950, com a aceleração da industrialização, a mecanização das atividades rurais e a dificuldade de acesso à propriedade da terra, muitas pessoas deixaram o campo e se mudaram para as cidades, em busca de emprego e melhores condições de vida. Esse movimento migratório do campo para a cidade é denominado **êxodo rural**.

Entre 1960 e 1990, São Paulo e Rio de Janeiro concentravam o maior número de indústrias e tinham os setores de comércio e serviços mais desenvolvidos do país, características que atraíram milhões de migrantes de diferentes regiões do país que buscavam oportunidades de trabalho.

Nesse mesmo período, as regiões Centro-Oeste e Norte também receberam milhares de migrantes. Nesse contexto, nordestinos foram atraídos pelas atividades extrativistas ou pela esperança de adquirir lotes de terra na região da Amazônia e um grande número de agricultores do Sul do país se estabeleceu nos estados do Acre, Mato Grosso, Mato Grosso do Sul e Rondônia, a partir de incentivos do governo e de doações de lotes de terra.

A construção de Brasília e a criação da Zona Franca de Manaus contribuíram para o crescimento dos fluxos migratórios em direção às duas cidades.

DE 1990 AOS DIAS ATUAIS

A partir da década de 1990, o fluxo de migrantes do Nordeste em direção ao Sudeste reduziu. Além disso, muitos nordestinos passaram a voltar ao seu estado de origem, caracterizando a **migração de retorno**, em função, principalmente, do desenvolvimento econômico da região (figura 17).

Durante esse período, também aumentaram as migrações intrarregionais, sobretudo em direção às cidades com até 5 milhões de habitantes, e se tornaram mais frequentes as **migrações sazonais**, que ocorrem quando as pessoas migram para se dedicar a tarefas temporárias, como a colheita agrícola.

De olho no mapa

O saldo migratório indica se uma localidade perdeu (número negativo) ou ganhou (número positivo) população residente durante determinado período por conta de movimentos migratórios. Indique os estados brasileiros com maior e menor saldo migratório entre 2005 e 2010.

FIGURA 17. BRASIL: PRINCIPAIS FLUXOS MIGRATÓRIOS – 2005-2010

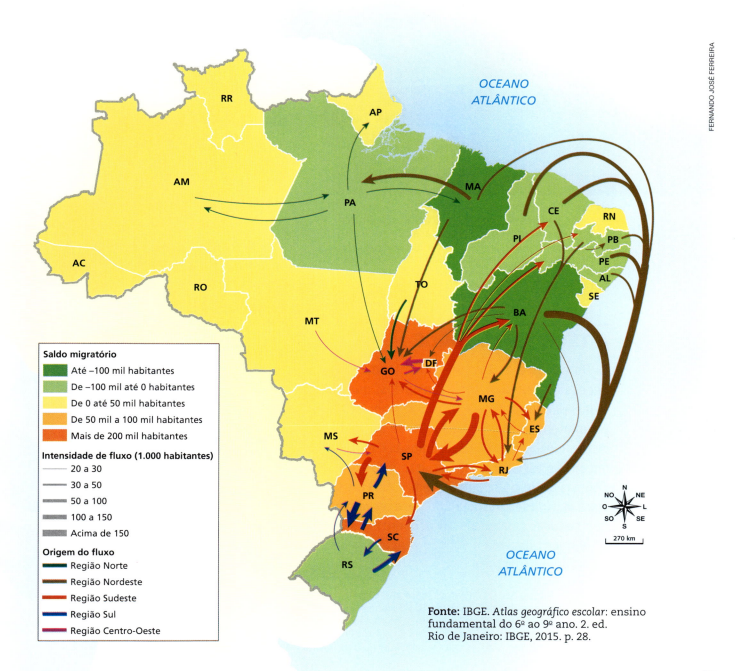

Saldo migratório
- Até –100 mil habitantes
- De –100 mil até 0 habitantes
- De 0 até 50 mil habitantes
- De 50 mil a 100 mil habitantes
- Mais de 200 mil habitantes

Intensidade de fluxo (1.000 habitantes)
- 20 a 30
- 30 a 50
- 50 a 100
- 100 a 150
- Acima de 150

Origem do fluxo
- Região Norte
- Região Nordeste
- Região Sudeste
- Região Sul
- Região Centro-Oeste

Fonte: IBGE. *Atlas geográfico escolar*: ensino fundamental do 6º ao 9º ano. 2. ed. Rio de Janeiro: IBGE, 2015. p. 28.

FERNANDO JOSÉ FERREIRA

4 POVOS E COMUNIDADES TRADICIONAIS

O que são povos e comunidades tradicionais?

ASPECTOS GERAIS

A população brasileira é caracterizada por uma grande diversidade social e cultural, resultado do processo de miscigenação entre diversos povos. Hoje em dia, parte da população do país é composta pelas chamadas comunidades tradicionais.

Povos e comunidades tradicionais são grupos que possuem uma cultura própria e que necessitam de territórios e recursos naturais específicos para sua sobrevivência e para a prática das suas atividades diárias.

Algumas comunidades tradicionais brasileiras são aquelas formadas por grupos indígenas, quilombolas, caiçaras e ribeirinhos (figura 18).

Figura 18. As comunidades ribeirinhas vivem nas margens dos rios. Praticam a pesca e a agricultura e costumam morar em palafitas, casas de madeira erguidas sobre estacas para evitar que a água dos rios inunde as construções quando o nível dos rios sobe. Na foto, palafitas sobre o Rio Amazonas, no município de Almeirim (PA, 2017).

A TERRITORIALIDADE

Os povos e as comunidades tradicionais necessitam de territórios próprios, que podem ser utilizados de forma temporária ou permanente para a realização de suas tradições culturais, sociais, religiosas e econômicas. As territorialidades, isto é, os territórios onde os grupos vivem e praticam suas atividades associadas à preservação dos recursos naturais ali presentes, são fundamentais para a sobrevivência dessas comunidades (figura 19).

Figura 19. Os caiçaras vivem atualmente no litoral dos estados de São Paulo, Rio de Janeiro e Paraná. As comunidades caiçaras sobrevivem da extração de recursos da Mata Atlântica, praticam a agricultura de subsistência e a pesca no mar. Na foto, pescadores caiçaras no município de Paraty (RJ, 2014).

Figura 20. A partir da década de 1970, intensificou-se no Brasil o movimento indígena de luta pela preservação de seus territórios. Uma das consequências dessa luta é a existência, no Brasil atual, de mais de 700 Terras Indígenas. Na foto, indígenas carregando lenha na aldeia Moikarakô, Terra Indígena Kayapó, no município de São Félix do Xingu (PA, 2016).

DELFIM MARTINS/TYBA

PARA PESQUISAR

- **Ministério do Meio Ambiente**
  <http://mma.gov.br>

  O Ministério do Meio Ambiente (MMA) é o órgão do governo federal responsável por colocar em prática ações de proteção e recuperação do meio ambiente brasileiro. Na página do Ministério, na aba *Desenvolvimento rural*, você encontrará informações sobre as principais políticas voltadas para os povos e as comunidades tradicionais do país.

 Trilha de estudo

Vai estudar? Nosso assistente virtual no *app* pode ajudar! <http://mod.lk/trilhas>

CONFLITOS HISTÓRICOS E CONTEMPORÂNEOS

As comunidades tradicionais do Brasil de hoje enfrentaram diversos conflitos e tensões ao longo da História. Os povos indígenas, por exemplo, foram dizimados durante o processo de colonização estabelecido pelos portugueses; as comunidades remanescentes de quilombos são formadas por descendentes da população africana trazida forçadamente para o Brasil para trabalharem como escravos.

Atualmente, os territórios de muitas comunidades tradicionais é motivo de disputa, tanto nas áreas rurais como nas cidades, e são afetados por atividades econômicas que impactam seu ambiente (como a extração mineral). No geral, os membros das comunidades tradicionais brasileiras também lutam pelo reconhecimento dos próprios direitos (figura 20).

Não há dados oficiais que revelam os números atuais dos povos e comunidades tradicionais no Brasil. Os últimos censos demográficos, realizados pelo Instituto Brasileiro de Geografia e Estatística (IBGE), levantaram apenas dados relativos às populações indígenas. A partir de 2020, porém, questões referentes a outros grupos tradicionais serão investigadas, demonstrando que, nos últimos anos, tais comunidades conquistaram maior reconhecimento e visibilidade.

ATIVIDADES

ORGANIZAR O CONHECIMENTO

1. Quais foram os três primeiros grandes povos que contribuíram para a formação da população brasileira? Complete o esquema.

Povos nativos, os _____
_____

+

Colonizadores, os _____
_____

+

Trabalhadores escravizados, os _____
_____

2. Por que a população brasileira se caracteriza por uma grande diversidade étnica e cultural?

3. Complete a definição de Terras Indígenas.

Terras Indígenas são terras reconhecidas pelo _____ para a _____ legítima dos indígenas e sobre as quais eles têm _____.

4. Dê exemplos de grupos de imigrantes que vieram para o Brasil entre o final do século XIX e o início do século XX.

5. Explique qual é a diferença entre migração interna e migração externa.

6. O Brasil é um país que se destaca por abrigar uma grande diversidade de povos e comunidades tradicionais. Quem são esses povos? Cite três exemplos e, em seguida, indique alguns principais conflitos vividos por eles.

APLICAR SEUS CONHECIMENTOS

7. Leia o poema e responda às questões.

"Erro de português

Quando o português chegou
Debaixo de uma bruta chuva
Vestiu o índio
Que pena!
Fosse uma manhã de sol
O índio tinha despido
O português"

ANDRADE, Oswald de.
Poesias reunidas. Rio de Janeiro:
Civilização Brasileira, 1974, p. 177.

BIRY SARKIS

a) Interprete o poema com base em seus conhecimentos sobre a relação entre os povos indígenas e os portugueses durante o período de colonização do Brasil.

b) Em sua opinião, por que o título desse poema é *Erro de português*?

c) Hoje, muitos indígenas aprendem a língua falada por seu grupo e a língua portuguesa. Em sua opinião, é importante que os indígenas preservem as línguas de seu povo? Por quê?

d) Reveja a figura 12, página 57, desta Unidade e cite as duas regiões brasileiras onde há maior concentração de população indígena.

8. Analise o gráfico e responda às questões.

BRASIL: PAÍSES DE ORIGEM DOS IMIGRANTES – 2015

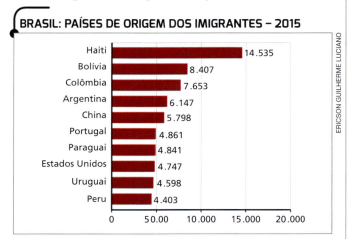

Haiti — 14.535
Bolívia — 8.407
Colômbia — 7.653
Argentina — 6.147
China — 5.798
Portugal — 4.861
Paraguai — 4.841
Estados Unidos — 4.747
Uruguai — 4.598
Peru — 4.403

(eixo horizontal: 0, 5.00, 10.000, 15.000, 20.000)

Fonte: VELASCO, Clara; MANTOVANI, Flávia. Em 10 anos, número de imigrantes aumenta 160% no Brasil, diz PF. *G1*, 25 jun. 2016. Disponível em: <http://g1.globo.com/mundo/noticia/2016/06/em-10-anos-numero-de-imigrantes-aumenta-160-no-brasil-diz-pf.html>. Acesso em: 29 maio 2018.

a) Quais são os três países com maior número de imigrantes no Brasil?

b) Quais são os principais motivos para a vinda de imigrantes de diversos países para o Brasil?

c) Muitos brasileiros também se mudaram nas últimas décadas para outros países. Faça uma pesquisa e aponte algumas das razões para esses deslocamentos.

9. Leia o trecho da entrevista.

"[Repórter] – O Brasil possui 0,3% de imigrantes em sua população. Isso é pouco? É muito? Como se compara com outros países do mesmo tamanho?

Wagner Oliveira – O Brasil já foi, no passado, um país com uma parcela muito importante de migrantes em sua população. Mas hoje essa proporção é baixa, são cerca de 700 mil estrangeiros numa população de mais de 200 milhões."

CHARLEAUX, João Paulo. Qual o retrato da migração estrangeira hoje no Brasil, segundo este especialista. *NEXO*, 26 ago. 2017. Disponível em: <https://www.nexojornal.com.br/entrevista/2017/08/26/Qual-o-retrato-da-migra%C3%A7%C3%A3o-estrangeira-hoje-no-Brasil-segundo-este-especialista>. Acesso em: 21 mar. 2018.

a) A que período do passado brasileiro o entrevistado se refere e de quais nacionalidades eram a maior parte dos imigrantes?

b) Hoje em dia, a maior parte dos imigrantes residentes no Brasil provém de quais países?

10. Leia o trecho da reportagem a seguir e responda às questões.

"Por 10 votos a 1, os ministros declararam constitucional o Decreto 4.887/2003, que regulamenta a oficialização dos quilombos e é considerado um avanço no reconhecimento do direito à terra dessas populações. [...]

'Este é um primeiro passo no reconhecimento da dívida que o Estado brasileiro tem com os quilombolas, assim como também tem com os indígenas', ressaltou, emocionado, ao final do julgamento, Denildo Rodrigues, o Biko, da Coordenação Nacional de Articulação das Comunidades Negras Rurais Quilombolas (Conaq). Ele cobrou que o governo não apenas avance nas titulações, mas que também leve políticas públicas de saúde, educação, segurança e agricultura aos quilombos."

Em vitória histórica de quilombolas, STF declara constitucional decreto de titulações. *Instituto Socioambiental*, 9 fev. 2018. Disponível em: <https://www.socioambiental.org/pt-br/noticias-socioambientais/em-vitoria-historica-de-quilombolas-stf-declara-constitucional-decreto-de-titulacoes>. Acesso em: 21 mar. 2018.

a) Os títulos de propriedade, citados na reportagem, representam o reconhecimento das territorialidades dos povos tradicionais do Brasil, tais como os remanescentes de quilombolas. Qual é a importância do reconhecimento das territorialidades para essas comunidades?

b) Em que medida serviços de saúde, educação e segurança e políticas de favorecimento da prática agrícola são importantes para a manutenção das comunidades tradicionais? Explique.

DESAFIO DIGITAL

11. Acesse os vídeos do objeto digital *Inventário cultural de quilombos do Vale do Ribeira*, disponível em: <http://mod.lk/desv7u2>, e responda às questões.

a) Onde estão localizadas as comunidades tradicionais mencionadas no objeto digital? Qual a relação dessas comunidades com a preservação da Mata Atlântica?

b) Quais atividades econômicas os quilombolas desenvolvem para se manterem na região e como é o seu modo de vida?

Mais questões no livro digital

REPRESENTAÇÕES GRÁFICAS

Mapas com círculos proporcionais

A implantação pontual de círculos proporcionais é usada para mapear dados quantitativos. As áreas dos círculos são proporcionais aos valores representados: quanto maior o valor, maior a área do círculo.

Por exemplo, para mapear a população dos países de um continente, o cartógrafo desenhará círculos cujos centros ficarão sobre os países e cujas áreas serão proporcionais ao tamanho de suas populações. Se a população de um país de 20 milhões de habitantes for representada por um círculo com uma área de 2 cm², uma população de 40 milhões deverá ser representada por um círculo de área igual a 4 cm², ou seja, o dobro.

Observe outro exemplo no mapa abaixo, em que círculos proporcionais representam a população de cada unidade da federação do Brasil.

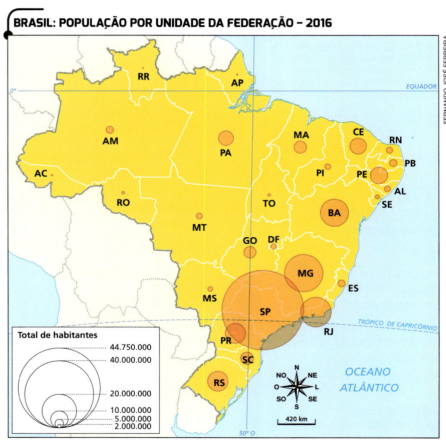

BRASIL: POPULAÇÃO POR UNIDADE DA FEDERAÇÃO – 2016

FERNANDO JOSÉ FERREIRA

Fonte: IBGE. *Anuário estatístico do Brasil 2016*. Rio de Janeiro: IBGE, 2017. v. 76. Tabela 2.1.1.9.

 **ATIVIDADES**

1. Que tipo de dados são usados na construção de mapas com círculos proporcionais?

2. Os círculos do mapa se referem a que informação? Qual círculo é maior? Por quê?

3. Se os círculos fossem opacos, que problema surgiria para a visualização dos dados?

Inclusão digital na terceira idade

O envelhecimento da população é uma realidade no Brasil e em outros países. Conheça um desafio imposto por esse processo e reflita sobre as suas atitudes diante dele.

"A inclusão digital já se tornou parte da rotina de pessoas em todos os lugares do mundo – passa-se cada vez menos tempo 'desconectado' e utilizam-se os recursos digitais para a realização de muitas ações e tarefas. [...]

Para as gerações mais novas, que já nasceram em um mundo digital, na maioria das vezes isso não representa nenhuma dificuldade; mas e para os mais velhos? É característico das gerações mais antigas não apresentarem tanto conhecimento em relação a isso. A partir de certa faixa etária, muitas pessoas não ficam a par de todas as funcionalidades digitais e essa parcela aumenta juntamente com a idade. Entretanto, a terceira idade vem mostrando que não quer ficar de fora desse mundo novo.

Uma pesquisa do IBGE comprova que, ao contrário do que se imagina, os idosos usam cada vez mais a internet. Em cinco anos, o número de pessoas acima de 60 anos que acessam a rede mais que dobrou: eram 5,7% em 2008, superados pelos 12,6% em 2013. Outra pesquisa de 2015, realizada pela *AVG Technologies* em diversos países, incluindo o Brasil, descobriu que o celular é o dispositivo mais utilizado entre os idosos, abrangendo 86% dos entrevistados. [...]

As pesquisas deixam claro: a terceira idade não quer ficar de fora desse mundo que surge com as novas tecnologias. Mesmo com as dificuldades, a disposição em aprender e estar conectado é muito maior, e quem somos nós para duvidarmos da capacidade deles? Em alguns anos, possivelmente, a nova geração de idosos já estará muito mais inserida nesse contexto, e as dificuldades serão cada vez menores.

WOLF, Alexandre. Inclusão digital na terceira idade aumenta no Brasil nos últimos 5 anos. *Repórter Unesp*, 6 abr. 2016. Disponível em: <http://reporterunesp.jor.br/2016/04/06/inclusao-digital-na-terceira-idade-aumenta-no-brasil-nos-ultimos-5-anos/>. Acesso em: 21 mar. 2018.

ATIVIDADES

1. Persistir é uma das atitudes mais importantes para quem quer alcançar um objetivo. Sublinhe um trecho do texto em que se reconheça essa atitude.

2. Suponha que você tem como tarefa explicar as funcionalidades de um novo aplicativo de *smartphone* para um grupo de idosos. Considerando que as pessoas mais velhas, em geral, têm menos fluência no uso de recursos digitais, explique como as atitudes a seguir ajudariam você no cumprimento dessa tarefa:

- controlar a impulsividade;
- pensar com flexibilidade;
- pensar e comunicar-se com clareza.

Idosos em aula de informática, no município de São Paulo (SP, 2013).

O artista pernambucano Lenine compôs uma música sobre a diversidade do povo brasileiro. Leia a letra com atenção.

WAGNER DE SOUZA

Sob o mesmo céu

"Sob o mesmo céu
Cada cidade é uma aldeia,
Uma pessoa,
Um sonho, uma nação

Sob o mesmo céu,
Meu coração não tem fronteiras,
Nem relógio, nem bandeira,
Só o ritmo de uma canção maior

A gente vem do tambor do índio,
A gente vem de Portugal,
Vem do batuque negro,
A gente vem do interior e da capital,
A gente vem do fundo da floresta,
Da selva urbana dos arranha-céus,
A gente vem do pampa, vem do cerrado,
Vem da megalópole, vem do Pantanal,
A gente vem de trem, vem de galope,
De navio, de avião, motocicleta,
A gente vem a nado,
A gente vem do samba, do forró,
A gente veio do futuro conhecer nosso passado

Brasil!
Com quantos Brasis se faz um Brasil
Com quantos Brasis se faz um país
Chamado Brasil...

A gente vem do *rap*, da favela,
A gente vem do centro, e da periferia,
A gente vem da maré, da palafita,
Vem dos orixás da Bahia,
A gente traz um desejo de alegria e de paz,
E digo mais
A gente tem a honra de estar ao seu lado,
A gente veio do futuro conhecer nosso passado

Brasil!
Com quantos Brasis se faz um Brasil
Com quantos Brasis se faz um país
Chamado Brasil..."

LENINE. Sob o mesmo céu. *Lenine.doc* – Trilhas.
São Paulo: Universal Music, 2010.

ATIVIDADES

OBTER INFORMAÇÕES

1. Identifique os versos em que a letra da música menciona grupos étnicos formadores da população brasileira.

2. A música cita, também, diferentes locais que se referem a moradias. Quais são eles?

INTERPRETAR

3. O fenômeno das migrações tem como resultado a reunião de indivíduos de origens diversas em locais como as grandes cidades. Como a música aborda esse tema?

4. Como você interpreta a questão apresentada no refrão: "Com quantos Brasis se faz um Brasil"?

PESQUISAR

5. Em dupla, pesquisem informações sobre os fluxos de imigrantes que têm se dirigido para o Brasil recentemente. Organizem os resultados da pesquisa e escrevam um texto sobre os novos fluxos migratórios brasileiros, fazendo uma avaliação sobre as tendências demográficas do Brasil para os próximos anos.

3

BRASIL: INTEGRAÇÃO DO TERRITÓRIO

Os espaços urbano e rural apresentam características próprias que os diferenciam, embora nas últimas décadas estejam cada vez mais conectados. Estudar esses espaços ajuda a entender dinâmicas sociais, econômicas e ambientais que marcam o Brasil atualmente.

A industrialização incentivou a ida de pessoas que viviam no campo para as cidades, sendo um processo importante para a configuração atual do território brasileiro. Já a integração dos espaços urbano e rural está relacionada ao desenvolvimento das redes de transporte e de comunicação.

Após o estudo desta Unidade, você será capaz de:

- compreender as principais causas e consequências da urbanização no Brasil;
- reconhecer características da industrialização brasileira ao longo do tempo;
- caracterizar aspectos econômicos, sociais e ambientais do espaço rural do país;
- avaliar a importância dos meios de transporte e comunicação para a integração do território brasileiro.

Vista aérea de zona industrial moveleira, no município de Arapongas (PR, 2015).

ERNESTO REGHRAN/PULSAR IMAGENS

▶ COMEÇANDO A UNIDADE

1. No município em que você vive, há características semelhantes às representadas na foto? Quais?

2. Qual elemento da imagem conecta os espaços urbano e rural?

3. De acordo com os seus conhecimentos, você acha que o Brasil é predominantemente urbano ou rural? Como você chegou a essa conclusão?

ATITUDES PARA A VIDA

- Imaginar, criar e inovar.
- Assumir riscos com responsabilidade.

O ESPAÇO URBANO BRASILEIRO

Quais são as principais características do espaço urbano brasileiro?

A URBANIZAÇÃO BRASILEIRA

O Brasil é considerado um país urbano, pois a maior parte de sua população vive em cidades (figura 1).

A urbanização é um fenômeno observado em todo o mundo atual, mas nem todos os países são predominantemente urbanos. Na Índia, por exemplo, a maioria da população ainda reside nas áreas rurais.

A urbanização brasileira é um fenômeno relativamente recente e ocorreu com muita rapidez. Até a década de 1960, a maior parte da população do país se concentrava no campo. Na década seguinte, a população urbana já havia superado a rural e, de 1970 para 2010, saltou de aproximadamente 53 milhões para 160 milhões. Ao mesmo tempo, a população rural, que era de cerca de 41 milhões em 1970, reduziu a menos de 30 milhões em 2010.

Reprodução proibida. Art.184 do Código Penal e Lei 9.610 de 19 de fevereiro de 1998.

De olho no gráfico

No Brasil, a partir de qual década a população residente nas cidades superou a população que vivia no campo? Que fatores contribuíram para isso?

Fonte: IBGE. *Atlas geográfico escolar*. 7. ed. Rio de Janeiro: IBGE, 2016. p. 145.

FIGURA 1. BRASIL: POPULAÇÃO URBANA E RURAL – 1940-2010

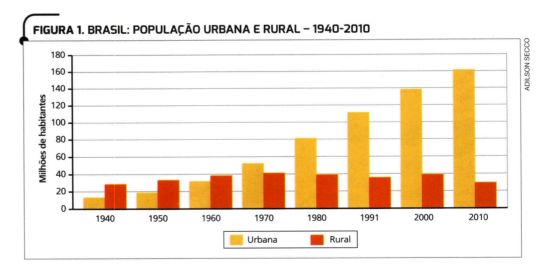

ADILSON SECCO

No século XIX, as principais atividades econômicas desenvolvidas no Brasil eram a mineração, os cultivos de cana-de-açúcar e de café. Nesse contexto, a maior parcela da população vivia na área rural.

Ao longo do século XX, o perfil da economia brasileira foi se modificando: a crescente industrialização impulsionou a saída de um grande número de habitantes do campo para as cidades, fenômeno conhecido como **êxodo rural**. Os centros urbanos passaram a atrair pessoas em busca de trabalho e melhores condições de vida, como acesso a educação, saúde e saneamento básico, entre outros serviços.

A REDE URBANA

De maneira geral, quanto maiores as cidades, maior a concentração de atividades industriais, comerciais e de serviços. As grandes cidades muitas vezes concentram também centros de decisão política. Por isso, algumas cidades exercem influência econômica, política e cultural sobre outras, e essa relação de atração e influência forma a **rede urbana**, que se articula, basicamente, por meio dos sistemas de transporte e comunicação.

É comum que moradores de cidades menores se desloquem para as maiores em busca daquilo que sua cidade não oferece, como serviços de saúde e educação especializados, atividades culturais etc. Também há fluxos temporários, as chamadas **migrações pendulares**, quando pessoas moram em determinado lugar e se deslocam diariamente, ou por determinados períodos, para um outro local. Entre as migrações pendulares estão o fluxo de pessoas que moram em uma cidade e trabalham ou estudam em outra e os boias-frias, que residem em áreas urbanas e vão para o campo para trabalhar temporiamente nas lavouras. Esses fluxos populacionais não representam um processo de migração propriamente, pois não constituem uma transferência definitiva, mas temporária.

De olho no mapa

Quais são as três cidades com maior influência nacional? Como elas são classificadas?

A HIERARQUIA URBANA

Considerando a atração de pessoas e a influência que as cidades exercem sobre determinada área, o IBGE estabeleceu uma hierarquia na classificação da rede urbana (figura 2).

No mapa ao lado, podemos observar os raios de influência das principais metrópoles do país, que alcançam diferentes regiões, e os de centros regionais, cujo alcance é mais restrito. Quanto maior a concentração de órgãos administrativos, sedes de empresas, universidades, serviços de saúde, lazer etc. em uma cidade, maior será seu poder de atração, polarização e influência.

Fonte: IBGE. *Atlas nacional do Brasil Milton Santos.* Rio de Janeiro: IBGE, 2010. p. 266.

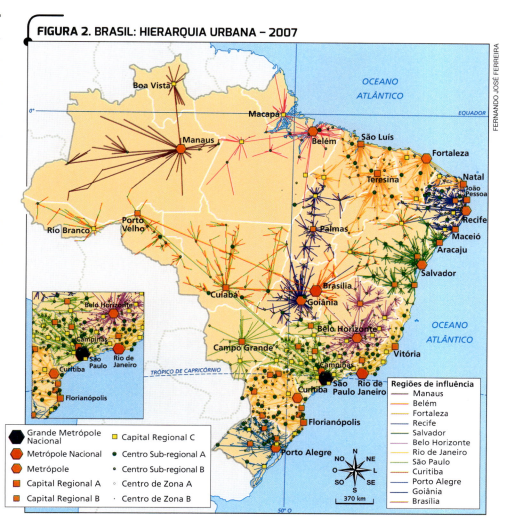

FIGURA 2. BRASIL: HIERARQUIA URBANA – 2007

FERNANDO JOSÉ FERREIRA

REGIÕES METROPOLITANAS BRASILEIRAS

À medida que o número de habitantes de uma cidade aumenta, sua área urbana tende a se expandir.

Esse processo é denominado **expansão da mancha urbana**.

Quando há uma expansão expressiva da mancha urbana de dois ou mais municípios vizinhos, pode ocorrer uma **conurbação**, ou seja, a união física das áreas urbanas desses municípios.

Em algumas áreas conurbadas são definidas **regiões metropolitanas**, áreas formadas por municípios que, embora independentes administrativamente, pertencem a um conjunto sob influência, principalmente econômica, de um centro urbano principal. A constituição de regiões metropolitanas permite que problemas comuns às cidades conurbadas, como o transporte, sejam solucionados em conjunto com o poder público estadual.

Em 1974, um ano após terem sido criadas pela legislação brasileira, havia em todo o país nove regiões metropolitanas (Belém, Belo Horizonte, Curitiba, Fortaleza, Porto Alegre, Recife, Salvador, São Paulo e Rio de Janeiro). Em 2010, eram 38 (figura 3).

Essa ampliação é resultado do crescimento das cidades médias, que tem ocorrido em ritmo mais acelerado. Esse fato está relacionado aos fluxos migratórios que vêm ocorrendo entre os municípios de um mesmo estado ou entre estados de uma mesma região.

Em 2015, foi criada a primeira região metropolitana em Rondônia, formada por Porto Velho e Candeias do Jamari. Em 2018, havia 69 regiões metropolitanas.

FIGURA 3. BRASIL: REGIÕES METROPOLITANAS – 2014

De olho no mapa

De acordo com o mapa, quais unidades da federação não tinham regiões metropolitanas em 2014?

Reformas urbanas no Rio de Janeiro atual

O vídeo explica o processo de reforma urbana e o de valorização dos centros urbanos de cidades brasileiras nos dias atuais.

Fonte: elaborado com base em IBGE. *Atlas geográfico escolar.* 7. ed. São Paulo: IBGE, 2016. p. 147.

PROBLEMAS SOCIAIS URBANOS

Atualmente, os problemas sociais mais comuns dos centros urbanos são:

- insuficiência ou baixa qualidade de serviços públicos de saúde (postos de saúde, hospitais) e educação (creches e escolas).

- precariedade nos serviços públicos de saneamento básico (figura 4), coleta de lixo, iluminação e pavimentação;

- deficiência e precariedade do sistema de transporte coletivo, além de congestionamentos nas principais vias de circulação;

- elevados índices de violência (furtos, roubos, tráfico de drogas), que atingem principalmente os jovens nas cidades grandes e médias.

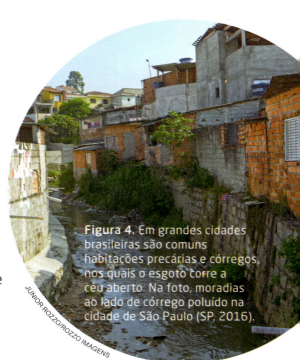

Figura 4. Em grandes cidades brasileiras são comuns habitações precárias e córregos, nos quais o esgoto corre a céu aberto. Na foto, moradias ao lado de córrego poluído na cidade de São Paulo (SP, 2016).

PROBLEMAS AMBIENTAIS URBANOS

Os problemas ambientais urbanos, embora não estejam restritos às grandes cidades, são agravados pela intensa concentração de pessoas e atividades econômicas no espaço. Soma-se a isso o fato de o Estado não fornecer infraestrutura e serviços de maneira igualitária entre os bairros e não fiscalizar regularmente práticas de contaminação da água, do ar e do solo urbanos.

Os problemas ambientais mais comuns nas cidades brasileiras são a poluição atmosférica provocada por indústrias e veículos que liberam poluentes prejudiciais à saúde da população; a poluição visual causada pelo excesso de *outdoors* e painéis luminosos; a poluição sonora produzida por veículos terrestres e aéreos, pelas indústrias e por atividades urbanas, como a construção civil; a poluição das águas gerada pelo despejo de dejetos residenciais e industriais nos rios, sem tratamento prévio (figura 5); além dos problemas relacionados às enchentes e às ocupações em áreas de risco, que provocam deslizamentos e consequente desabamento de moradias e outras construções.

PARA ASSISTIR

- **Verônica**
  Direção: Maurício Farias. Brasil: Frailha Produções, 2008.
  A história da professora Verônica e de um aluno serve de pano de fundo para a abordagem de importantes problemas sociais urbanos, como a falta de segurança e a exclusão, vivenciadas por parte dos moradores das grandes metrópoles.

Figura 5. Um dos problemas ambientais mais comuns das cidades brasileiras é a poluição dos rios. Na foto, lixo sólido no Rio Faria-Timbó, na cidade do Rio de Janeiro (RJ, 2017).

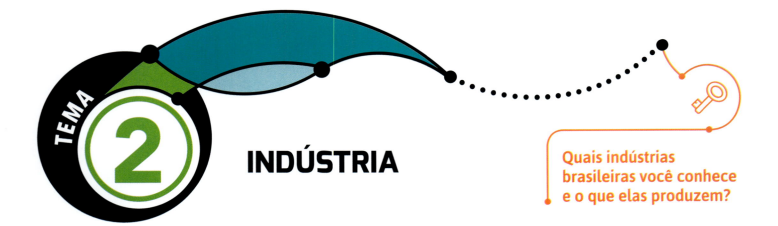

INDÚSTRIA

Quais indústrias brasileiras você conhece e o que elas produzem?

INÍCIO DA INDUSTRIALIZAÇÃO BRASILEIRA

Até o século XIX, a atividade industrial não era muito significativa no Brasil. De 1830 a 1929, a expansão da atividade cafeeira assumiu importância crescente na economia nacional e no desenvolvimento industrial, especialmente das cidades de São Paulo e Rio de Janeiro.

A produção cafeeira proporcionou o enriquecimento de empresários envolvidos nessa atividade, que era a que mais impulsionava a economia do país antes da industrialização. Parte desse lucro, obtido com as exportações do café, foi investido na importação de máquinas, na instalação das primeiras fábricas e na infraestrutura de transportes.

A implantação das ferrovias acompanhou a expansão da atividade cafeeira, pois os trens eram utilizados para o escoamento da produção de café até os portos (figura 6). Além disso, as ferrovias tiveram papel fundamental no início da industrialização no Brasil, já que facilitavam a circulação de mercadorias e a abertura de núcleos populacionais, que, muitas vezes se tornaram cidades, em especial no interior de São Paulo.

PARA PESQUISAR

• **Portal da Indústria Brasileira** <www.portaldaindustria.com.br>

O *site* oferece informações sobre iniciativas de empresas industriais no sentido de desenvolver atividades sustentáveis.

FIGURA 6. A EXPANSÃO DO CAFÉ E AS FERROVIAS NO BRASIL

FERNANDO JOSÉ FERREIRA

Fonte: elaborado com base em MONBEIG, Pierre. *Pioneiros e fazendeiros de São Paulo*. São Paulo: Hucitec, 1984.

A primeira ferrovia brasileira foi inaugurada em 1854: a Estrada de Ferro de Petrópolis, que ligava a Praia da Estrela, no atual município de Magé (RJ), ao pé da Serra de Petrópolis.

No início do século XX, a economia mundial enfrentou graves períodos de crise, que tiveram repercussões negativas na produção de café no Brasil — a exportação do produto diminuía bastante ao longo das crises, causando prejuízos aos produtores. Aos poucos, a venda de café foi se tornando cada vez menos lucrativa e o país passou a investir em outras atividades para sustentar a economia.

As duas guerras mundiais ocorridas no século XX (1914-1918 e 1939-1945) impulsionaram a industrialização no Brasil. Com a queda na **produção industrial** dos países envolvidos nos conflitos, muitas mercadorias começaram a faltar nas prateleiras brasileiras, e a solução foi produzir internamente o que antes era importado. Essa situação contribuiu para o desenvolvimento da atividade industrial no país.

Outro período de grande crescimento industrial ocorreu durante o governo de Juscelino Kubitschek (1956-1960), que ofereceu vantagens para a instalação de indústrias no Brasil, com destaque para as automobilísticas.

A INDÚSTRIA NO BRASIL ATUAL

O setor industrial brasileiro é diversificado, com empresas que atuam nos setores químico, metalúrgico, siderúrgico, automobilístico (figura 7), têxtil, de eletroeletrônicos (televisores, celulares, DVDs, entre outros), calçados, alimentos e refino de petróleo.

As indústrias, porém, não se distribuem de maneira homogênea pelo território nacional, concentrando-se nas regiões Sudeste e Sul.

Atualmente, o parque industrial brasileiro enfrenta o desafio de se modernizar, o que exige investimentos das empresas em novas tecnologias e na aquisição de máquinas, além de requerer ampliação de infraestrutura de transportes, energia e comunicações.

Figura 7. Em 2017, o setor de veículos automotores, reboques e carrocerias foi o que mais contribuiu para que a atividade industrial tivesse crescimento de 2,5% na comparação com 2016. Na foto, linha de montagem em fábrica montadora de automóveis, no município de Jacareí (SP, 2015).

Figura 8. No século XX, a industrialização impulsionou o desenvolvimento das cidades, modernizando os transportes, ampliando a distribuição de energia elétrica, o comércio e os serviços de educação e saúde. Na foto, bonde circula pelo Largo São Bento, no centro de São Paulo (SP, 1920).

CARACTERÍSTICAS DA INDUSTRIALIZAÇÃO BRASILEIRA

A industrialização brasileira apresenta três características principais:

- **Industrialização tardia** ou **retardatária** — ocorreu cerca de duzentos anos após a Revolução Industrial iniciada na Inglaterra em meados do século XVIII;

- **Substituição de importações** — os produtos anteriormente importados começaram a ser fabricados internamente e foram bem recebidos pelo mercado consumidor;

- **Dependência de capital e de tecnologia estrangeiros** — no início, houve necessidade de importar máquinas e equipamentos para as indústrias nacionais. Posteriormente, foram atraídos investimentos e tecnologia estrangeiros para expandir as indústrias de bens de consumo e implantar outros tipos de indústria, como as siderúrgicas e petroquímicas. Embora hoje o país conte com um significativo parque industrial, essa dependência ainda marca a indústria brasileira.

PARA LER

- **A industrialização brasileira**
  Sonia Mendonça. São Paulo: Moderna, 2004.
  A obra analisa fatores históricos do processo de industrialização no Brasil até nossos dias.

CONCENTRAÇÃO E DESCONCENTRAÇÃO INDUSTRIAL

A Região Sudeste apresenta a maior concentração industrial e nela se encontra a sede de grande parte das empresas instaladas no país. O que ajuda a explicar essa condição é que o início da industrialização brasileira se deu com maior intensidade no estado de São Paulo, impulsionando o crescimento da capital (figura 8) e de áreas do entorno.

Entre as décadas de 1950 e 1970, o estado de São Paulo foi responsável por 58% da produção industrial do país, e a região metropolitana concentrava 77,52% do total do estado. Em 2017, a produção industrial paulista representava 34% do total do país.

Essa queda verificada na participação de São Paulo no total da produção industrial brasileira mostra a relativa **desconcentração industrial** que vem ocorrendo no país nos últimos anos. Isso decorre de fatores como custo elevado de imóveis e salários, escassez de terrenos para a instalação de novas fábricas, altos impostos, entre outros.

Como forma de atrair indústrias, governos estaduais e municipais oferecem vantagens como isenção de impostos, construção de infraestrutura e doação de terrenos. Assim, novos polos industriais vêm se formando em outras regiões do país, especialmente no Sul e no Nordeste.

Mão de obra é obstáculo para inovação na indústria brasileira

"Um dos principais obstáculos à inovação na indústria brasileira é a falta de mão de obra preparada para acompanhar a transição a um ambiente de produção mais digitalizado. A conclusão é de especialistas que participam do 7º Congresso Brasileiro de Inovação na Indústria, em São Paulo, e discutiram as oportunidades e os riscos para o Brasil diante das tecnologias disruptivas que estão surgindo (inovações que superam o padrão dominante).

'O grande risco para o Brasil, diante do surgimento de inovações disruptivas, é a educação. Neste momento, estamos num processo de transformação de um mundo complicado para um mundo complexo' disse Rafael Lucchesi, diretor-geral do Senai e diretor de Educação e Tecnologia da Confederação Nacional da Indústria (CNI) [...]

O chefe do escritório de desenvolvimento empresarial da Universidade do Estado do Arizona, Sethuraman Panchanathan, afirmou que as universidades precisam interagir mais com as empresas, e formar pessoas com capacidade para ter novas ideias, que garantam ganhos de produtividade às companhias.

'Precisamos de novos tipos de pessoas, com capacidade para ter novas ideias e criar novos tipos de sistemas para a indústria do futuro', disse o especialista.

[...]

'A CNI está fazendo um estudo para levantar quais são e quais os impactos das principais tecnologias disruptivas. Entre essas inovações estão a internet das coisas, com potencial de transformar cidades; manufaturas avançadas, capazes de integrar toda a cadeia produtiva; inteligência artificial, que permite que os computadores reconheçam padrões e façam análises, além de nanotecnologia, biotecnologia' disse Coutinho [Luciano Coutinho, ex-presidente do BNDES e professor da Unicamp].

Entre alguns exemplos de inovações citados pelos especialistas, está o da General Eletric, que já utiliza robôs para inspeção em turbinas de aviões, o que permite detectar todo tipo de rachadura. Essa tecnologia reduz o tempo de parada para manutenção, promove ganhos de produtividade, além de uma economia de meio bilhão de dólares para empresa. Thomas Canova, vice-presidente global de Pesquisa e Desenvolvimento da Rhodia Solvay, disse que o grupo investiu 80 milhões de euros em *startups* de inovação no mundo."

Mão de obra é obstáculo para inovação na indústria brasileira. *O Globo*, 27 jun. 2017. Disponível em: <https://oglobo.globo.com/economia/mao-de-obra-obstaculo-para-inovacao-na-industria-brasileira-21526699>. Acesso em: 29 mar. 2018.

Na foto, impressora em 3-D utilizada na fabricação de *drone* – veículo não tripulado operado por controle remoto, em Presidente Prudente (SP, 2017).

ERNESTO REGHRAN/PULSAR IMAGENS

ATIVIDADES

1. Segundo o texto, quais são os obstáculos para a indústria brasileira em relação à inovação?

2. Como as tecnologias disruptivas – que superam o padrão dominante – podem favorecer a produção industrial?

Nanotecnologia: área da ciência que trabalha com materiais de dimensões nanométricas. Nanômetro é a divisão do metro em 1 bilhão de partes iguais.

Biotecnologia: estudo e desenvolvimento de organismos geneticamente modificados e sua utilização para fins produtivos.

ATIVIDADES

ORGANIZAR O CONHECIMENTO

1. Identifique a que se referem as seguintes definições.

a) Classificação das metrópoles segundo seu poder de atração de pessoas e influência sobre outras áreas.

b) Áreas conurbadas formadas por municípios com autonomia administrativa, mas sob influência de um centro urbano principal.

2. Qual foi a contribuição da indústria para a urbanização do Brasil?

3. Que importância tem a desconcentração industrial para a economia do país?

4. Observe o mapa na página 76.

a) Qual é a relação entre as ferrovias e a expansão da atividade cafeeira nos períodos apresentados?

b) O que está representado pelos números 1, 2 e 3 e a quais períodos de expansão do café eles estão relacionados?

5. Sobre a industrialização no Brasil, é correto afirmar que:

a) ocorreu com maior intensidade no Nordeste do país, com extenso uso das ferrovias.

b) não depende do capital estrangeiro, já que a produção é quase toda feita no país.

c) a desconcentração industrial significou que o Sudeste perdeu a importância econômica.

d) investir em tecnologia e ampliar a infraestrutura de transporte são dois desafios a superar.

APLICAR SEUS CONHECIMENTOS

6. Leia o texto e responda às questões.

"A Prefeitura de São Carlos (SP) tem três projetos para diminuir o problema das enchentes, mas um estudo propõe uma alternativa para a questão: proteger as margens dos córregos criando parques arborizados.

Problema de muitos anos, os alagamentos voltaram a causar transtornos nesta semana. O temporal alagou diversos pontos da cidade, principalmente no Centro. A enchente atingiu pelo menos 100 lojas, além de danificar 25 veículos e causar estragos no asfalto e calçadas. A rotatória do Cristo, a Praça Itália, e a região da CDHU da Vila Isabel também foram atingidas.

A cidade cresceu e o asfalto e o concreto viraram uma 'pista de corrida' que faz toda água chegar rapidamente aos córregos que levam aos pontos mais baixos da cidade.

A situação é um erro de planejamento, segundo a professora do Instituto de Arquitetura e Urbanismo da USP, Luciana Schenk.

'De fato a gente foi construindo as nossas enchentes porque a gente ocupou o lugar onde o rio está e é onde o rio naturalmente enchia. A gente colocou as ruas coladinhas no rio, então quando ele enche as ruas enchem também', disse.

Especialistas e políticos tentam encontrar uma forma de resolver a situação e todos concordam que não é tão fácil fazer isso agora que a cidade cresceu."

a) Qual é o problema urbano apresentado no texto? Por que ele ocorre?

b) Quais são as consequências desse problema para a cidade?

c) Qual solução o estudo propõe como alternativa?

Estudo em São Carlos propõe parques arborizados para combater as enchentes. G1, 23 mar. 2018. Disponível em: <https://g1.globo.com/sp/sao-carlos-regiao/noticia/estudo-em-sao-carlos-propoe-parques-arborizados-para-combater-as-enchentes.ghtml>. Acesso em: 28 mar. 2018.

7. Observe o mapa abaixo e responda aos itens.

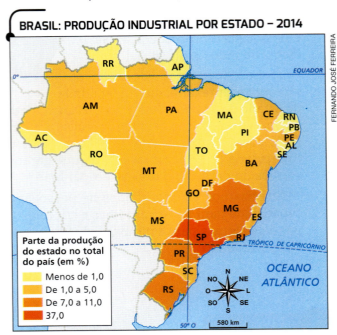

BRASIL: PRODUÇÃO INDUSTRIAL POR ESTADO – 2014

Parte da produção do estado no total do país (em %)
- Menos de 1,0
- De 1,0 a 5,0
- De 7,0 a 11,0
- 37,0

Fonte: FERREIRA, Graça M. L. *Modernos Atlas Geográficos*. 6. ed. São Paulo: Moderna, 2016. p. 65.

a) Comente a produção industrial nos estados da Região Nordeste.

b) Por meio da análise do mapa, é possível detectar alguma desigualdade territorial no país? Explique.

8. Observe o gráfico abaixo e responda aos itens.

BRASIL: EVOLUÇÃO DA PARTICIPAÇÃO DA INDÚSTRIA NO PIB (EM %) – 1947-2017

Fonte: CNI. Disponível em: <https://static-cms-si.s3.amazonaws.com/media/filer_public/d9/9d/d99d102d-ba34-4ed1-a644-19a3cdfe3029/industria_numeros_marco_2018.pdf>. Acesso em: 28 mar. 2018.

a) Comente a participação da indústria no PIB entre 1967 e 1987.

b) Em 2017, de quanto foi a participação da indústria no PIB? Compare a participação da indústria em 1997 e em 2017.

9. A tabela abaixo mostra a participação da indústria nas taxas de emprego e exportação de alguns países. Após a leitura da tabela, assinale a alternativa correta.

Países	Emprego (%)		Exportações (%)	
	2006	2016	2006	2016
Argentina	23,8	24,8	32,2	26,6
Brasil	24,2	21,2	54,4	39,9
China	22,5	23,9	92,4	93,7
Coreia do Sul	26,3	24,9	89,5	90,1
Estados Unidos	20,3	17,2	79,2	63,4
Índia	19,8	24,3	66,3	73,1
México	26,0	25,2	76,0	83,0
Rússia	29,3	27,3	16,5	21,8

Fonte: CNI. Disponível em: <https://static-cms-si.s3.amazonaws.com/media/filer_public/d9/9d/d99d102d-ba34-4ed1-a644-19a3cdfe3029/industria_numeros_marco_2018.pdf>. Acesso em: 28 mar. 2018.

a) Argentina e Brasil foram os únicos países que reduziram a taxa de exportação entre 2006 e 2016.

b) A Rússia é o país que apresentava, em 2016, a maior taxa de emprego e a menor taxa de exportação.

c) Todos os países tiveram redução de pessoas empregadas entre 2006 e 2016.

d) Em 2006, o país que menos empregou é do continente asiático, enquanto o que mais exportou é do continente americano.

O ESPAÇO RURAL BRASILEIRO

Quais são as principais características do espaço rural brasileiro?

O ESPAÇO RURAL NA ATUALIDADE

Os espaços rurais caracterizam-se pela predominância das atividades econômicas do setor primário (agricultura, pecuária, extrativismo), além do turismo.

A produção agrícola brasileira é bastante diversificada: o café, a laranja, o feijão, a soja e o milho são alguns dos muitos produtos cultivados no país. Na pecuária, o Brasil se destaca como um dos maiores exportadores de carne do mundo, principalmente bovina. As exportações brasileiras de carne suína e de frango também são muito expressivas.

Na atualidade, destacam-se no espaço rural brasileiro dois problemas principais: a concentração fundiária e a expansão da fronteira agrícola.

Plantation: Propriedade agrícola em que se cultivam produtos, destinados prioritariamente para exportação.

CONCENTRAÇÃO FUNDIÁRIA

O espaço rural brasileiro é marcado pela concentração fundiária, ou seja, pela existência de grandes propriedades nas mãos de poucos proprietários. Muitas dessas grandes propriedades caracterizam-se ainda por serem improdutivas ou muito pouco produtivas. São os chamados latifúndios.

A atual estrutura fundiária brasileira resulta, em grande parte, do sistema de *plantation*, adotado durante o período colonial. De acordo com esse sistema, mantido ao longo dos anos em muitas áreas rurais brasileiras, a produção agrícola ocorre em grandes propriedades e destina-se à venda para outros países, não sendo utilizada para o abastecimento da população do país.

No Brasil, apenas cerca de 21% das terras ocupadas no campo correspondem a pequenas propriedades, ou seja, propriedades com área inferior a 100 hectares. Em contrapartida, cerca de 45% dos estabelecimentos rurais brasileiros são classificados como grandes propriedades. Esses dados ajudam a compreender a concentração de terras no Brasil (figura 9).

FIGURA 9. BRASIL: PARTICIPAÇÃO DE ESTABELECIMENTOS RURAIS (EM %), POR GRUPOS DE ÁREA TOTAL – 2006

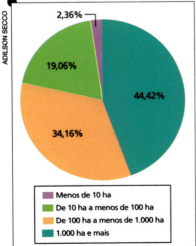

2,36%

19,06%

44,42%

34,16%

- Menos de 10 ha
- De 10 ha a menos de 100 ha
- De 100 ha a menos de 1.000 ha
- 1.000 ha e mais

Fonte: IBGE. Disponível em: <www.ibge.gov.br/home/estatistica/economia/agropecuaria/censoagro/brasil_2006/tab_brasil/tab9.pdf>. Acesso em: 26 mar. 2018.

1 hectare (ha) equivale a 10.000 metros quadrados.

ADILSON SECCO

MOVIMENTOS SOCIAIS DO CAMPO

A concentração fundiária agrava o desemprego, a miséria e a violência no espaço rural. Essas questões culminaram na organização de movimentos sociais que reivindicam o acesso à terra. Alguns deles lutam pela realização da **reforma agrária**, ou seja, da redistribuição das terras rurais e da renda agrícola como forma de reduzir a concentração fundiária e garantir melhores condições de vida aos trabalhadores do campo.

Ao longo do processo de ocupação territorial, a formação de latifúndios também foi responsável pela remoção de muitos grupos indígenas de suas terras, o que deu origem aos movimentos que reivindicam a delimitação das Terras Indígenas. A demarcação das terras é uma ação fundamental para a preservação da cultura e dos diferentes modos de vida dos indígenas, pois garante a eles os meios necessários para sua sobrevivência e desenvolvimento de suas atividades.

PARA LER

- **A questão das terras no Brasil: das sesmarias ao MST**
  Cristina Strazzacappa e Valdir Montanari.
  São Paulo: Moderna, 2000.

  O livro traz o histórico da formação do espaço rural no Brasil, ajudando a compreender os problemas sociais e econômicos do campo.

EXPANSÃO DA FRONTEIRA AGRÍCOLA

Expansão da fronteira agrícola é o nome dado ao avanço das áreas de produção agropecuária sobre a vegetação nativa. Atualmente, o Brasil vive o avanço da fronteira agrícola para a produção da soja e a criação de gado bovino na Região Centro-Oeste em direção ao Norte do país, onde grandes fazendeiros têm investido na compra de terras (figura 10). Esse processo de expansão das atividades agropecuárias, que causou o desmatamento de grande parte do cerrado, segue agora em direção à Floresta Amazônica. Mesmo com o monitoramento e a fiscalização dos órgãos oficiais, muitos hectares de floresta são derrubados todos os meses (figura 11).

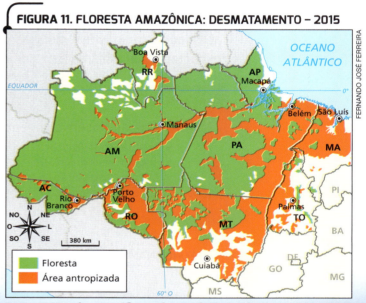

FIGURA 11. FLORESTA AMAZÔNICA: DESMATAMENTO – 2015

Legenda:
- Floresta
- Área antropizada

Fonte: IBGE. *Atlas geográfico escolar*. 7. ed. São Paulo: IBGE, 2016. p. 102.

Figura 10. Criação extensiva de gado bovino, na qual o gado é criado solto, necessitando de grandes áreas de pastagens, em Barra do Garças (MT, 2017).

O AGRONEGÓCIO

No Brasil atual, o agronegócio tem grande importância para a economia do país e apresenta alta produtividade pelo fato de empregar muita tecnologia nas diversas etapas da produção. Embora, em geral, seja praticado em grandes propriedades em sistema de monocultura, voltado à exportação, as médias e algumas pequenas propriedades participam do agronegócio, sobretudo nas regiões Sul e Sudeste, por meio de cooperativas agrícolas. Em muitos casos, são as cooperativas que mantêm as atividades agroindustriais no campo.

O agronegócio engloba atividades de cultivo, processamento, industrialização, distribuição e comercialização dos produtos da agropecuária, articulando os diferentes setores da economia. A **agroindústria** está inserida nesse sistema integrado de produção (figura 12).

No Brasil, a produção de soja e a pecuária intensiva são as principais atividades do agronegócio. Nas últimas décadas, sua participação nas exportações brasileiras tem sido muito expressiva (figura 13).

PARA PESQUISAR

- **Ministério do Desenvolvimento Agrário <www.mda.gov.br>**

  Na página do ministério, é possível encontrar informações sobre programas voltados à agroindústria familiar, com o objetivo de melhorar a produção, e também sobre o trabalho agrícola em comunidades tradicionais.

FIGURA 12. ESQUEMA DE FUNCIONAMENTO DO AGRONEGÓCIO

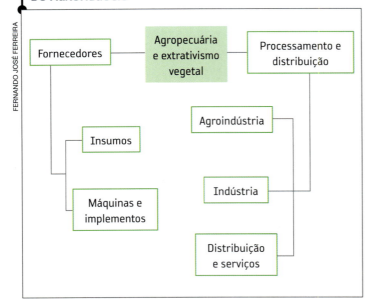

Fonte: MENDONÇA, Cláudio. Agronegócio: atividade alavanca exportações do Brasil. *UOL Educação*, 30 jul. 2005. Disponível em: <http://educacao.uol.com.br/disciplinas/geografia/agronegocio-atividade-alavanca-exportacoes-do-brasil.htm>. Acesso em: 26 mar. 2018.

FIGURA 13. BRASIL: PARTICIPAÇÃO DOS PRODUTOS DO AGRONEGÓCIO NA ECONOMIA (EM %) – 2000-2016

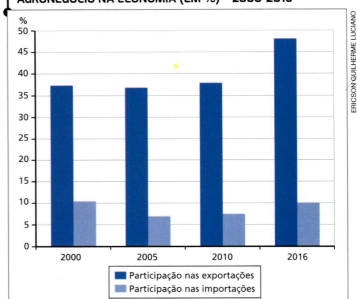

Fonte: DIEESE. *Estatísticas do meio rural 2010-2011*. 4. ed. Brasília: Dieese, 2011. p. 245; CNA Brasil. *Balanço Comercial do Agro*, p. 43. Disponível em: <http://www.cnabrasil.org.br/sites/default/files/sites/default/files/uploads/05_balancacomercialagro.pdf>. Acesso em: 26 abr. 2018.

AGRICULTURA FAMILIAR

No Brasil, a **agricultura familiar** é a principal responsável pelo abastecimento do mercado interno e apresenta alta produtividade.

Em 2009, o Ministério do Desenvolvimento Agrário (MDA) elaborou um estudo sobre a agricultura familiar no Brasil, com base no Censo Agropecuário de 2006 e em outros levantamentos do IBGE. Segundo a pesquisa, esse modo de produção agrícola domina as estatísticas tanto em geração de empregos quanto em número de estabelecimentos: a agricultura familiar emprega mais de 70% dos trabalhadores do campo e corresponde a mais de 80% do total de estabelecimentos rurais existentes no país. Esses estabelecimentos se concentram, sobretudo, na Região Nordeste (figura 14).

FIGURA 14. BRASIL: AGRICULTURA FAMILIAR POR REGIÃO – 2013

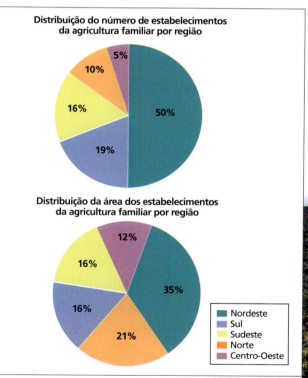

Distribuição do número de estabelecimentos da agricultura familiar por região

5%
10%
16%
50%
19%

Distribuição da área dos estabelecimentos da agricultura familiar por região

12%
16%
35%
16%
21%

- ■ Nordeste
- ■ Sul
- ■ Sudeste
- ■ Norte
- ■ Centro-Oeste

Fonte: SEBRAE. Agricultura familiar no mercado institucional e nos programas governamentais. *Sebrae*, 11 nov. 2013. Disponível em: <www.sebraemercados.com.br/agricultura-familiar-no-mercado-institucional-e-nos-programas-governamentais>. Acesso em: 30 maio 2018.

AGRICULTURA E MEIO AMBIENTE

As atividades agrícolas desenvolvidas com técnicas modernas podem causar danos ao meio ambiente. O uso excessivo de agrotóxicos leva à contaminação das águas subterrâneas e dos rios e é capaz de causar danos à saúde dos trabalhadores e dos animais, além de comprometer a qualidade dos alimentos cultivados.

Esse tipo de atividade gera outros problemas ambientais: a compactação do solo (que aumenta o risco de erosão), provocada pela utilização de máquinas, e o esgotamento do solo pela falta de rotação de culturas, importante para manter a fertilidade das terras.

PRÁTICAS SUSTENTÁVEIS

Reduzir o desmatamento e o uso de insumos químicos nas plantações, utilizar a água de forma responsável e valorizar a agricultura familiar e orgânica são medidas que respeitam os recursos naturais e tornam possível a prática da **agricultura sustentável**.

A **agricultura orgânica**, que não utiliza agrotóxicos, insumos industrializados e sementes modificadas geneticamente, tem crescido no Brasil e no mundo (figura 15). Entretanto, os alimentos orgânicos ainda não são acessíveis à maioria da população devido ao pequeno volume da produção e aos preços, em geral mais elevados, se comparados aos dos produtos tradicionais.

Figura 15. Agricultura orgânica de produtos hortifrutigranjeiros no município de Paulo Lopes (SC, 2016).

REDES DE TRANSPORTE E DE COMUNICAÇÃO

Como integrar um país de dimensões continentais?

AS REDES E A INTEGRAÇÃO TERRITORIAL

As redes de transporte (como as rodovias, as ferrovias e as hidrovias) e as redes de comunicação (como os sistemas de telefonia via satélite, internet e fibra óptica) são fundamentais para a circulação de matérias-primas, mercadorias, tecnologia, pessoas e informações.

Durante muito tempo, a maior parte das vias de transporte e de comunicação que existiam no Brasil estava concentrada no litoral, onde os produtos do setor primário da economia eram embarcados para serem vendidos em outros países.

Entre as décadas de 1940 a 1970, com o aumento das atividades industriais e a consequente necessidade de integração entre as diversas regiões, ocorreu no Brasil um período de intensa expansão das redes de transporte e de comunicação. Nesse período, a indústria automobilística tinha grande importância na economia do país, fato que culminou na implantação brasileiro de um plano de desenvolvimento de infraestrutura no território. O plano criado e implementado privilegiou a construção de rodovias em detrimento de outros modais para o transporte urbano e regional.

Além disso, algumas regiões, como Sudeste e Sul, receberam mais investimentos do que outras, fazendo com que as redes de transporte e de comunicação ficassem concentradas nessa porção do território brasileiro.

ILUSTRAÇÕES: ANDREA EBERT

REDES DE TRANSPORTE E DE COMUNICAÇÃO NA ATUALIDADE

Na atualidade, mais vias de transporte e de comunicação têm sido implantadas no Brasil, promovendo, muitas vezes, a consolidação de novas dinâmicas regionais. Nas regiões Centro-Oeste e Norte, por exemplo, próximo às cidades de Rondonópolis (MT), Ponta Porã (MS) e Marabá (PA), ferrovias, hidrovias e portos têm sido criados para viabilizar o escoamento de minério de ferro e produtos do agronegócio, como soja, para o mercado exterior. Sem investimentos na melhoria dos sistemas de transporte e de comunicações, a tendência é que o escoamento da produção agrária se torne ainda mais problemático. Observe o mapa da figura 16 e procure identificar a relação entre as atividades agrárias no território brasileiro e as principais vias de transporte existêntes no país.

PARA PESQUISAR

- **DNIT – Departamento Nacional de Infraestrutura de Transporte**
  <http://www.dnit.gov.br/mapas-multimodais/mapas-multimodais>

  Mapas detalhados que mostram a distribuição dos modais de transportes de todos os estados brasileiros.

FIGURA 16. BRASIL: USO DO TERRITÓRIO E VIAS DE TRANSPORTE

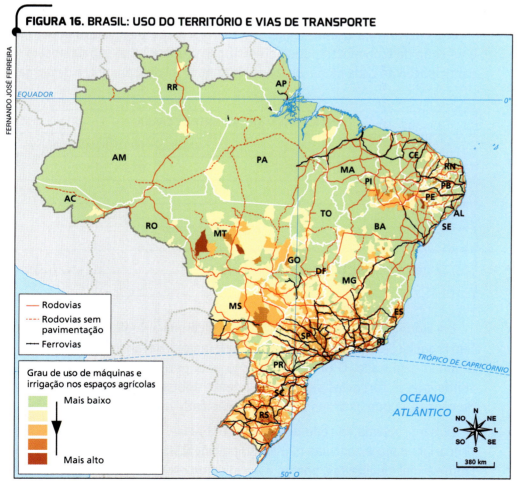

FERNANDO JOSÉ FERREIRA

Fonte: IBGE. *Atlas geográfico escolar*. 7. ed. Rio de Janeiro: IBGE, 2016. p. 152.

De olho no mapa

Pode-se afirmar que existe uma relação entre intenso uso de máquinas e irrigação nos espaços agrícolas e concentração de vias de transporte? Explique.

Figura 17. Condições precárias no sistema rodoviário prejudicam a circulação de mercadoria no país. Na foto, rodovia no município de Mucugê (BA, 2006).

JOÃO PRUDENTE/PULSAR IMAGENS

DESAFIOS PARA AS REDES DE TRANSPORTE

Apesar dos investimentos realizados nos últimos anos, a rede de transporte e de comunicação do Brasil ainda enfrenta uma série de desafios para atender às necessidades da população.

Considerando a grande extensão territorial do país, o Brasil possui uma rede de transporte pouco diversificada. Observe na tabela abaixo a participação de cada modal de transporte no total do transporte de carga.

| TABELA. BRASIL: TRANSPORTE DE CARGA ||
Modal	Participação (em porcentagem)
Rodoviário	61,1%
Ferroviário	20,7%
Aquaviário	13,6%
Dutoviário	4,2%
Aéreo	0,5%
Total	100,0%

Fonte: CNT. Disponível em: <http://www.cnt.org.br/Boletim/boletim-estatistico-cnt>. Acesso em: 13 mar. 2018.

Em algumas áreas e regiões brasileiras, como na Região Norte e no Rio São Francisco, onde ele é navegável, por exemplo, o transporte hidroviário é pouco explorado. O Brasil apresenta uma pequena malha ferroviária, sendo que as ferrovias são especialmente adequadas para o transporte de cargas, já que os trens têm uma capacidade maior que os caminhões.

Outro problema da rede de transporte brasileira são as suas condições precárias: muitas rodovias não estão pavimentadas (figura 17) ou encontram-se mal sinalizadas, portos e aeroportos estão sobrecarregados e as ferrovias malconservadas.

Trilha de estudo

Vai estudar? Nosso assistente virtual no *app* pode ajudar! <http://mod.lk/trilhas>

DESIGUALDADES NO ACESSO AOS MEIOS DE COMUNICAÇÃO

Os meios de comunicação são fundamentais para o acesso das pessoas à informação e para o desenvolvimento de diversas atividades econômicas.

Na atualidade, os meios de comunicação mais utilizados pela população brasileira são a televisão, o telefone, o rádio e a internet. Mas o acesso aos meios de comunicação é bastante desigual entre as regiões brasileiras. De acordo com os dados do IBGE, por exemplo, o acesso à internet é maior nas regiões Sudeste e Centro-Oeste. Nessas duas áreas, mais de 60% da população, a partir dos 10 anos, tiveram acesso à rede mundial de computadores em 2015. A diferença entre essas duas regiões e as regiões Norte e Nordeste é significativa, cerca de 20%. Observe o gráfico ao lado (figura 18).

MEIOS DE COMUNICAÇÃO E TECNOLOGIA

Atualmente, os meios de comunicação estão diretamente relacionados com o rápido avanço tecnológico, que favoreceu a disseminação das informações e alterou a maneira com que as pessoas se comunicam. Uma pessoa pode, por exemplo, trabalhar de sua casa utilizando um computador ou *smartphone* com acesso à internet e, ao mesmo tempo, estar conectado com pessoas em outros lugares.

Segundo a Agência Nacional de Telecomunicações, em abril de 2018, o número de linhas de telefones móveis em operação no Brasil era de 235,7 milhões. Isso significa que o número de celulares – os telefones móveis – é maior do que a população brasileira, que nesse mesmo ano era superior a 209 milhões de habitantes. No Distrito Federal encontra-se a maior concentração de telefones móveis por habitantes do país.

O uso das redes sociais por meio de telefonia móvel (figura 19) tem se mostrado uma importante ferramenta de comunicação. Por meio delas, as pessoas se organizam para promover manifestações, reivindicar seus direitos e compartilhar notícias sobre diferentes assuntos.

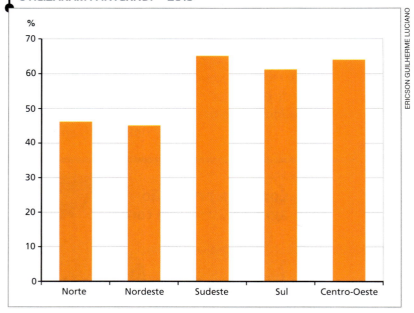

FIGURA 18. BRASIL: PESSOAS DE 10 ANOS OU MAIS DE IDADE QUE UTILIZARAM A INTERNET – 2015

Fonte: IBGE. *Pesquisa Nacional por Amostra de Domicílios 2015*. Disponível em: <https://biblioteca.ibge.gov.br/visualizacao/livros/liv99054.pdf>. Acesso em: 13 mar. 2018.

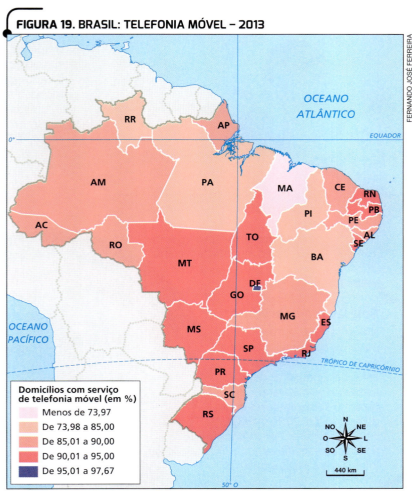

FIGURA 19. BRASIL: TELEFONIA MÓVEL – 2013

Domicílios com serviço de telefonia móvel (em %)
- Menos de 73,97
- De 73,98 a 85,00
- De 85,01 a 90,00
- De 90,01 a 95,00
- De 95,01 a 97,67

Fonte: IBGE. *Atlas geográfico escolar*. 7. ed. Rio de Janeiro: IBGE, 2016. p. 144.

DA SEMENTE AO *KETCHUP*:
A CADEIA PRODUTIVA DO TOMATE

A integração entre atividades do campo e da indústria caracteriza produções agroindustriais como a cadeia produtiva do tomate: uma sequência organizada de processos envolvendo agricultores, indústria de processamento, fábricas e fornecedores diversos, gerando empregos, riquezas, mas também impactos ambientais em diferentes locais.

Como é a produção agroindustrial do tomate

⚠️ Impactos ambientais

1 Contrato agroindustrial
Produtores rurais assinam contratos que estipulam a quantia, o prazo e o preço do tomate que entregarão para a indústria.

⚠️ A produção de tomate, em especial a feita para a indústria, **consome muita água**.

A **indústria** antecipa sementes, fertilizantes, agrotóxicos e ajuda com a compra de máquinas agrícolas. Essas despesas são descontadas no pagamento pelos tomates entregues pelo **agricultor**.

⚠️ Os tomateiros são pulverizados com **pesticidas** a cada dois dias. Isso torna o solo improdutivo e, a cada cinco anos, em média, os agricultores mudam de terreno.

Goiás: o maior produtor
Nos anos 1980, aproveitando o avanço da fronteira agrícola e a construção de rodovias em Goiás, indústrias de alimentos se instalaram próximo aos produtores rurais do estado. Em 2015, mais de 6 mil agricultores, agrônomos e técnicos trabalhavam integrados a essas indústrias.

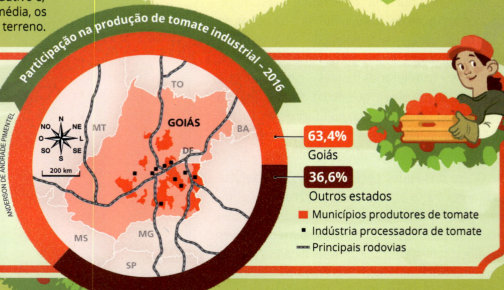

Participação na produção de tomate industrial – 2016

ANDERSON DE ANDRADE PIMENTEL

63,4%
Goiás

36,6%
Outros estados

🟧 Municípios produtores de tomate
▪ Indústria processadora de tomate
╌╌ Principais rodovias

Cerca de 30% do tomate produzido é perdido, seja por ser muito perecível, seja por problemas de armazenamento e logística ao longo de toda a cadeia.

Outras indústrias fornecem embalagens, equipamentos e aditivos químicos à indústria de alimentos, que em algum momento são descartados como **lixo industrial**.

2 Primeiro processamento

Algumas indústrias fazem apenas o processamento inicial da matéria-prima e fornecem produtos semi-industrializados às indústrias de alimentos, redes de *fast food* ou para a exportação.

3 Segundo processamento

A partir da matéria-prima semi-industrializada, as indústrias de alimentos elaboram os produtos que encontramos nos mercados. A maior parte do tomate industrial se transforma em molhos e *ketchup*.

O transporte dos produtos industrializados é feito por caminhões, que **emitem poluentes** devido à queima de combustíveis.

5 Consumo

No Brasil, o consumo *per capita* de processados de tomate é de cerca de 5 quilos ao ano.

Produtos do tomate industrial plantado no Brasil – 2016

21% *Ketchup*

6% Extratos

65% Molhos

8% Polpas

4 Apoio logístico

Empresas de transporte e armazenamento são responsáveis por levar o produto final até os distribuidores e mercados locais em todo o país.

Fontes: ANVISA. *Programa de análise de resíduos de agrotóxicos em alimentos –* dez. 2016; CARVALHO, C. R. R.; CAMPOS, F. R. Análise dos aspectos econômicos e ambientais da cadeia agroindustrial do tomate no estado de Goiás. *Boletim Goiano de Geografia*, v. 29, n. 1, p. 163-178, set. 2009; TREICHEL, M. et. al. *Anuário brasileiro do tomate 2016*. Santa Cruz do Sul: Gazeta Santa Cruz, 2016.

INFOGRAFIA: WILLIAM TACIRO, MAURO BROSSO E MARIO KANNO

ILUSTRAÇÃO: DIKA ARAÚJO

ATIVIDADES

ORGANIZAR O CONHECIMENTO

1. **Leia as frases abaixo e identifique as verdadeiras e as falsas. Justifique em seu caderno as frases incorretas.**

   a) A fronteira agrícola consiste na incorporação de novas terras para a produção agropecuária.

   b) O agronegócio utiliza baixa tecnologia em seu processo produtivo.

   c) A agropecuária familiar recebe grandes financiamentos para aumentar sua produção, destinada principalmente ao mercado externo.

   d) O latifúndio compreende grandes extensões de terra, com cultivos agrícolas voltados em grande parte para o mercado externo.

2. **Que razões motivaram a organização de movimentos sociais no campo?**

3. **Qual é a importância dos meios de comunicação e de transporte para o desenvolvimento industrial, comercial e de serviços?**

4. **Quais são os principais desafios que o Brasil deve enfrentar em relação às redes de transporte?**

5. **Há desigualdade no acesso aos meios de comunicação no Brasil? Dê exemplos que justifiquem a sua resposta.**

APLICAR SEUS CONHECIMENTOS

6. **Leia o texto e responda às questões.**

   "[...] Desde a década de 1970, as cidades médias têm desempenhado um papel relevante na dinâmica econômica e espacial do país. Não há consenso sobre um conceito de cidades médias. [...]. Entretanto, o tamanho demográfico tem sido o critério mais aplicado para identificar as cidades médias, que podem ser consideradas aquelas cidades com tamanho populacional entre 100 mil até 500 mil habitantes.

   A importância das cidades médias reside no fato de que elas possuem uma dinâmica econômica e demográfica própria, permitindo atender às expectativas de empreendedores e cidadãos, manifestadas na qualidade de equipamentos urbanos e na prestação de serviços públicos [...].

MÁRIO KANNO

Como as cidades médias foram aquelas que apresentaram maior taxa de urbanização, então é esperado que tal grupo de cidades apresente crescimento mais elevado das atividades 'urbanas' (setores secundário e terciário) em detrimento do desenvolvimento de atividades tradicionalmente agropecuárias. [...]"

MOTTA, Diana; DA MATA, Daniel. A importância da cidade média. *Desafios do Desenvolvimento*, Brasília, ano 6, n. 47, p. 50, fev. 2009. Disponível em: <http://desafios.ipea.gov.br/index.php?option=com_content&view=article&id=1002:catid=28&Itemid=23>. Acesso em: 30 maio 2018.

a) Segundo o texto, qual é o critério mais utilizado para definir as cidades médias?

b) Que atrativos as cidades médias oferecem para os habitantes e para os empreendedores?

c) O crescimento das cidades médias é simultâneo a outro processo que está transformando a configuração industrial do Brasil. Qual?

7. **Leia o texto a seguir e identifique as justificativas apontadas pelo autor para a priorização do transporte rodoviário no Brasil.**

   "O país se afastou dos trilhos nos anos 1950, com o plano de crescimento rápido do presidente Juscelino Kubitschek, que priorizou rodovias. A construção de ferrovias era lenta para fazer o Brasil crescer '50 anos em cinco', como ele queria. 'Em seis meses, você faz 500 quilômetros de estrada de terra. Isso em ferrovia leva três anos', diz Fabiano Pompermayer, técnico de planejamento e pesquisas do Ipea. [...] Desde a era JK, os investimentos e subsídios no setor são grandes, não só para abrir estradas como para atrair montadoras. Outro responsável foi o café, em baixa desde os anos 1930. Ele era transportado principalmente por trens, então várias empresas férreas faliram com a falta de trabalho. Em 1957, o governo estatizou as companhias ferroviárias. Desde então, o foco é o transporte de carga. Por isso, em 2012, os trens carregam só 3% dos passageiros do país (isso porque incluímos o metrô na conta). [...]."

LISBOA, Silvia. Por que o transporte ferroviário é tão precário no Brasil? *Superinteressante*, fev. 2013. Disponível em: <http://super.abril.com.br/cotidiano/transporte-ferroviario-tao-precario-brasil-740045.shtml>. Acesso em: 30 maio 2018.

8. A ilustração abaixo indica as possibilidades de trajeto que poderão ser realizadas para transportar a soja produzida em Lucas do Rio Verde, município situado no estado do Mato Grosso, aos principais portos existentes no país.

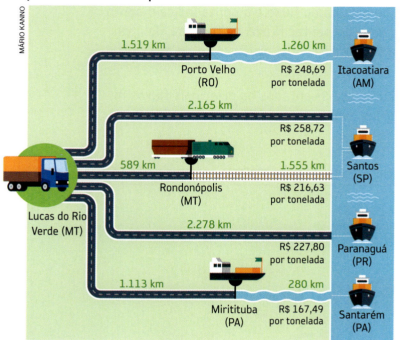

MÁRIO KANNO

Fonte: SÁ, André Cardoso de; SOUZA, Genival E. de. Agronegócio: escoamento de soja no Brasil. *Revista Científica Multidisciplinar Núcleo do Conhecimento*, ed. 4, ano 2, p. 344-358, jun 2017. Disponível: <https://www.nucleodoconhecimento.com.br/administracao/escoamento-de-soja>. Acesso em: 13 mar. 2018.

Após observar os dados apresentados na ilustração, preencha o quadro abaixo e indique o trajeto mais adequado, isto é, o mais curto e de menores custos.

Trajeto	Distância percorrida	Custo por tonelada transportada	Meios de transportes utilizados
Trajeto 1: Lucas do Rio Verde (MT) ao Porto de Itacoatiara (AM)			
Trajeto 2: Lucas do Rio Verde (MT) ao Porto de Santos (SP)			
Trajeto 3: Lucas do Rio Verde (MT) ao Porto de Santos (SP)			
Trajeto 4: Lucas do Rio Verde (MT) ao Porto de Paranaguá (PR)			
Trajeto 5: Lucas do Rio Verde (MT) ao Porto de Santarém (PA)			

9. Leia o trecho da reportagem abaixo e, em seguida, responda às questões.

"A alta dos custos dos transportes obrigou a indústria, o varejo e o agronegócio a investir em alternativas de distribuição dos produtos fora das rodovias. Ao mesmo tempo, as transportadoras buscam ganhos de eficiência para reduzir as tarifas.

Nos próximos anos, o uso de múltiplos modais continuará a crescer, o que exigirá do governo um melhor planejamento da logística e uma parceria mais estreita com o setor privado."

ROCKMANN, Roberto. Alto custo dos transportes impulsiona busca por alternativas às rodovias. *Carta Capital*, 6. nov 2015. Disponível em:<https://www.cartacapital.com.br/especiais/infraestrutura/alto-custo-dos-transportes-impulsiona-busca-por-alternativas-as-rodovias-731.html>. Acesso em: 13 mar. 2018.

a) De acordo com o que foi discutido anteriormente, por que os custos de transportes de cargas são elevados no Brasil?

b) Considerando a extensão territorial e as condições naturais presentes no país, quais modais de transporte poderão ser mais utilizados, caso haja um melhor planejamento por parte do governo brasileiro?

DESAFIO DIGITAL

10. Acesse o objeto digital *Dimensões do agronegócio*, disponível em <http://mod.lk/f9wlj>, e faça o que se pede.

a) Cite três problemas socioambientais decorrentes de atividades desenvolvidas pelo agronegócio.

b) De que maneira o agronegócio integra o campo e a cidade?

c) Que tipo de infraestrutura, mão de obra e tecnologia relacionadas ao agronegócio são mencionadas no objeto digital?

 Mais questões no livro digital

Mapas dinâmicos: fluxos

Os movimentos no espaço geográfico podem ser representados por meio de setas, que geram mapas dinâmicos.

A base da seta indica o ponto de partida do fluxo e a ponta indica o ponto de chegada. Esse tipo de mapa pode representar fluxos de turistas, de investimentos financeiros, movimentações de correntes oceânicas e de massas de ar, entre outras informações.

No mapa reproduzido abaixo estão representados os principais fluxos migratórios pendulares entre as regiões metropolitanas do estado de São Paulo.

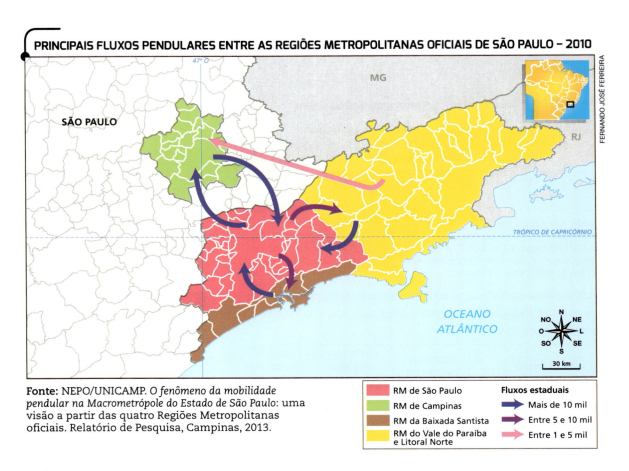

PRINCIPAIS FLUXOS PENDULARES ENTRE AS REGIÕES METROPOLITANAS OFICIAIS DE SÃO PAULO – 2010

Fonte: NEPO/UNICAMP. *O fenômeno da mobilidade pendular na Macrometrópole do Estado de São Paulo*: uma visão a partir das quatro Regiões Metropolitanas oficiais. Relatório de Pesquisa, Campinas, 2013.

RM de São Paulo
RM de Campinas
RM da Baixada Santista
RM do Vale do Paraíba e Litoral Norte

Fluxos estaduais
Mais de 10 mil
Entre 5 e 10 mil
Entre 1 e 5 mil

ATIVIDADES

1. Os mapas de fluxos são usados com que finalidade?

2. Com base no mapa reproduzido acima, caracterize a integração entre as regiões metropolitanas de São Paulo. Que influências uma região exerce sobre a outra?

3. Ocorre migração pendular no município onde você vive? Qual é o principal motivo?

ATITUDES PARA A VIDA

Agroindústria no sul do Espírito Santo

"O Assentamento Florestan Fernandes, localizado em Guaçuí, sul do estado, viveu um clima de celebração de conquistas das lutas camponesas no último final de semana. Durante a comemoração do aniversário de 21 anos da Regional Sul do Movimento dos Trabalhadores Rurais Sem Terra (MST) no Espírito Santo, foi inaugurada simbolicamente uma agroindústria que vai produzir polpa de frutas.

[...] Serão empregadas num primeiro momento oito pessoas, que trabalharão dois ou três dias por semana, mantendo também o labor no campo. Num primeiro momento, a expectativa é de processar entre 100 e 150 quilos de fruta por dia trabalhado e ir ampliando gradativamente conforme a produção e demanda. [...]

A iniciativa parte do grupo de mulheres 'As Camponesas', que já realiza a produção de doces, geleias e licores. Pretende contribuir para o fortalecimento da organização e participação feminina e também para superar a dependência da produção de leite e café na região.

'A implantação desta agroindústria representa a esperança de organizar a produção de frutas nos assentamentos do sul. São culturas diversas, que precisam de menos água e são menos agressivas com o meio ambiente', explica Nelci Sanches, integrante do MST e do grupo de mulheres.

'Além disso, o suco é mais saudável, principalmente com produção agroecológica. Nos preocupamos em oferecer produtos de qualidade e que façam bem à saúde', disse ela. [...]

'Esse encontro traz esperança. Queremos mostrar para o assentado que a gente tem capacidade de correr atrás e conquistar melhorias para o campo, para que o camponês possa ficar na terra e não precise migrar para a cidade', conclui Nelci."

TAVEIRA, Vitor. MST inaugura agroindústria no sul do Estado, *Século Diário*, 1º abr. 2018. Disponível em: <http://seculodiario.com.br/38193/10/mst-inaugura-agroindustria-no-sul-do-estado-1>. Acesso em: 2 abr. 2018.

Reunião organizada pela Secretaria Municipal de Agricultura para apresentar o Projeto Reflorestar aos produtores do assentamento Florestan Fernandes, no município de Guaçuí (ES, 2018).

ATIVIDADES

1. A criação da agroindústria no município de Guaçuí, no estado do Espírito Santo, envolveu ao menos duas importantes atitudes: imaginar, criar e inovar e assumir riscos com responsabilidade. Qual informação dada na reportagem está relacionada a cada atitude destacada abaixo?

- Produção de frutas, que necessitam de menos água e são menos agressivas com o meio ambiente.

- Aumento progressivo da produção conforme a demanda.

> Imaginar, criar e inovar.

> Assumir riscos com responsabilidade.

2. De que maneira a iniciativa do grupo "As Camponesas" significa um avanço para um dos principais problemas do espaço rural brasileiro?

COMPREENDER UM TEXTO

De acordo com o MIT (Instituto de Tecnologia de Massachusetts), as cidades abrigam metade da população mundial, ocupam apenas 2% da superfície do planeta e consomem cerca de 80% da energia gerada no mundo. O Brasil já possui, em 2018, cerca de 85% da sua população vivendo em cidades, muitas delas com problemas de mobilidade, segurança pública, saúde, iluminação e prestação de serviços de água e esgoto. O texto a seguir indica como as chamadas "cidades inteligentes" podem contribuir para que a sociedade habite em ambientes mais justos e com melhor qualidade de vida.

Empreender: executar um projeto ou uma tarefa.

Engarrafamento: congestionamento, impossibilidade de circulação por excesso de veículos etc.

Reestruturação: desenvolver ou criar novas estruturas para adequar e reorganizar.

Cidades inteligentes: um conceito, uma realidade

"Ao mesmo tempo em que percebemos o quanto a tecnologia avançou, vemos que as cidades também cresceram em população, veículos, habitações e em empreendimentos, e parou por aí. Cresceram, mas não evoluíram como a tecnologia. Essa expansão sobrecarrega a estrutura que, por não ter sido atualizada, acaba sendo insuficiente para suprir as necessidades da população. Assim, surgem problemas como os engarrafamentos no trânsito, a falta de qualidade no abastecimento de água e energia, o aumento da poluição no meio ambiente, entre tantos outros. Será que com tantas opções eletrônicas e digitais não está na hora dos centros se conscientizarem a procurar soluções tecnológicas para resolver ou, pelo menos, diminuir tais problemas? Pois bem, não só está na hora como há um termo que denomina esse processo: *smart cities* ou cidades 'inteligentes'.

Esse conceito é dado às cidades que conseguem se desenvolver economicamente ao mesmo tempo em que aumentam a qualidade de vida dos habitantes ao gerar eficiência nas operações urbanas, fazendo uso da tecnologia para melhorar a infraestrutura e tornar os centros urbanos mais ágeis, adaptáveis às necessidades da população e mais agradáveis para se viver. A boa notícia é que esta realidade não existe apenas em nossos sonhos e está cada vez mais próxima de nós, brasileiros. [...]

No Brasil também há algumas cidades que estão dando os primeiros passos para se adequarem às novas necessidades urbanas. Belo Horizonte (MG) é uma delas. A cidade mineira investiu em monitoramento de mais de 12.000 unidades consumidoras de energia com sistema digital [...].

[...] As cidades que querem evoluir e serem chamadas de 'inteligentes' devem prezar, primeiramente, pelo planejamento de uma reestruturação e, a partir daí, encontrar as melhores opções para suprir as necessidades que impedem o melhoramento na qualidade de vida da população."

DRUM, Marluci. Cidade inteligentes: um conceito, uma realidade. *Oficina da Net*, 12 mar. 2016. Disponível em: <https://www.oficinadanet.com.br/post/16155-cidades-inteligentes>. Acesso em: 11 jun. 2018.

ATIVIDADES

OBTER INFORMAÇÕES

1. Qual é o problema abordado no primeiro parágrafo do texto?

2. De acordo com o texto, como pode ser definida uma "cidade inteligente"? Copie o trecho que define essa expressão.

INTERPRETAR

3. O que uma cidade precisa para ser considerada "inteligente"?

4. De acordo com o texto, já existem algumas iniciativas no Brasil que buscam soluções tecnológicas para resolver ou, pelo menos, diminuir os problemas das cidades? Exemplifique.

USAR A CRIATIVIDADE

5. Com a ajuda do professor, organizem-se em grupos de até quatro alunos. Dentre as várias tecnologias que são utilizadas nas "cidades inteligentes", podemos citar a Internet das Coisas, o *wi-fi*, câmeras inteligentes, carros autômatos (que não precisam de motorista), *drones*, painéis de energia solar, sistemas inteligentes de gerenciamento de energia, sistemas de GPS para informações sobre o transporte público, entre outras. Procurem informações sobre pelo menos duas dessas tecnologias e proponham, com suas palavras, como elas podem ser utilizadas para melhorar a vida das pessoas nas cidades.

6. Com a orientação do professor, organizem-se em duplas. Cada dupla deverá pesquisar um exemplo de cidade considerada inteligente e fazer uma ficha dessa cidade. A ficha deverá conter as seguintes informações: população, tamanho, país, continente, por que é considerada uma "cidade inteligente" e qual é o tipo de tecnologia aplicada. Como produto final da pesquisa, montem um painel ilustrativo sobre as "cidades inteligentes".

RAUL AGUIAR

UNIDADE

4

REGIÃO NORTE

A Região Norte corresponde a aproximadamente metade do território brasileiro, e a maior parte da sua área é ocupada pela Floresta Amazônica, que abriga comunidades indígenas, ribeirinhas e de seringueiros, populações que mantêm modos de vida compatíveis com o ambiente da floresta.

Embora essas comunidades tradicionais compunham uma parcela importante da população da região, atualmente, a maior parte dos habitantes vive e trabalha em áreas urbanas. Ainda assim, a economia regional continua baseada principalmente em atividades primárias.

Após o estudo desta Unidade, você será capaz de:

- reconhecer aspectos físicos da paisagem amazônica e como eles refletem na relação entre sociedade e natureza;

- compreender o processo histórico de ocupação e exploração da Região Norte;

- identificar problemas no meio ambiente amazônico e a relação deles com as atividades humanas;

- reconhecer práticas de preservação ambiental desenvolvidas na região e o papel das comunidades tradicionais.

Embarcações atracadas no Porto das Docas e parte do Mercado Ver-o-Peso, no município de Belém (PA, 2017).

Vista aérea do distrito industrial do município de Manaus (AM, 2014).

LUCIANA WHITAKER/PULSAR IMAGENS

RUBENS CHAVES/PULSAR IMAGENS

ATITUDES PARA A VIDA

- Escutar os outros com atenção e empatia.
- Imaginar, criar e inovar.
- Pensar de maneira interdependente.
- Assumir riscos com responsabilidade.

Boa Vista

RR

AP

Macapá

Belém

Manaus

AM

PA

AC Rio Branco

Porto Velho

Palmas

TO

RO

Polo Arara, unidade industrial petrolífera de Urucu, onde é realizado o processamento de petróleo, gás natural e gás de cozinha, em Manaus (AM, 2009).

COMEÇANDO A UNIDADE

1. Quais dos elementos representados nas imagens você acha que poderíamos encontrar em outras regiões do Brasil?

2. Que atividades econômicas aparecem representadas nas imagens?

3. Em sua opinião, qual a importância dos rios para o desenvolvimento da Região Norte?

NATUREZA DA REGIÃO NORTE

O que você conhece sobre as características naturais da Região Norte e o que mais chama a sua atenção?

A MAIOR REGIÃO DO BRASIL

A **Região Norte** é formada pelos estados do Acre, Amapá, Amazonas, Pará, Rondônia, Roraima e Tocantins. É a região que apresenta a maior extensão territorial do país, com 3.853.671 km². Observe a tabela ao lado.

A região corresponde a quase metade do território brasileiro e apresenta características naturais que influenciaram seu processo de ocupação, com destaque para a Floresta Amazônica.

RELEVO

Na Região Norte predomina um relevo de baixas altitudes, que correspondem às depressões amazônicas e às planícies ao longo dos grandes rios. As altitudes predominantes estão abaixo de 200 metros. No interior e nas bordas das depressões ocorrem os planaltos, relativamente mais elevados que os terrenos das depressões, mas ainda em grande parte inferiores a 500 metros de altitude. Apenas no norte do estado de Roraima, onde se inicia o Planalto das Guianas (planaltos residuais norte-amazônicos), há grandes elevações, como o Pico da Neblina, ponto mais alto do país, e o Monte Roraima (figura 1).

TABELA. REGIÃO NORTE			
Unidade da federação	Sigla	Capital	Área (km²)
Acre	AC	Rio Branco	164.124
Amapá	AP	Macapá	142.829
Amazonas	AM	Manaus	1.559.149
Pará	PA	Belém	1.247.954
Rondônia	RO	Porto Velho	237.591
Roraima	RR	Boa Vista	224.303
Tocantins	TO	Palmas	277.721

Fonte: IBGE. *Atlas geográfico escolar.* 7. ed. Rio de Janeiro: IBGE, 2016. p. 154.

FIGURA 1. REGIÃO NORTE: FÍSICO

Altitudes (metros)
1.200
800
500
200
100
0
200
2.000
4.000
Profundidades (metros)

▲ Pico
Alagados
Represa

Fonte: FERREIRA, Graça M. L. *Atlas geográfico*: espaço mundial. 4. ed. São Paulo: Moderna, 2013. p. 154.

240 km

HIDROGRAFIA

A Região Norte apresenta extensos e volumosos rios, como o Tocantins e o Amazonas. O Tocantins forma a bacia hidrográfica Tocantins-Araguaia. A Bacia Amazônica é a maior do mundo e ocupa uma extensa área da América do Sul. No Brasil, abrange quase toda a Região Norte e parte da Região Centro-Oeste do país.

RIOS E OCUPAÇÃO

Na Bacia Amazônica circula cerca de 20% de toda a água doce do planeta e as margens de seus rios são ocupadas por terras indígenas, comunidades ribeirinhas, vilas e cidades de tamanhos diversos. Para as pessoas que habitam essas áreas, além de serem determinantes na realização de diversas atividades do seu cotidiano, os rios representam fonte de subsistência, pois é deles que obtêm água e alimentos (figura 2).

Como a maioria dos grandes rios amazônicos atravessa áreas de planície, há mais de 20 mil quilômetros de vias fluviais navegáveis e, em muitos casos, as embarcações representam o principal, senão único, meio de transporte de pessoas e mercadorias.

Durante os meses mais chuvosos, os rios amazônicos alagam as áreas de

FIGURA 2. BRASIL: BACIA AMAZÔNICA

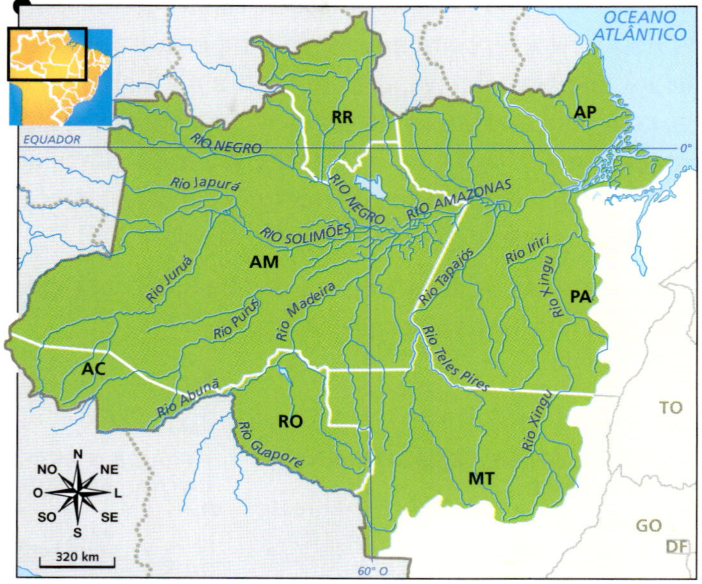

FERNANDO JOSÉ FERREIRA

Fonte: IBGE. *Atlas geográfico escolar*. 7. ed. Rio de Janeiro: IBGE, 2016. p. 105.

várzea e alguns deles apresentam variações de nível de muitos metros. O regime de cheias e vazantes influencia aspectos da vida local, como o transporte e a agricultura, pois o alagamento das várzeas durante as cheias resulta em solos fertilizados, que podem ser explorados quando o nível das águas está baixo.

Outro aspecto que pode ser observado é o tipo de construção característico da população ribeirinha, as **palafitas**, uma forma de proteção contra as cheias dos rios (figura 3).

Figura 3. Habitações construídas sobre palafitas em comunidade ribeirinha às margens do Rio Amazonas (PA, 2017).

LUCIANA WHITAKER/PULSAR IMAGENS

CLIMA

Um dos fatores responsáveis pelo grande volume de águas da Bacia Amazônica são as características do clima equatorial úmido predominante na Região Norte, com médias de temperatura elevadas que contribuem para a alta taxa de evaporação (figura 4). A amplitude térmica é pequena, com pouca variação de temperatura entre o dia e a noite e entre as estações mais frias e mais quentes. A Região Norte apresenta os índices pluviométricos mais altos do país, chegando a superar 2.500 mm anuais em algumas áreas (figura 5).

Nos estados de Tocantins e Rondônia há ocorrência de clima tropical, com invernos secos e verões chuvosos.

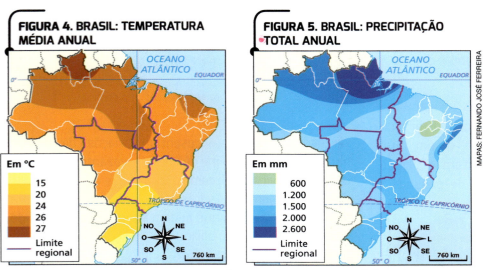

De olho nos mapas

Explique por que a localização da Região Norte influencia sua pequena amplitude térmica.

Fonte dos mapas: FERREIRA, Graça M. L. *Atlas geográfico*: espaço mundial. 4. ed. São Paulo: Moderna, 2013. p. 122.

FLORESTA AMAZÔNICA

A Floresta Amazônica é uma **floresta pluvial**, típica de ambientes úmidos e com temperaturas elevadas, que abriga grande variedade de espécies. É uma área de alta biodiversidade e que influencia o clima. Nessa floresta ocorrem matas de inundação e matas de terra firme.

As **matas de inundação** se dividem em:

- **matas de igapó**: encontradas ao longo das margens dos rios, em áreas constantemente alagadas, apresentam árvores de menor porte se comparadas ao restante da floresta, além de muitas espécies de plantas aquáticas, como a vitória-régia;

- **matas de várzea**: concentram-se em áreas que alagam apenas no período de cheias, em geral entre as matas de igapó e de terra firme, apresentando algumas espécies de maior porte, como o cacaueiro e a seringueira.

PARA LER

- **O skatista e a ribeirinha** Ricardo Dreguer. São Paulo: Moderna, 2009.

  O livro conta a história de um garoto skatista que se muda de uma grande cidade para a Amazônia, onde conhece Flávia, uma garota ribeirinha que lhe ensina sobre a vida nos rios amazônicos e a cultura local.

As **matas de terra firme** se situam em áreas livres das inundações dos rios e representam a maior parte da Floresta Amazônica. Essas matas abrigam as maiores árvores da floresta, cujas grandes copas se unem, dificultando a entrada de luz solar nas camadas mais próximas do solo e tornando o ambiente escuro e úmido. O cedro e a sumaúma são espécies características das matas de terra firme (figura 6).

Copa: parte mais elevada da árvore, na qual se concentram os galhos e as folhas.

OUTRAS FORMAÇÕES VEGETAIS

A Região Norte apresenta outras formações vegetais e áreas de transição entre um tipo de vegetação e outro. Destacam-se os **campos**, que ocorrem em Roraima, e o **cerrado**, que cobre determinadas áreas de Roraima, Rondônia, Pará, Amapá e grande parte do Tocantins.

Nos estados do Amapá e do Pará, sobretudo na costa, as matas de igapó e as matas de várzea dão lugar aos **mangues** da Amazônia, áreas de grande biodiversidade.

Figura 6. Espécie de árvore de cedro na trilha do Piquiá, na Floresta Nacional dos Tapajós, no município de Belterra (PA, 2017).

REGIÃO NORTE E AMAZÔNIA NÃO SÃO SINÔNIMOS

A **Amazônia** é a área de abrangência da Floresta Amazônica que ultrapassa os limites da Região Norte e avança sobre vários países da América do Sul. É conhecida como **Amazônia Internacional** ou **Pan-Amazônia**.

A **Amazônia Legal**, criada pelo governo brasileiro para promover o desenvolvimento regional, corresponde à Amazônia brasileira, que inclui todos os estados da Região Norte, o Mato Grosso e parte do estado do Maranhão, a oeste do meridiano 44° O (figura 7).

De olho no mapa

Que países, além do Brasil, possuem áreas de Floresta Amazônica?

FIGURA 7. REGIÃO NORTE, AMAZÔNIA INTERNACIONAL E AMAZÔNIA LEGAL

Amazônia Legal
Região Norte (IBGE)
Floresta Amazônica

Fonte: COELHO, Maria Célia Nunes. *A ocupação da Amazônia e a presença militar.* São Paulo: Atual, 1998. p. 7-8.

OS RIOS E A VIDA NA AMAZÔNIA

Na Amazônia, a vida e a economia acompanham o ciclo das águas. Para as comunidades tradicionais, conhecer a dinâmica dos rios é fundamental para torná-los fonte de subsistência. O rio é também caminho, às vezes único, para se deslocar na floresta ou entre vilas e cidades. Pelos grandes rios transportam-se passageiros, pequenas cargas e até milhares de toneladas de produtos agrícolas e minerais para exportação.

RIO NEGRO
Sua coloração se deve à decomposição de sedimentos orgânicos, que tornam sua água ácida, com menor variedade de peixes.

A composição da água dos rios varia. Sua coloração evidencia os tipos de sedimento transportados.

A melhor época para pescar é de outubro a março, quando o nível do rio está baixo.

Pesca
Os peixes são a principal fonte de proteína animal das populações ribeirinhas. Nos rios da Região Norte, podem ser produzidas 140 mil toneladas de pescado em um ano, cerca de 55% da pesca extrativa continental brasileira.

Cultivo de juta

RIO SOLIMÕES
O barrento Solimões é rico em minerais e microrganismos, o que favorece a reprodução e a diversidade de peixes.

Agricultura de várzea
Os ribeirinhos praticam agricultura nas margens dos rios porque o solo, fertilizado pelos sedimentos trazidos nas cheias, é mais rico do que no restante da floresta. Plantar nesse ambiente, no entanto, exige estratégias específicas.

Além das culturas de solo encharcado, como a juta e a malva, os ribeirinhos desenvolvem culturas em canteiros suspensos. Assim, o cultivo de itens de subsistência, como hortaliças, não precisa ser interrompido durante as cheias.

Cultivo de hortaliças

Rede logística
Os rios são um meio eficiente para transportar grandes quantidades de cargas a baixo custo. Eles integram cidades, regiões e até o Brasil com outros países, com corredores de circulação de mercadorias.

Região Norte: vias economicamente navegadas

COLÔMBIA
VENEZUELA
GUIANA
SURINAME
GUIANA FRANCESA
OCEANO ATLÂNTICO
EQUADOR
RR
AP
Macapá
São Gabriel da Cachoeira
Rio Negro
Rio Negro
Rio Japurá
Rio Amazonas
Manaus
Santarém
Tabatinga
Rio Solimões
AM
Vitória do Xingu
PA
Rio Juruá
Rio Madeira
Rio Purus
AC
Rio Purus
Rio Branco
RO
TO
Guajará-Mirim
Rio Guaporé
PERU
BOLÍVIA
Pimenteiras do Oeste

○ Instalações portuárias de carga
● Instalações portuárias de passageiros
— Vias economicamente navegáveis

N NO NE O L SO SE S
310 km

MAPA: FERNANDO JOSÉ FERREIRA

Passageiros
Anualmente, são feitas 13,6 milhões de viagens regulares na Bacia Amazônica em 317 linhas hidroviárias de passageiros.

Importação
Além de usados no transporte regional e na exportação, os rios são vias para os produtos que vêm de outros países. Milhões de toneladas de fertilizantes, produtos químicos, materiais elétricos, minérios e outros itens importados chegam pelos rios da Região Norte.

Cada comboio de barcaças pode transportar até 32 mil toneladas de carga, o equivalente à capacidade de carga de 850 caminhões.

RIO AMAZONAS

ILUSTRAÇÃO: PEDRO CORRÊA

Parte da produção de soja e milho do Centro-Oeste segue pelo Rio Madeira para exportação.

Minas de ferro
O minério de ferro, extraído no Pará, é o produto mais transportado pelos rios da Bacia Amazônica.

Fontes: MPA. *Boletim Estatístico da Pesca e Aquicultura 2011*. Brasília: MPA, 2013. Disponível em: <http://www.icmbio.gov.br/cepsul/images/stories/biblioteca/download/estatistica/est_2011_bol__bra.pdf>; ANTAQ. *Bacia Amazônica*: Plano Nacional de Integração Hidroviária. Florianópolis: Antaq, 2013. Disponível em: <http://web.antaq.gov.br/Portal/PNIH/BaciaAmazonica.pdf>; ANTAQ. *Caracterização da oferta e da demanda do transporte fluvial de passageiros na Região Amazônica*. Belém: Antaq, 2013. Disponível em: <http://web.antaq.gov.br/Portal/pdf/TransportePassageiros.pdf>. Acessos em: 12 jul. 2018.

ORGANIZAÇÃO DO ESPAÇO

Como os recursos naturais da Amazônia influenciaram a ocupação da Região Norte?

OCUPAÇÃO E EXPLORAÇÃO DO TERRITÓRIO

Diversos indígenas habitavam as terras que hoje correspondem à Região Norte do Brasil quando os colonizadores portugueses iniciaram a ocupação e a exploração econômica desse território.

Inicialmente, nos séculos XVI e XVII, essa ocupação tinha a intenção de proteger o território da Coroa contra as invasões de outras potências marítimas como Espanha, França e Holanda. Nesse contexto, cidades foram fundadas e fortes, construídos.

PRIMEIRAS ATIVIDADES EXPLORATÓRIAS

Até o início do século XIX, outro fator que motivou a expansão exploratória da região foi a busca pelas chamadas **drogas do sertão** (cravo, canela, baunilha, pimenta, cacau, entre outras). Contudo, foi somente a partir do final do século XIX, durante o **ciclo da borracha**, que a região passou a receber fluxos migratórios mais intensos, principalmente de nordestinos. A borracha natural, produzida do látex extraído das seringueiras, era um dos principais produtos exportados pelo Brasil e impulsionou a ocupação do território amazônico. Os rios constituíram vias de circulação que viabilizaram essa expansão, conectando o litoral e o centro do país ao interior da floresta.

No auge do ciclo da borracha, durante o início do século XX, foram instaladas as primeiras linhas de telégrafos, mesmo período em que foi construída a Estrada de Ferro Madeira-Mamoré, que ligava a fronteira da Bolívia com Porto Velho, capital de Rondônia (figura 8).

A partir da década de 1920, porém, a economia da Região Norte começou a entrar em declínio, ao perder mercado para os países asiáticos que começaram a produzir o látex.

Figura 8. A Estrada de Ferro Madeira-Mamoré, inaugurada em 1912, foi construída com o objetivo de realizar o transporte de borracha. Foto de trecho da construção da estrada, entre os anos de 1909 e 1910.

FUNDAÇÃO BIBLIOTECA NACIONAL, RIO DE JANEIRO

A INTEGRAÇÃO DA AMAZÔNIA

Na década de 1950, o governo brasileiro começou a tomar algumas medidas para integrar a Amazônia ao restante do país. Para isso, foram criados projetos de ocupação e desenvolvimento específicos para a região, que seriam realizados a partir de novos eixos de expansão, representados agora pela abertura de estradas.

A BR-153 (Belém-Brasília) e a BR-364 (Cuiabá-Porto-Velho) destacam-se entre as estradas construídas naquele período, ao longo das quais foram fundadas novas cidades e vilarejos. Essas estradas foram construídas com o objetivo de abrir novas frentes de produção agropecuária e, com isso, atrair investimentos, contingentes populacionais e integrar economicamente a Região Norte ao restante do país.

Durante o regime militar (1964-1985), os planos de desenvolvimento da Amazônia se intensificaram. Além de continuar a abertura de estradas (figura 9) e o asfaltamento das já existentes, outras obras de infraestrutura foram realizadas com o intuito de incentivar e viabilizar a instalação de empresas agropecuárias e industriais (figura 10), como a construção de hidrelétricas e portos.

Figura 9. Um dos investimentos na Região Norte, no período militar, foi a abertura da BR-230 (Rodovia Transamazônica). Projetada para ter mais de 9 mil km, conectando o Nordeste brasileiro ao extremo oeste amazônico, a construção acabou sendo concluída com pouco mais de 4 mil km de extensão, sendo que em diversos trechos ainda sem asfalto. Na foto, trecho não asfaltado da BR-230, em Novo Repartimento (PA, 2016).

FIGURA 10. REGIÃO NORTE: EIXOS DE OCUPAÇÃO E EXPANSÃO EXPLORATÓRIA

OCEANO ATLÂNTICO

EQUADOR

Boa Vista
RR
BR-174
AP
Macapá
Belém
Manaus
AM
BR-319
Transamazônica
MA
PA
Brasília-Belém
Porto Velho
AC
Rio Branco
RO
BR-364
BR-163
Palmas
TO
PI
MT
Cuiabá
BA
GO
MG
MS
SP

Período		Direção dominante	
1500-1960			
Anos 1960			
Anos 1970			
Anos 2000			

290 km

Fonte: THÉRY, H. Situações da Amazônia no Brasil e no continente. *Estudos Avançados*, São Paulo, v. 19, n. 53, p. 48, 2005.

De olho no mapa

1. Desde a chegada dos primeiros colonizadores até 1960, de que forma se estabelecia o principal eixo de ocupação e expansão das atividades econômicas na Amazônia?

2. Já a partir de 1960, de que forma passaram a se estabelecer os novos eixos de ocupação e expansão?

107

PRINCIPAIS ATIVIDADES ECONÔMICAS

Ao longo da história, diversas atividades econômicas motivaram a ocupação do território que hoje corresponde à Região Norte. A busca por recursos naturais, que são reconhecidamente abundantes na região, e o desejo de integrar a Amazônia ao resto do Brasil desempenharam papel fundamental no desenvolvimento econômico da Região Norte.

Desde a segunda metade do século XX, a região tem recebido investimentos significativos do governo brasileiro e de diversas empresas nacionais e estrangeiras. Todavia, parte desse processo de desenvolvimento ocorreu de forma predatória, com a devastação da floresta e o desrespeito às comunidades tradicionais.

Atualmente, o extrativismo continua a ser uma das principais atividades econômicas da região, mas o desenvolvimento da indústria e do turismo também tem contribuído para dinamizar sua economia.

EXTRATIVISMO

Na Amazônia, o extrativismo influencia o modo de vida de parcela da população, que obtém sua sobrevivência com a coleta de frutos, sementes e outros produtos da floresta, além da caça e da pesca.

Atualmente, o extrativismo da madeira para uso comercial acarreta problemas ambientais como o desmatamento. Também é comum a exploração comercial da castanha-do-pará (ou castanha-do-brasil) e de produtos com propriedades medicinais utilizados como matéria-prima para a produção de medicamentos, atividade que tem sido alvo da biopirataria.

Biopirataria: compreende atividades de exploração, manipulação e comercialização com base na apropriação de conhecimentos e recursos biológicos de comunidades de agricultores e indígenas por indivíduos ou instituições, com o objetivo de obter controle exclusivo desses recursos e saberes.

O extrativismo vegetal proporcionou o primeiro ciclo de desenvolvimento econômico da Amazônia, que ocorreu do final do século XIX ao início do século XX e foi movido pela exploração do látex, extraído das seringueiras, para a produção de borracha. A atividade atraiu fluxos migratórios e estimulou o crescimento urbano na região. A produção de borracha a partir do látex chegou a atrair investimentos da indústria automobilística dos Estados Unidos até entrar em declínio em razão da concorrência com a produção asiática.

A partir da segunda metade do século XX, o extrativismo mineral ganhou destaque no quadro econômico do Norte. O subsolo da região é rico em minérios e conta com grandes reservas, como a de ferro, que é a maior do mundo (figura 11).

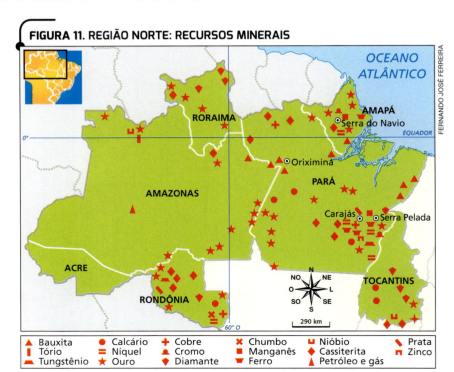

FIGURA 11. REGIÃO NORTE: RECURSOS MINERAIS

▲ Bauxita	● Calcário	✛ Cobre	✖ Chumbo	⊔ Nióbio	❮ Prata
▌ Tório	= Níquel	▲ Cromo	■ Manganês	◆ Cassiterita	⊓ Zinco
▬ Tungstênio	★ Ouro	◆ Diamante	▼ Ferro	▲ Petróleo e gás	

Fonte: FERREIRA, Graça M. L. *Atlas geográfico*: espaço mundial. 4. ed. São Paulo: Moderna, 2013. p. 121.

INDÚSTRIA EXTRATIVA MINERAL

A diversidade e a importância econômica dessas reservas minerais têm atraído investimentos do mundo todo. A indústria extrativa mineral é a principal responsável pela exploração dos seguintes minérios: o ferro (extraído principalmente na Serra do Carajás, no Pará), o manganês (também encontrado na Serra dos Carajás), a bauxita (encontrada na Serra de Oriximiná, no Pará), a cassiterita (com as principais jazidas em Rondônia), o ouro (em depósitos de sedimentos de origem fluvial) e o gás natural e petróleo (na Reserva de Urucu, em Coari, no Amazonas).

PROJETO GRANDE CARAJÁS

Em 1967, foram descobertas na Serra Norte jazidas de minérios, como cobre, manganês, bauxita, níquel e, principalmente, ferro. Em 1980, o governo federal criou o Projeto Grande Carajás.

Além da exploração mineral na região, esse projeto incluía a construção de estradas e de uma ferrovia para dar escoamento aos minérios e o aproveitamento dos rios para geração de energia por meio da construção da hidrelétrica de Tucuruí, no Pará (figura 12).

GARIMPAGEM

A disponibilidade de grandes reservas minerais também deu origem à prática da garimpagem, que se intensificou a partir da década de 1980, atraindo milhares de pessoas em busca de riqueza. Embora utilize técnicas rudimentares de extração, a garimpagem é uma atividade que ocasiona problemas, principalmente de caráter social, devido ao baixo índice de qualidade de vida dos garimpeiros, que vivem em povoados com baixa infraestrutura.

PARA PESQUISAR

● **Amazônia <http://amazonia.org.br/>**

O *site* disponibiliza, entre outras informações, notícias, fotografias, vídeos, mapas, estatísticas de população e economia sobre a Amazônia. É possível também usar um sistema de busca de pessoas e instituições envolvidas em diferentes trabalhos na região amazônica.

O garimpo também produz impactos ambientais decorrentes da utilização do mercúrio, substância tóxica que contamina os trabalhadores e os rios, gerando degradação do ambiente natural e comprometendo a saúde da população que faz uso das águas da região. Além disso, já ocorreram confrontos violentos em virtude da invasão de terras indígenas e de Unidades de Conservação por garimpeiros.

FIGURA 12. PROJETO GRANDE CARAJÁS

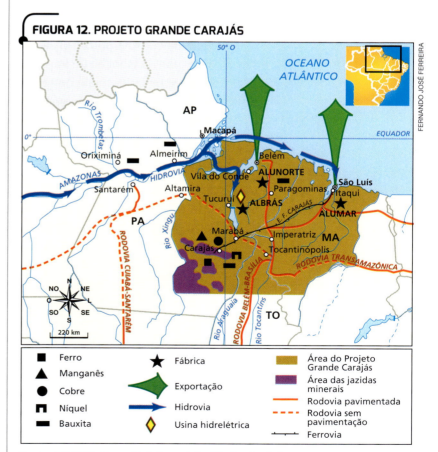

Fonte: BECKER, Berta K. *A Amazônia.* São Paulo: Ática, 1990. p. 66.

AGROPECUÁRIA

Programas de ocupação da Região Norte criados entre 1950 e 1980 ajudaram a criar polos agropecuários. Atualmente, os estados do Pará e de Rondônia se destacam no setor. Além da pecuária bovina praticada nos estados da região, destaca-se a criação de bubalinos na Ilha de Marajó (Pará) e no Amapá (figura 13). Também há diversos cultivos agrícolas, como o cacau, a pimenta-do-reino, a mandioca e a soja.

O complexo hidroviário formado pelos rios Madeira e Amazonas é utilizado para transportar a produção de soja de Rondônia e parte da soja produzida no Mato Grosso até Itacoatiara, no estado do Amazonas. Daí as embarcações percorrem o Rio Amazonas até sua foz, no Oceano Atlântico, seguindo para a Ásia e a Europa.

A **fronteira agrícola** do país avança em direção à Região Norte, ocupando terras ainda não cultivadas ou áreas destinadas à prática da pecuária. Nos últimos anos, áreas de floresta vêm dando lugar à atividade agropecuária em Roraima, Amapá, Maranhão e Tocantins.

INDÚSTRIA

A indústria foi impulsionada por meio de incentivos governamentais à criação de um polo industrial na região.

ZONA FRANCA DE MANAUS

No estado do Amazonas, a atividade industrial foi estimulada no final da década de 1960, após a criação da **Zona Franca de Manaus**. Trata-se de uma área na qual há isenção de impostos de importação, o que possibilita aos empresários do setor industrial comprar peças e componentes vindos do exterior a custos baixos e montar uma série de produtos, como eletrodomésticos e outros bens de consumo, destinados à comercialização em todo o território nacional, embora o principal mercado seja formado pela Região Centro-Sul.

A criação dessa zona franca atraiu para a capital amazonense muitas indústrias, além de migrantes em busca de emprego, dando origem a um polo de desenvolvimento regional. Hoje, Manaus é um grande centro industrial e urbano da Região Norte (figura 15).

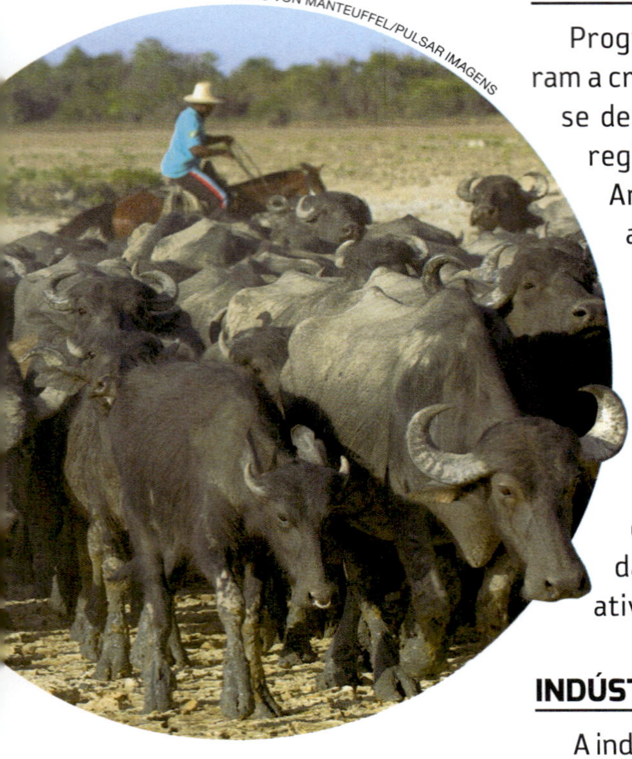

Figura 13. Vaqueiro deslocando rebanho de búfalos em uma fazenda na Ilha do Marajó, localizada na foz do Rio Amazonas (PA, 2015).

Figura 14. Linha de montagem em uma fábrica de motocicletas instalada na Zona Franca de Manaus (AM, 2016).

TURISMO

A riqueza natural e cultural do Norte representa enorme potencial turístico e há importantes polos hoteleiros instalados na região, especialmente em Manaus e Parintins, no Amazonas, e em Belém e na Ilha de Marajó, no Pará.

O **ecoturismo** é cada vez mais valorizado na Amazônia. Esse tipo de turismo é praticado de modo a minimizar os impactos da atividade turística sobre o meio ambiente, envolvendo comunidades locais e estimulando a conservação da floresta.

EXPANSÃO URBANA

Em decorrência das medidas governamentais de incentivo à ocupação e ao desenvolvimento econômico da Região Norte, a partir da segunda metade do século XX ocorreu na região uma grande expansão urbana.

A construção de rodovias integrou regiões do país, deu origem a novos centros urbanos e promoveu uma forte migração da população do campo para cidades maiores, principalmente para as capitais, que cresceram em ritmo acelerado e ainda sofrem os efeitos da falta de planejamento urbano.

De acordo com o censo demográfico de 2010, aproximadamente 73% da população da Região Norte habitava áreas urbanas. A expansão das cidades vem pressionando áreas de floresta, sobretudo nas periferias das regiões metropolitanas.

PRINCIPAIS CIDADES

As duas cidades mais populosas e importantes da Região Norte são Belém e Manaus, classificadas pelo IBGE como metrópoles. As outras capitais, Boa Vista, Macapá, Palmas, Rio Branco e Porto Velho, são cidades de menor porte, consideradas capitais regionais.

Os maiores centros urbanos são pontos, que atraem habitantes de pequenos municípios ou da zona rural em busca de produtos e serviços.

IMAGENS DA AMAZÔNIA

As informações a seguir comumente circulam pelos meios de comunicação. Veja em que medida elas correspondem à realidade da Amazônia e da Região Norte.

A AMAZÔNIA É O PULMÃO DO MUNDO

EXAGERADO

À noite, na ausência de luz solar, as plantas **absorvem grande parte do oxigênio** que produzem durante o dia. Além disso, quando morrem e se decompõem, **reemitem grandes quantidades de gás carbônico** à atmosfera, reduzindo muito a quantidade de gás carbônico que a floresta, de fato, absorve.

Fonte: ESPÍRITO-SANTO, F. D. B. et al. Size and frequency of natural forest disturbances and the Amazon forest carbon balance. *Nature Communications*. Disponível em: <nature.com/articles/ncomms4434>. Acesso em: 11 abr. 2018.

FALSO

A Região Norte destaca-se na mídia quando o assunto é a exuberância de suas florestas. Isso pode dar a falsa impressão de que a maior parte de sua população vive nelas. Na verdade, trata-se de uma região com rápida **urbanização**, em que a maioria das pessoas vive em cidades.

Taxa de urbanização (%)	1991	2010
Sudeste	88,02	92,95
Centro-Oeste	81,28	88,8
Sul	74,12	84,93
Norte	59,05	73,13
Nordeste	81,28	88,8

Fonte: IBGE. Séries históricas. Disponível em: <https://seriesestatisticas.ibge.gov.br>. Acesso em: 12 abr. 2018.

FOTO: MUSICMAN/ SHUTTERSTOCK
ILUSTRAÇÃO: MARIO KANNO

FOTO: EDU LYRA/PULSAR IMAGENS
ILUSTRAÇÃO: MARIO KANNO

INFOGRAFIA: WILLIAM TACIRO, MAURO BROSSO E MARIO KANNO

ATIVIDADES

ORGANIZAR O CONHECIMENTO

1. Qual é a diferença entre as áreas de abrangência da Floresta Amazônica e da Amazônia Legal?

2. Quais são os tipos de vegetação encontrados na Região Norte?

3. Relacione as formações vegetais às respectivas descrições.

    I. Matas de igapó.

    II. Matas de várzea.

    III. Matas de terra firme.

    A. Matas em áreas que nunca alagam, onde estão as árvores mais altas da floresta.

    B. Matas que ocorrem em áreas sempre inundadas, onde estão árvores de pequeno porte e espécies adaptadas aos solos alagados.

    C. Matas em planícies inundáveis, que alagam durante os meses mais chuvosos do ano.

4. Entre as décadas de 1950 e 1980, que fatores motivaram os governos da época a investir na construção de estradas na região Norte?

5. Quais são as principais atividades econômicas desenvolvidas na Região Norte?

6. Responda às questões.

    a) Qual foi o objetivo da implantação da Zona Franca de Manaus?

    b) Que tipos de produtos são fabricados na Zona Franca de Manaus e onde se localiza o principal mercado consumidor no Brasil?

APLICAR SEUS CONHECIMENTOS

7. Responda às questões com base em seus conhecimentos e no texto a seguir.

"[...] No Peru, antes de entrar em território brasileiro, o Rio Amazonas recebe os nomes de Apurimac e Ucayali. Ao entrar no Brasil, primeiro ele é chamado de Solimões, e só quando recebe as águas do Rio Negro é que passa a se chamar Amazonas.

Existe uma história em torno da origem de seu nome. O espanhol Clemente Yánez Pinzón, em junho de 1500, esteve na foz do Rio Amazonas.

A grande distância entre a margem direita e a esquerda espantou o explorador espanhol, que acreditou se tratar de um mar de águas doces e o chamou de Mar Dulce.

Diz a lenda que Francisco de Orellana, também espanhol, vindo de Iquitos, lutou com mulheres guerreiras na região. Ao narrar a façanha, ele as comparou com as lendárias guerreiras da mitologia grega – as amazonas. Daí surgiu o nome do rio das Amazonas e depois Rio Amazonas! [...]"

MORAES, Paulo Roberto; MELLO, Suely A. R. Freire de. *Região Norte*. São Paulo: Harbra, 2009. p. 39.

    a) Quais nomes são dados ao Rio Amazonas desde sua nascente até o Oceano Atlântico?

    b) Qual é a importância dos rios da Bacia Amazônica para a economia da Região Norte?

8. Analise a tabela referente à população da Região Norte e faça o que se pede.

REGIÃO NORTE: POPULAÇÃO URBANA E RURAL – 2010			
Estado	População total	População urbana	População rural
Rondônia	1.562.409	1.149.180	413.229
Acre	733.559	532.279	201.280
Amazonas	3.483.985	2.755.490	728.495
Roraima	450.479	344.859	105.620
Pará	7.581.051	5.191.559	2.389.492
Amapá	669.526	601.036	68.490
Tocantins	1.383.445	1.090.106	293.339
Total	15.864.454	11.664.509	4.199.945

Fonte: IBGE. *Sinopse do censo demográfico 2010.* Disponível em: <www.censo2010.ibge.gov.br/sinopse/index.php?dados=11&uf=00>. Acesso em: 28 mar. 2018.

    a) Cite o estado mais populoso e o menos populoso da Região Norte?

    b) Considerando que, para obter o percentual da população urbana, temos de multiplicar por 100 a população urbana e depois dividir o valor obtido pelo total da população, quais estados da Região Norte apresentam o maior e o menor percentual de população urbana?

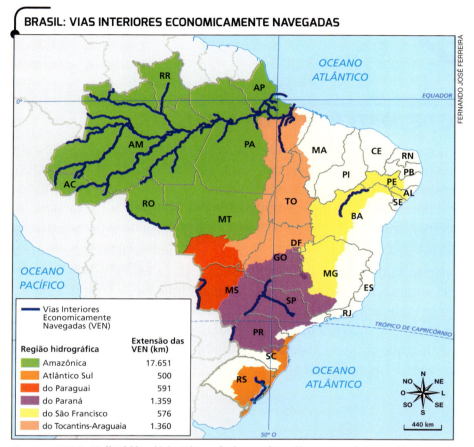

9. Observe o mapa e leia o texto para responder às questões.

BRASIL: VIAS INTERIORES ECONOMICAMENTE NAVEGADAS

Região hidrográfica	Extensão das VEN (km)
Amazônica	17.651
Atlântico Sul	500
do Paraguai	591
do Paraná	1.359
do São Francisco	576
do Tocantins-Araguaia	1.360

Fonte: ANTAQ. *Malha hidroviária*. Disponível em: <http://antaq.gov.br/Portal/Informacoes_Geraficas_Mapas.asp>. Acesso em: 28 mar. 2018.

"Considerado o meio de deslocamento mais correto em relação ao meio ambiente e capacidade, o transporte fluvial atende aos mais diversos aspectos econômicos do Amazonas. Isso porque a atividade concentra a maior parte da condução de cargas e passageiros da região. A estimativa é que por ano, aproximadamente 2,5 milhões de pessoas utilizem embarcações com o meio de transporte e 1,5 milhão de toneladas de cargas gerais cheguem a ser deslocados no estado [do Amazonas].

[...] na questão de carga , que atualmente concentra cerca de 60% dos insumos e alimentos escoados na região, a locomoção é feita por grandes embarcações com o balsas e navios. Já no transporte de passageiros, além dos barcos tradicionais tem as lanchas a jatos. [...]"

MIRANDA, H. Transporte fluvial de cargas e passageiros cresce no Amazonas. *Portal Amazônia*, 19 mar. 2017. Disponível em: <http://portalamazonia.com/noticias/transporte-fluvial-de-cargas-e-passageiros-cresce-no-amazonas>. Acesso em: 28 mar. 2018.

a) Qual é a extensão da maior hidrovia existente no Brasil e qual é o estado que abriga a maior rede hidroviária do país?

b) Qual é a importância da navegação fluvial para o desenvolvimento econômico da Região Norte?

SOCIEDADE E MEIO AMBIENTE

Por que a preservação da Amazônia deve ser uma preocupação de toda a sociedade brasileira?

O DESMATAMENTO DA AMAZÔNIA

A extração de madeira, a exploração de recursos minerais, a implantação de áreas destinadas à agropecuária, a expansão urbana e a abertura de rodovias são as principais causas da devastação da Floresta Amazônica. Nos últimos 50 anos, a floresta perdeu cerca de 20% de sua área original, o que corresponde a uma porção três vezes maior que a do estado de São Paulo.

A Floresta Amazônica se destaca pelo número de espécies animais e vegetais que abriga, que corresponde a cerca de 25% do total mundial. No entanto, essa imensa reserva de biodiversidade se encontra ameaçada pela exploração predatória, que, além de reduzir a vegetação e destruir o hábitat de diversas espécies animais, acarreta uma série de problemas sociais que atingem populações tradicionais e indígenas que sobrevivem dos recursos da floresta (figura 15).

Figura 15. Área de Floresta Amazônica desmatada pela mineração, por meio da exploração ilegal de um garimpo de ouro, próxima à cidade de Castelo dos Sonhos (PA, 2013). Apesar da proibição, muitas áreas protegidas são exploradas pela mineração, que, além de causar graves impactos ambientais, como a contaminação de rios com o mercúrio, apresenta riscos à saúde dos garimpeiros.

NACHO DOCE/REUTERS/FOTOARENA

DIMINUIÇÃO DO DESMATAMENTO

Historicamente, o desmatamento da Amazônia tem sido intenso. Mas, de 2004 a 2007, registrou-se uma queda progressiva no ritmo de destruição da floresta, que voltou a apresentar um leve crescimento em 2008. De 2009 a 2012, a taxa de desmatamento apresentou novo declínio, porém, a partir de 2014 o ritmo de desmatamento voltou a acelerar (figura 16).

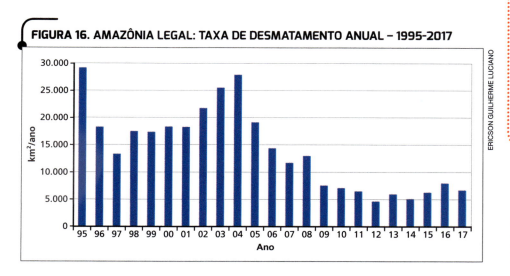

FIGURA 16. AMAZÔNIA LEGAL: TAXA DE DESMATAMENTO ANUAL – 1995-2017

ERICSON GUILHERME LUCIANO

Entre os meses de agosto e julho de 2017, o Ministério Público Federal identificou cerca de 2,3 mil pessoas ou empresas associadas aos desmatamentos ilegais (com área igual ou superior a 60 hectares) na Amazônia – 54 das 1.550 áreas desmatadas estavam dentro de Unidades de Conservação federais e 18 dentro de Terra Indígenas.

Uma série de medidas tem sido tomada para evitar o avanço do desmatamento na Amazônia, como a fiscalização mais rigorosa e a implantação de projetos voltados ao monitoramento da floresta por satélite. No entanto, essas medidas não têm sido suficientes para conter a devastação da mata nativa, pois nem sempre as leis são cumpridas de forma eficaz.

ARCO DO DESMATAMENTO

Os maiores índices de desmatamento da Amazônia se concentram nas margens sul e leste da Amazônia Legal, do Maranhão ao Acre, no chamado **arco do desmatamento** (figura 17).

No entanto, todos os anos as atividades agropecuárias avançam em direção ao norte do estado do Amazonas, onde se encontram grandes áreas intactas de floresta.

Fonte: *Atlas geográfico escolar*: ensino fundamental do 6º ao 9º ano. 2. ed. Rio de Janeiro: IBGE, 2015. p. 44.

PARA PESQUISAR

• **Livro vermelho da fauna brasileira ameaçada de extinção** <http://www.icmbio.gov.br/portal/publicacoes?id=742:livro-vermelho>

Publicação disponível para consulta no *site* do Instituto Chico Mendes de Conservação da Biodiversidade (ICMBio) que traz a lista das espécies da fauna brasileira ameaçadas de extinção.

Fonte: INPE. *Projeto Prodes*. Disponível em: <http://www.obt.inpe.br/OBT/assuntos/programas/amazonia/prodes>. Acesso em: 28 mar. 2018.

De olho no mapa

Quais são os estados da Região Norte atingidos pelo arco do desmatamento?

FIGURA 17. AMAZÔNIA: ARCO DO DESMATAMENTO

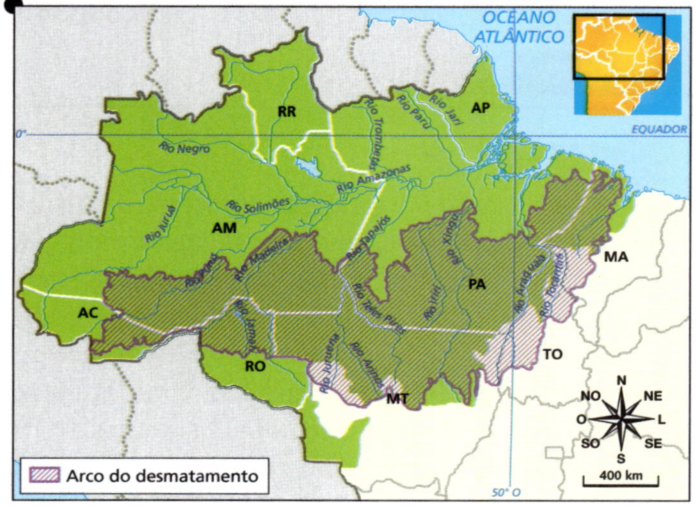

FERNANDO JOSÉ FERREIRA

Arco do desmatamento

400 km

EXTRAÇÃO DE MADEIRA

Para explorar madeira da floresta, as madeireiras precisam de licença do Instituto Brasileiro do Meio Ambiente e dos Recursos Naturais Renováveis (Ibama). No entanto, muitas delas atuam sem licença ou qualquer outro tipo de permissão legal. Devido ao alto valor das espécies consideradas nobres nos mercados brasileiro e internacional (como o mogno e o cedro, usados na produção de móveis), o lucro obtido com a venda da madeira derrubada ilegalmente é grande.

Até a década de 1980, a exploração de madeira se concentrava em áreas próximas às rodovias e aos rios, que permitem rápido escoamento da madeira extraída. No entanto, essa atividade passou a ocorrer em áreas cada vez mais interiores da floresta, alcançadas por estradas abertas pelos madeireiros.

RICARDO TELES/PULSAR IMAGENS

EXPANSÃO AGROPECUÁRIA

Parte da Floresta Amazônica foi devastada para abrir espaço para as atividades agropecuárias, principalmente para os pastos destinados à criação extensiva de gado. Os rebanhos bovinos na Amazônia Legal se concentram predominantemente na mesma faixa do arco do desmatamento (figura 18).

O solo amazônico conta com baixo potencial agrícola, mas diversos cultivos têm apresentado bons resultados com o uso da biotecnologia e de técnicas agrícolas avançadas, principalmente a soja, que avança em Rondônia, Tocantins e sul do Pará.

Figura 18. A expansão das atividades agropecuárias é um dos principais fatores para a continuidade do desmatamento da Floresta Amazônica. Na foto, criação extensiva de gado em área de floresta, no município de Curionópolis (PA, 2016).

QUADRO

Certificação florestal

A certificação florestal é um processo ao qual algumas empresas se submetem voluntariamente para atestar que suas mercadorias são produzidas segundo padrões de qualidade e sustentabilidade. Isso significa certificar que a madeira utilizada em determinado produto seja de origem legal, respeite os ciclos naturais da floresta para permitir sua renovação, garanta os direitos dos trabalhadores envolvidos no processo de extração e seja economicamente viável. Os produtos certificados são acompanhados de um selo verde, que alerta o comprador no momento de adquirir um produto e pode direcionar produtores e consumidores de itens fabricados com madeira para uma prática mais consciente.

- Relacione a importância da exploração de madeira em reservas extrativistas e o uso do selo verde para a conservação da floresta.

QUEIMADAS

A queimada é uma prática antiga e rudimentar, herdada dos indígenas, que consiste em queimar a mata propositalmente a fim de facilitar a limpeza da área para abrir um campo de cultivo ou de pastagem. Também é comum em áreas já desmatadas, com o objetivo de limpar campos destinados a replantio ou formação de novas pastagens, e, hoje, é praticada em larga escala, provocando extensos danos ambientais. Segundo o Instituto Nacional de Pesquisas Espaciais (Inpe), em novembro de 2016, dos 1.286 focos de incêndio monitorados no país, 888 estavam localizados no estado do Pará, e 101 no Amapá.

Além do risco de se transformarem em vastos incêndios florestais, as queimadas causam poluição atmosférica e degradam o solo, matando organismos responsáveis pela fertilização e expondo-o a processos erosivos. Elas também contribuem para o aumento do CO_2 na atmosfera, tornando mais intenso o efeito estufa.

HIDRELÉTRICAS

Com o objetivo de ampliar a produção de energia no país e promover o desenvolvimento da região, nas últimas décadas foram construídas usinas hidrelétricas nos rios da Bacia do Rio Amazonas. Entretanto, essas obras foram alvo de críticas devido aos impactos socioambientais que são gerados.

Como vimos, o relevo da Amazônia é formado predominantemente por terrenos de baixas altitudes e geralmente planos, com pequeno potencial para a construção de hidrelétricas. Assim, para abastecê-las, torna-se necessário o alagamento de extensas áreas, em muitas das quais vivem comunidades ribeirinhas e grupos indígenas. As populações residentes nesses locais são removidas e realocadas, porém nem sempre suas reais necessidades são consideradas (figura 19).

Figura 19. A construção da usina de Belo Monte provocou grande polêmica devido aos impactos socioambientais que foram gerados, atingindo especialmente grupos indígenas e ribeirinhos que vivem nas proximidades do Rio Xingu. Na foto, vista da Hidrelétrica de Belo Monte, em Vitória do Xingu (PA, 2016).

Como promover o desenvolvimento com respeito às comunidades tradicionais e sem causar a devastação da floresta?

PRESERVAÇÃO AMBIENTAL

DESENVOLVIMENTO SUSTENTÁVEL

Nas últimas décadas, os recursos naturais vêm sendo explorados em ritmo progressivo, sem se levar em conta os impactos sociais e ambientais provocados pelo crescente aumento do consumo e do desperdício, que representam uma ameaça à continuidade da vida no planeta.

O **desenvolvimento sustentável** representa uma alternativa para o modelo econômico vigente nos dias atuais, pois busca reduzir os impactos socioambientais por meio de práticas como:

- explorar recursos vegetais e animais (plantas, peixes e outros seres vivos) de modo a não interferir no ciclo de reprodução das espécies;
- explorar áreas já modificadas, como as bordas da floresta, sem afetar a biodiversidade das áreas preservadas;
- reduzir o uso de matérias-primas, aumentando a reciclagem e a reutilização;
- valorizar as comunidades tradicionais e aproveitar seus conhecimentos (figura 20).

O emprego dessas práticas assegurariam a disponibilidade de recursos naturais às futuras gerações.

APRENDENDO COM AS COMUNIDADES TRADICIONAIS

Na Região Norte vivem diversas comunidades tradicionais formadas por ribeirinhos, grupos indígenas e outros povos da floresta. Essas comunidades exploram os recursos da mata sem agredi-la. Além de obter alimentos e materiais usados na construção de utensílios, extraem o látex, a castanha-do-pará, o açaí e o guaraná, entre outros.

Os conhecimentos em relação à floresta acumulados por sucessivas gerações têm valor inestimável e, por isso, grandes indústrias farmacêuticas e de cosméticos, a maioria transnacionais, procuram se apropriar do saber dessas populações para criar produtos que, muitas vezes, rendem enormes lucros aos fabricantes e um ganho muito pequeno aos habitantes das comunidades locais.

ANDRE DIB/PULSAR IMAGENS

Figura 20. A coleta de frutos garante a sobrevivência de muitos habitantes de comunidades tradicionais que habitam o interior da floresta. Na foto, seringueiro extraindo látex em floresta no Seringal Vitória Nova, localizado no município de Tarauacá (AC, 2017).

Algumas dessas empresas praticam a biopirataria, ou seja, se apropriam do conhecimento popular para extrair matérias-primas da floresta, sem remunerar as pessoas que lhes forneceram informações ou pagar impostos ao governo do país de onde retiraram os componentes para suas fórmulas.

A POPULAÇÃO RIBEIRINHA

Populações ribeirinhas são as comunidades que habitam as áreas próximas às margens dos rios. Sobrevivem de atividades como a agricultura, geralmente praticada em áreas de várzea, e do extrativismo, destacando-se a pesca (figura 21).

Muitas comunidades ribeirinhas vivem em Unidades de Conservação, tal como as Reservas Extrativistas, uma vez que conservam um modo de vida que garante a conservação dos recursos naturais.

A Região Norte abriga a maior quantidade de comunidades ribeirinhas do Brasil, o que se deve às características geográficas da região, destacando-se a extensa rede hidrográfica. Suas origens remetem à miscigenação entre portugueses e indígenas que habitavam a região amazônica, além de processos migratórios, principalmente de nordestinos que se deslocaram para a região durante o ciclo da borracha.

Figura 21. Uma das principais atividades das comunidades ribeirinhas é a pesca. Na foto, pescador fazendo o manejo de pirarucu no Rio Japurá, na Reserva de Desenvolvimento Sustentável Mamirauá, no município de Maraã (AM, 2014).

TRADIÇÕES E MODOS DE VIDA DOS RIBEIRINHOS

As tradições das comunidades ribeirinhas variam de acordo com a região, vazante dos rios e ciclos da natureza nos quais estão inseridas. Por estarem muito conectadas com os rios, suas vidas são regidas pelas épocas de cheias e secas, pelo regime de chuvas e possibilidade de transporte fluvial.

Os rios também definem o tipo de agricultura que vão desenvolver e a localidade mais adequada, pois o avanço e recuo das águas determinam o tipo de cultivo que as comunidades ribeirinhas podem praticar. De maneira geral, trata-se de culturas de subsistência aliadas ao cultivo de produtos destinados para troca com outras comunidades e comerciantes de vilas próximas.

É por meio da relação com a natureza e de um forte senso comunitário que os ribeirinhos constroem suas famílias, seus laços afetivos, celebram suas festividades e diversidade religiosa. Mitos, costumes e rituais são transmitidos para as gerações seguintes nas datas comemorativas, quando crianças e adultos interagem por meio de música, danças e alimentos da época. Tais encontros são muito comuns nas comunidades ribeirinhas do Rio São Francisco, que atravessa estados das regiões Sudeste e Nordeste (figura 22).

PARA ASSISTIR

• **Belo Monte – um mundo onde tudo é possível**
Direção: Alexandre Bouchet. Brasil: Indiana Produções, Yemaya Filmes, Globo Filmes, Globonews, 2017.

Documentário que mostra diferentes personagens envolvidos no processo de construção da usina de Belo Monte.

IMPACTOS DA MODERNIZAÇÃO NA VIDA DOS RIBEIRINHOS

Recentemente, as comunidades têm enfrentado problemas que ameaçam sua cultura e seu modo de vida. A construção de barragens para usinas hidrelétricas, como a de Belo Monte, no Pará, fez desaparecer dezenas de ilhas fluviais que serviam de lar e fonte de recursos para os ribeirinhos da região. Muitas famílias acabaram sendo deslocadas para as periferias das cidades mais próximas, onde passaram a viver em condições precárias (figura 23).

A pesca em larga escala também ameaça as fontes de alimentação das comunidades ribeirinhas. Por essa razão, desde 2002, comunidades ribeirinhas do alto Amazonas estão engajadas na pesca sustentável para a preservação do Pirarucu, o maior peixe de água doce do mundo.

Figura 22. Ribeirinhos celebram o Círio Fluvial de Nossa Senhora da Conceição, procissão fluvial pelas águas do Rio Caraparu, no município de Santa Izabel (PA, 2015).

Figura 23. Ribeirinhos que foram atingidos pela construção da Usina de Belo Monte protestando ao longo do Rio Xingu, próximo a Altamira (PA, 2012).

TARSO SARRAF/FOLHAPRESS

LUNAE PARRACHO/REUTERS/FOTOARENA

OS GRUPOS INDÍGENAS DA AMAZÔNIA

Entre as regiões brasileiras, a Região Norte é a que possui a maior população indígena. Na Amazônia Legal estão localizadas 98,3% das terras indígenas do país, distribuídas em 419 reservas, que, juntas, ocupam 115.342.101 hectares – área que corresponde a aproximadamente 23% de toda a Amazônia Legal (figura 24).

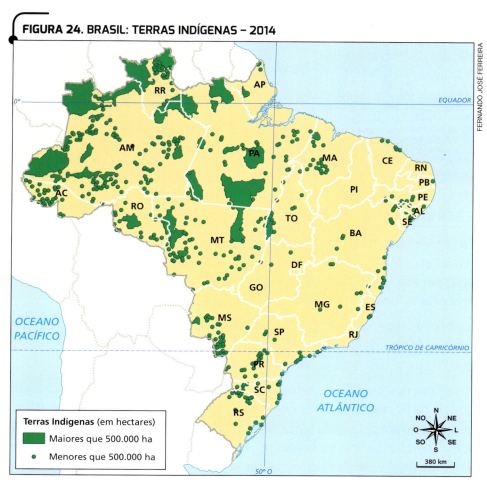

FIGURA 24. BRASIL: TERRAS INDÍGENAS – 2014

Terras Indígenas (em hectares)
- Maiores que 500.000 ha
- Menores que 500.000 ha

Fonte: IBGE. *Atlas geográfico escolar*: ensino fundamental do 6º ao 9º ano. 2. ed. Rio de Janeiro: IBGE, 2015. p. 24.

QUADRO

Políticas de saúde para os povos indígenas

A saúde indígena é um desafio para as políticas indigenistas brasileiras. Vulnerável a enfermidades levadas para as aldeias por indivíduos não indígenas, essa população apresenta altas taxas de mortalidade infantil e é acometida por doenças como malária e tuberculose, além de enfrentar o risco de epidemias que podem ameaçar comunidades inteiras. Aqueles que habitam áreas mais afastadas dos centros urbanos têm mais dificuldade de acesso a hospitais e tratamentos.

- Reflita sobre a realidade das comunidades indígenas no Brasil e a extensão territorial do país e proponha medidas que sejam capazes de melhorar o atendimento e o tratamento de doenças nessas comunidades.

Um dos objetivos do desenvolvimento sustentável é garantir que os povos indígenas tenham seus direitos respeitados, o que nem sempre ocorre. Ainda são constantes as invasões às terras indígenas, até mesmo das terras demarcadas. Nessas terras, de acordo com a Constituição Federal, as comunidades indígenas têm garantido o direito de manter seu modo de vida, suas tradições, cultura e forma de organização (figura 25).

Muitas terras indígenas ainda não foram demarcadas devido a interesses econômicos de fazendeiros, madeireiros e mineradores que querem explorá-las comercialmente. Calcula-se que em mais de 100 terras indígenas não demarcadas existam minas de ouro e outros minérios com alto valor comercial, daí a pressão das mineradoras para a não demarcação desses territórios.

RENATO SOARES/PULSAR IMAGENS

Figura 25. Aldeia indígena dividida em dois grandes grupos, um feminino e outro masculino, para a festa Metora, com músicas e danças típicas, no município de São Félix do Xingu (PA, 2016).

Figura 26. Chico Mendes, líder seringueiro discursando em defesa da Floresta Amazônica e das reservas extrativistas, no município de Xapuri (AC, 1988).

HOMERO SÉRGIO/FOLHAPRESS

AS RESERVAS EXTRATIVISTAS

Para preservar os recursos da Floresta Amazônica foram criadas **reservas extrativistas**, áreas pertencentes à União nas quais é permitida a exploração comercial por um número restrito de famílias. Nessas reservas são proibidas a transferência de posse e a prática do extrativismo predatório.

As primeiras reservas extrativistas datam de 1990, quando o governo federal delimitou terras da Região Norte para serem utilizadas por castanheiros e seringueiros para sustento próprio e de sua família.

A criação de reservas foi resultado de lutas empreendidas pelas comunidades tradicionais da floresta. No Acre, Chico Mendes (figura 26) se destacou por seu intenso trabalho em defesa da mata e dos seringueiros, tornando-se uma figura conhecida mundialmente. Suas ideias, porém, ameaçavam os interesses dos proprietários de terras da região, dando origem a muitos conflitos. Em 1988, Chico foi assassinado pelo filho de um seringalista.

A criação das reservas extrativistas ajudou a demonstrar que atividades como a extração do látex e a coleta do açaí e da castanha podem ser praticadas de modo sustentável.

Seringalista: dono de seringal; aquele que emprega seringueiros ou aluga parte de sua propriedade a eles.

PARA ASSISTIR

● **Chico Mendes, o preço da floresta**
Direção: Rodrigo Astiz. Brasil: Discovery Channel, 2008.

Documentário conta a luta de Chico Mendes pela preservação da floresta e pelos direitos das comunidades tradicionais.

 Trilha de estudo

Vai estudar? Nosso assistente virtual no *app* pode ajudar! <http://mod.lk/trilhas>

O Sistema Agrícola Tradicional do Rio Negro e a conservação da Floresta Amazônica

"O Sistema Agrícola Tradicional do Rio Negro é entendido como um conjunto estruturado, formado por elementos interdependentes: as plantas cultivadas, os espaços, as redes sociais, a cultura material, os sistemas alimentares, os saberes, as normas e os direitos. [...] As especificidades do Sistema são as riquezas dos saberes, a diversidade das plantas, as redes de circulação, a autonomia das famílias, além da sustentabilidade do modo de produzir que garante a conservação da floresta.

Esse bem cultural está ancorado no cultivo da mandioca brava (*Manihot esculenta*) e apresenta, como base social, os mais de 22 povos indígenas [...] localizados ao longo do Rio Negro em um território que abrange os municípios de Barcelos, Santa Isabel do Rio Negro e São Gabriel da Cachoeira, no Estado do Amazonas, até a fronteira do Brasil com a Colômbia e a Venezuela. A Bacia do Rio Negro é formada por um mosaico de paisagens naturais que abrange a floresta de terra firme, campina, vegetação de igapó e chavascal, com uma diversidade que repercute na vida da população, especialmente nas atividades de caça, pesca, agricultura e na coleta de materiais para fabricação de artefatos e de malocas.

Os povos indígenas que habitam a região noroeste do Amazonas [...] detêm o conhecimento sobre o manejo florestal e os locais apropriados para cultivar, coletar, pescar e caçar, formando um conjunto de saberes e modos de fazer enraizados no cotidiano. O Sistema acontece em um contexto multiétnico e multilinguístico em que os grupos indígenas compartilham formas de transmissão e circulação de saberes, práticas, serviços ambientais e produtos. É possível identificá-lo, uma vez que ele é elaborado, constantemente, pelas pessoas que o vivenciam."

IPHAN. *Sistema Agrícola Tradicional da Amazônia.* Disponível em: <http://portal.iphan.gov.br/pagina/detalhes/75>. Acesso em: 23 mar. 2018.

JONNE RORIZ/ ESTADÃO CONTEÚDO/AE

Indígenas da etnia Tukano durante a produção de farinha de mandioca na aldeia Curicuriari, próxima a São Gabriel da Cachoeira (AM, 2007).

ATIVIDADES

1. De que maneira o Sistema Agrícola Tradicional do Rio Negro contribui para a conservação da Floresta Amazônica?

2. Como se estabelece a relação entre os diversos povos indígenas que constituem esse Sistema?

ATIVIDADES

ORGANIZAR O CONHECIMENTO

1. Quais recursos naturais encontrados na Amazônia despertaram o interesse do governo brasileiro e de empresas estatais e privadas desde a década de 1950, resultando em grandes investimentos na região? Justifique.

2. Quais são os principais impactos socioambientais relacionados à construção de usinas hidrelétricas na Região Norte?

3. O que é o desenvolvimento sustentável?

4. Sobre a Floresta Amazônica, responda.

    a) Por que é importante preservá-la?

    b) Como os conhecimentos dos grupos indígenas, ribeirinhos e outros povos da floresta são importantes para a sua conservação?

5. Indique a alternativa correta.

    a) O desmatamento da Amazônia deixou de ocorrer de maneira acelerada após o final do ciclo da borracha, em 1920, principalmente devido à atividade madeireira e à expansão da agricultura da soja.

    b) O desmatamento da Amazônia se intensificou apenas no século XXI, em decorrência das obras de infraestrutura que tiveram como objetivo integrar a Região Norte ao restante do país.

    c) O desmatamento da Amazônia ocorreu de maneira acelerada até a década de 1950, mas vem diminuindo desde então em virtude de campanhas para sua conservação e do esgotamento de recursos minerais como o ouro.

    d) O desmatamento da Amazônia se intensificou após a década de 1950, quando tiveram início obras para a integração da Região Norte, como rodovias, portos e hidrelétricas, abrindo espaço para a expansão agropecuária e a atividade madeireira. Embora tenha apresentado queda nas últimas décadas, está longe de ser extinto.

    e) Os menores índices de desmatamento da Amazônia se concentram nas margens sul e leste da Amazônia Legal, do Maranhão ao Acre, no conhecido como arco do desmatamento.

APLICAR SEUS CONHECIMENTOS

6. Leia o texto e responda às questões.

"[...] Quem manda aqui não é presidente da república, não é governador, não é prefeito. Aqui domina uma ditadura absoluta e incontestável, não baseada na Constituição ou nas Forças Armadas. É um dado de fato, quem manda é a água. É a água quem dá o sustento e cria as dificuldades, consola e leva ao desespero, condiciona a saúde, o trabalho, a vida da gente: sem levantar a voz, sem violência, mas implacável e total. [...] As estações do ano aqui têm um nome exclusivo: água, lama e seca."

GALLO, Giovanni. *Marajó, a ditadura da água.* Belém: Secult, 1980. p. 61.

    a) Ao descrever a vida na região amazônica, que papel o autor atribui às águas? Justifique.

    b) Como as águas e os rios afetam o dia a dia dos povos da Amazônia?

    c) Em sua opinião, o que o autor quis dizer ao afirmar que, na Amazônia, as estações do ano "têm um nome exclusivo: água, lama e seca"? Justifique.

7. Leia o texto a seguir e responda às questões.

"[...]

Quando o reservatório da usina começou a encher, Antonio testemunhou os bichos da floresta morrerem. Macacos, cotias, tatus, preguiças atiravam-se na água em busca de terra firme. 'Conseguimos salvar alguns botando dentro da canoa, mas vimos muitos morrerem', diz. Como parte da floresta que ele também é, Antonio sente essa dor no corpo. Como os animais, ele também ainda não encontrou terra firme e percebe-se afogado na solidão seca da cidade. Com toda a miséria de sua vida urbana, adotou dois filhotes de cachorro porque diz que não sabe 'viver sem bicho'. Para comprar leite em pó para alimentá-los, pediu dinheiro emprestado. Agora, são mais dois desgarrados na família.

'Eu tinha uma vida melhor até mesmo do que qualquer pessoa de São Paulo', Antonio diz, referindo-se ao Estado mais rico do Brasil. 'Se eu quisesse ir pra roça eu ia, se eu não quisesse a roça ia estar lá no outro dia. Se eu quisesse pescar eu ia, mas se eu preferisse tirar açaí em vez disso eu tirava. Eu tinha rio, eu tinha mato, eu tinha sossego. Na ilha eu não tinha porta. E eu tinha lugar.'

[...]"

BRUM, E. Vidas barradas de Belo Monte. *UOL Notícias.* Disponível em: <https://www.uol/noticias/especiais/vidas-barradas-de-belo-monte.htm#vidas-barradas-de-belo-monte>. Acesso em: 29 mar. 2018.

    a) A história pessoal retratada no texto diz respeito a um integrante de comunidade ribeirinha. Descreva as principais características dessa comunidade tradicional.

    b) Quais são os principais problemas enfrentados pelos ribeirinhos em decorrência da construção de usinas hidrelétricas?

8. Leia o texto e responda às questões.

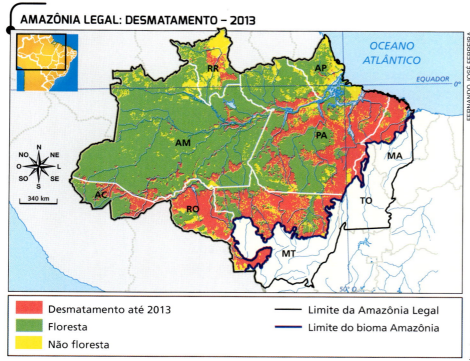

AMAZÔNIA LEGAL: DESMATAMENTO – 2013

FERNANDO JOSÉ FERREIRA

- Desmatamento até 2013
- Floresta
- Não floresta
- Limite da Amazônia Legal
- Limite do bioma Amazônia

Fonte: IPAM. Disponível em: <http://ipam. org.br/wp-content/uploads/2015/12/ Amazonia-desmatamento-2013-ipam-1. jpg>. Acesso em: 19 mar. 2018.

a) Caracterize o desmatamento da Amazônia Legal.

b) Quais são os principais fatores que têm motivado a devastação da Floresta Amazônica?

c) Quais são os estados da Região Norte mais afetados pelo desmatamento? Por que isso ocorre?

9. Analise a tabela e relacione o problema ambiental com o impacto social gerado.

PROBLEMA AMBIENTAL	IMPACTO SOCIAL
1. Alagamentos provocados pelas barragens	A. Deslocamento da população
2. Atividade pesqueira industrial	B. Perda de áreas agricultáveis e moradias
3. Contaminação de rios em decorrência de atividades mineradoras	C. Escassez de alimentos
4. Excesso de cheias do rio provocados pelas alterações climáticas	D. Disseminação de doenças

Mais questões no livro digital

DESAFIO DIGITAL

10. Acesse o objeto digital *Dinâmicas espaciais da Amazônia*, disponível em: <http://mod.lk/soimd>, e responda às questões.

a) O desenvolvimento de grandes atividades econômicas na Amazônia resulta em problemas para indígenas e comunidades tradicionais que habitam a floresta. Como essa questão é evidenciada no objeto digital?

b) De que maneira indígenas e comunidades que vivem em reservas extrativistas ajudam a preservar a Floresta Amazônica?

c) Explore o ícone "Cidade" e comente as principais informações apresentadas.

Mapa do tempo atmosférico

O mapa do tempo é divulgado diariamente pela mídia, às vezes acompanhado de imagens de satélite. Trata-se de uma representação da previsão do tempo de determinada área, para certo período.

Os mapas do tempo são elaborados com base em dados registrados em estações de superfície e radares meteorológicos, e também por meio de satélites, que captam as condições de nebulosidade, pressão atmosférica, temperatura do ar, direção e velocidade dos ventos.

As informações obtidas são processadas com o auxílio de programas de computador que ajudam os especialistas a construir o mapa de previsão do tempo com base nas análises da imagem de satélite e da carta sinótica (na qual são registradas a direção e a força dos ventos, as condições do mar, de temperatura, umidade etc.). Sobre o mapa são colocados símbolos que indicam a previsão do tempo em determinado momento e local. A leitura do mapa começa com o domínio do significado desses símbolos. Depois, basta observar como eles se distribuem no espaço. Em geral, os meios de comunicação fornecem um relato sintético da previsão.

Nos mapas do tempo também são traçadas as isotermas, linhas que unem pontos de mesmo valor de temperatura. Elas identificam as áreas mais quentes e mais frias.

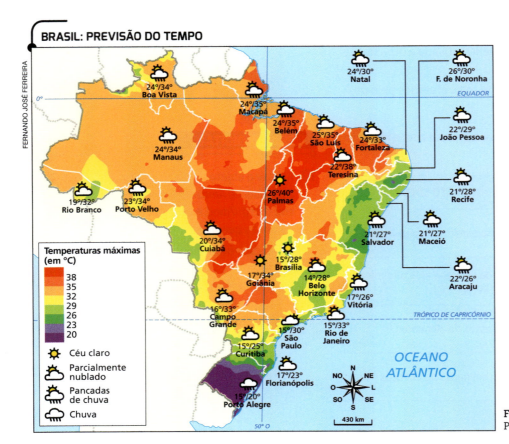

BRASIL: PREVISÃO DO TEMPO

FERNANDO JOSÉ FERREIRA

Temperaturas máximas (em °C)
38
35
32
29
26
23
20

Céu claro
Parcialmente nublado
Pancadas de chuva
Chuva

ATIVIDADES

1. Observe o mapa de previsão do tempo e indique onde se encontram as áreas mais quentes e as mais frias.

2. Onde há previsão de tempo com céu claro? E com chuva?

3. Consulte em um jornal ou na internet o mapa da previsão do tempo para alguma cidade ou região do Brasil. Em grupo, interpretem o mapa e apresentem a previsão para a turma.

Fonte: *Folha de S.Paulo*, São Paulo, 17 set. 2017. Cotidiano, C2.

ATITUDES PARA A VIDA

Projeto Reca

O Projeto Reca (Reflorestamento Econômico Consorciado e Adensado) é uma organização social, produtiva e de base familiar comunitária que reúne agricultores de várias partes do Brasil. O projeto busca promover a sustentabilidade e o bem viver respeitando a sociobiodiversidade da Amazônia. Mais de 20 diferentes espécies frutíferas e madeireiras são produzidas pelos trabalhadores por meio da agricultura e do extrativismo.

Mesmo assentados em demarcações do Incra em áreas de litígio e com solos limitados para a prática agrícola, sem apoio político, pressionados a derrubarem a floresta e enfrentando a ocorrência de muitos casos de malária, os trabalhadores agiram de maneira solidária para viabilizar o projeto.

"[...] Devido a estes e outros problemas é que os agricultores, na então difícil época, começaram a se reunir e discutir como fazer para sobreviverem em um local tão distante e difícil (360 km de Porto Velho e 150 km de Rio Branco as capitais e cidades mais próximas). Os mesmos juntaram com os seringueiros (povos antigos da região) e começaram a discutir uma forma alternativa que desse condições de melhorar a vida de todos e que fosse adaptada ao clima e forma de vida dos povos locais. Juntando os conhecimentos de organização e cooperação dos povos vindos das outras regiões com os conhecimentos dos povos da região, sobre a floresta (plantas frutíferas, melhor época de trabalhar e outros). Começaram então a discutir um projeto para a implantação de Saf´s (sistemas agroflorestais), onde escolheram exatamente, plantas nativas e bem conhecidas da região, além de serem frutíferas.

Sentaram, e depois de muita discussão, elaboraram um projeto [...]. O projeto foi então aprovado, e vieram os primeiros recursos para implantação de 200 ha de Saf´s, onde foram implantadas: Pupunheira para frutos, cupuaçuzeiro e a castanha do Brasil.

No início das discussões sobre a organização do Reca, vimos que seria necessário montar grupos, o que nos levou a este pensamento foi o fato de que os produtores ficariam muito distantes uns dos outros e até mesmo da sede. Então, vimos que para viver discutindo o dia a dia da organização seria melhor dividirmos em grupos para que houvesse uma participação igual dos associados [...]."

PROJETO RECA. Associação dos Pequenos Agrossilvicultores do Projeto Reca. Disponível em: <www.projetoreca.com.br/site/quem-somos/>. Acesso em: 12 maio 2018.

Pote de palmito produzido por trabalhadores do Projeto Reca, distrito de Nova Califórnia, em Porto Velho (RO, 2018).

PROJETO RECA

ATIVIDADES

1. Entre as atitudes listadas abaixo, assinale duas que você considera terem sido essenciais para que os trabalhadores tenham elaborado e colocado em prática o projeto.
   ( ) Escutar os outros com atenção e empatia.
   ( ) Imaginar, criar e inovar.
   ( ) Pensar de maneira interdependente.
   ( ) Assumir riscos com responsabilidade.

2. Que ações dos trabalhadores você relaciona com cada uma da atitudes assinaladas na atividade anterior?

3. O texto relata parte do caminho percorrido por um grupo de pessoas para atingir um objetivo comum. Pense em qual seria um objetivo comum a você e seus colegas e converse com eles sobre que atitudes vocês precisariam ter para atingi-lo de maneira cooperativa, com a participação de todos.

COMPREENDER UM TEXTO

O desmatamento das florestas nativas é um problema que tem se agravado nas últimas décadas. Mesmo após a demarcação de diversas áreas de preservação para proteger a biodiversidade, estima-se que cerca de 40% das matas originais tenham sido derrubadas, podendo chegar a 50% nos próximos anos. Esse avanço do desmatamento ameaça a reprodução das espécies vegetais e animais e pode causar um desequilíbrio irreversível nos ecossistemas locais. Considerando que a Amazônia é uma das florestas ameaçadas pelo desmatamento, o texto a seguir procura alertar como a abertura de clareiras nas florestas, e consequentemente, sua fragmentação pode causar um colapso na sua biodiversidade

Clareiras: um trecho aberto, amplo, um espaço sem mata dentro de uma floresta.

Colapso: declínio, falência, algo que não se sustenta, estado de fraqueza e degradação.

Percolação: capacidade de um líquido passar em uma substância sólida para filtrar as propriedades dessa substância.

A matemática da floresta

"[...] Na nossa imaginação, o desmatamento ocorre assim: uma área começa a ser cortada pelas beiradas, reduzindo aos poucos a área total da floresta, mas o que sobrevive se mantém como um bloco único. Nada mais errado.

O que acontece é que o homem abre pequenas clareiras dispersas pela floresta. Essas clareiras crescem, se fundem e criam áreas de floresta cercadas por áreas desmatadas. São os fragmentos florestais. Nesses fragmentos surgem novas clareiras e, aos poucos, o número de fragmentos aumenta e seu tamanho diminui. Finalmente, o número de fragmentos diminui e a floresta desaparece. Esse processo pode ser descrito pela lei da percolação.

Para entender a lei da percolação você tem de imaginar que está em Porto Velho e quer caminhar até Manaus andando somente por clareiras abertas na floresta. O ano é 1500 e você não consegue ir a lugar nenhum sem pisar na floresta (navegar pelos rios não vale). No início do desmatamento, como as áreas desmatadas são pequenas e espalhadas, você vai começar a se movimentar pelas clareiras, mas não vai longe. Na medida em que as clareiras se fundem, você consegue se movimentar por distâncias maiores até que um dia, passando de clareira em clareira, contornando áreas enormes de florestas, você chega a Manaus só pisando em áreas desmatadas. Décadas mais tarde, com o aumento do desmatamento, você vai conseguir fazer o percurso praticamente em linha reta.

Esse processo de caminhar na mata usando as clareiras é semelhante, matematicamente, à percolagem da água através de grãos de café em um coador de papel. A capacidade da água de percolar depende de caminhos entre os grãos, do tamanho dos grãos e do espaço entre eles e assim por diante. Esse fenômeno é descrito por uma teoria matemática chamada lei da percolação. O que os cientistas descobriram agora é que o padrão de desmatamento que vem ocorrendo em todo o planeta, tanto no Brasil quanto na Indonésia ou na África, segue modelos matemáticos que foram desenvolvidos para descrever a percolação. [...] E é bem conhecido que, quando um fragmento florestal atinge por volta de 100 hectares, a biodiversidade desaparece e o sistema colapsa.

Se o processo de desmatamento tivesse cortado 50% das florestas e o restante estivesse em somente um fragmento, esse fragmento seria saudável e viável. Mas os mesmos 50%, distribuídos em 4,3 bilhões de fragmentos, podem levar rapidamente o sistema ao colapso.

Ou seja, o padrão de desmatamento é tão ou mais importante do que a área total desmatada [...]."

REINACH, Fernando. Matemática da floresta
O padrão de desmatamento é tão ou mais importante do que a área total desmatada.
O Estado de S. Paulo, 3 mar. 2018. Disponível em: <http://sustentabilidade.estadao.com.br/noticias/geral,matematica-da-floresta,70002211822>.
Acesso em: 20 mar. 2018.

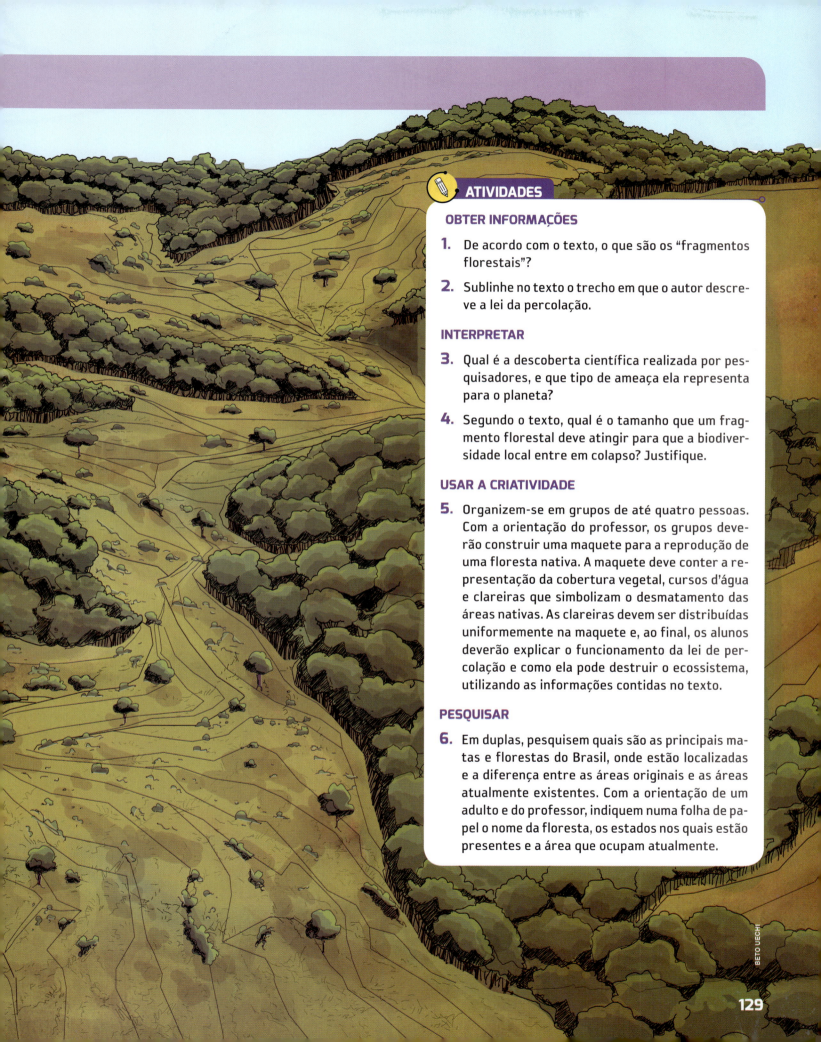

OBTER INFORMAÇÕES

1. De acordo com o texto, o que são os "fragmentos florestais"?

2. Sublinhe no texto o trecho em que o autor descreve a lei da percolação.

INTERPRETAR

3. Qual é a descoberta científica realizada por pesquisadores, e que tipo de ameaça ela representa para o planeta?

4. Segundo o texto, qual é o tamanho que um fragmento florestal deve atingir para que a biodiversidade local entre em colapso? Justifique.

USAR A CRIATIVIDADE

5. Organizem-se em grupos de até quatro pessoas. Com a orientação do professor, os grupos deverão construir uma maquete para a reprodução de uma floresta nativa. A maquete deve conter a representação da cobertura vegetal, cursos d'água e clareiras que simbolizam o desmatamento das áreas nativas. As clareiras devem ser distribuídas uniformemente na maquete e, ao final, os alunos deverão explicar o funcionamento da lei de percolação e como ela pode destruir o ecossistema, utilizando as informações contidas no texto.

PESQUISAR

6. Em duplas, pesquisem quais são as principais matas e florestas do Brasil, onde estão localizadas e a diferença entre as áreas originais e as áreas atualmente existentes. Com a orientação de um adulto e do professor, indiquem numa folha de papel o nome da floresta, os estados nos quais estão presentes e a área que ocupam atualmente.

BETO UECHI

129

São Luís

Fortaleza

MA

Teresina

CE

RN

Natal

PI

PB

João Pessoa

Recife

PE

AL

Maceió

SE

Aracaju

BA

Salvador

ATITUDES PARA A VIDA

- Pensar e comunicar-se com clareza.
- Pensar de maneira interdependente.

Vista de falésias na praia de Canoa Quebrada, no município de Aracati (CE, 2015).

O Nordeste, segunda região mais populosa do país, tem alcançado, nas últimas décadas, maior dinamismo econômico e integração com o mercado nacional e internacional, o que se deve, principalmente, à ampliação do seu parque industrial, à melhoria da produtividade agrícola e ao desenvolvimento do setor de turismo.

No entanto, a região também é tema de constantes debates acerca das desigualdades regionais no Brasil, além dos desafios a serem enfrentados na área do desenvolvimento humano.

Após o estudo desta Unidade, você será capaz de:

- avaliar a diversidade de características naturais do Nordeste, considerando os aspectos físicos mais marcantes;
- compreender a organização espacial do Nordeste a partir das principais atividades econômicas desenvolvidas;
- comparar aspectos naturais e econômicos específicos das sub-regiões Zona da Mata e Agreste;
- comparar aspectos naturais e econômicos específicos das sub-regiões Sertão e Meio-Norte.

Complexo de fábricas, no município de Feira de Santana (BA, 2017).

COMEÇANDO A UNIDADE

1. Que atividades econômicas você identifica nas paisagens retratadas?

2. Você conhece outros lugares onde são realizadas atividades semelhantes às que aparecem nas imagens?

3. Com base em seus conhecimentos, comente sobre o desenvolvimento econômico da Região Nordeste.

Culturas irrigadas nas proximidades do Rio São Francisco, no município de Cabrobó (PE, 2018).

NATUREZA DA REGIÃO NORDESTE

Os grandes contrastes que marcam o Nordeste têm relação com as características naturais da região?

ASPECTOS GERAIS

A Região Nordeste é formada por nove estados e ocupa uma área que corresponde a 18,25% do território brasileiro. Observe a tabela ao lado.

No relevo, destacam-se o Planalto da Borborema, a planície costeira e a Depressão Sertaneja; na hidrografia, o principal curso d'água é o Rio São Francisco.

No Nordeste predomina o clima tropical, que, em algumas áreas, apresenta características de semiaridez, influenciando a ocupação do espaço e as relações, sociais e econômicas na região.

TABELA 1. REGIÃO NORDESTE			
Unidade de federação	Sigla	Capital	Área (km²)
Alagoas	AL	Maceió	27.848
Bahia	BA	Salvador	564.733
Ceará	CE	Fortaleza	148.886
Maranhão	MA	São Luís	331.937
Paraíba	PB	João Pessoa	56.470
Pernambuco	PE	Recife	98.076
Piauí	PI	Teresina	251.612
Rio Grande do Norte	RN	Natal	52.811
Sergipe	SE	Aracaju	21.918

Fonte: IBGE. *Atlas geográfico escolar*. 7. ed. Rio de Janeiro: IBGE, 2016. p. 154.

RELEVO

O relevo da região é formado por planaltos, que comportam um conjunto de serras e chapadas, depressões, onde predominam colinas amplas e de baixa altura e planícies costeiras.

No Planalto da Borborema e nas chapadas Diamantina e do Araripe se encontram os pontos mais elevados do Nordeste, que ultrapassam os mil metros de altitude. Interpondo-se a essas porções mais elevadas, existem as áreas de depressão (Sertaneja e do São Francisco), cujas altitudes são inferiores a 500 metros. Ao longo da extensa planície litorânea, predominam altitudes inferiores a 100 metros (figura 1).

Fonte: FERREIRA, Graça M. L. *Atlas geográfico*: espaço mundial. 4. ed. São Paulo: Moderna, 2013. p. 156.

FIGURA 1. REGIÃO NORDESTE: FÍSICO

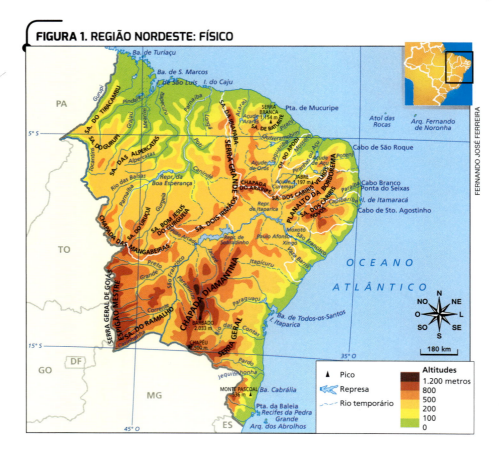

FERNANDO JOSÉ FERREIRA

CLIMA

No Nordeste predomina o clima tropical típico, em que a estação seca ocorre entre os meses de maio e setembro, durante o inverno. Porém, esse tipo de clima apresenta variações, duas das quais estão presentes no espaço nordestino: o tropical litorâneo e o tropical semiárido (figura 2).

Na costa leste do Nordeste, área de clima tropical litorâneo, a estação chuvosa ocorre no inverno (não no verão, como ocorre no clima tropical típico). Quanto ao tropical semiárido, a principal diferença está na quantidade de chuva, que é escassa e irregular: chove pouco e de forma concentrada em curtos períodos ao longo do ano. A estação seca no semiárido dura de seis a sete meses, podendo se prolongar por longos períodos.

CLIMA TROPICAL SEMIÁRIDO

Dois fatores são apontados como principais responsáveis pelo pequeno volume de chuvas no interior da Região Nordeste.

O principal fator é a **circulação atmosférica**, que na região é influenciada pelos deslocamentos da Zona de Convergência Intertropical (ZCIT). A ZCIT é uma faixa para onde convergem as massas de ar tropicais do Hemisfério Norte e do Hemisfério Sul, que ora está situada mais ao norte do Equador, ora mais ao sul, influenciando a distribuição e a quantidade da precipitação na Região Nordeste. Os deslocamentos da ZCIT também são influenciados pelo aquecimento das águas do Atlântico e pelos fenômenos El Niño e La Niña (que correspondem, respectivamente, ao aquecimento e ao resfriamento das águas superficiais do Pacífico).

Outro fator, de escala local, está relacionado à presença do Planalto da Borborema, que funciona como barreira natural às massas de ar carregadas de umidade que chegam do Oceano Atlântico. Ao encontrar essa barreira, as massas se elevam e se resfriam. Isso provoca sua condensação e favorece a ocorrência de chuvas, denominadas **chuvas orográficas**.

Para compreender melhor como essas chuvas impedem o avanço da umidade vinda do Atlântico, compare o perfil topográfico (figura 3) com a localização do Planalto da Borborema (figura 1) e a linha que demarca a transição do clima tropical litorâneo para o clima tropical semiárido (figura 2).

FIGURA 2. REGIÃO NORDESTE: CLIMA

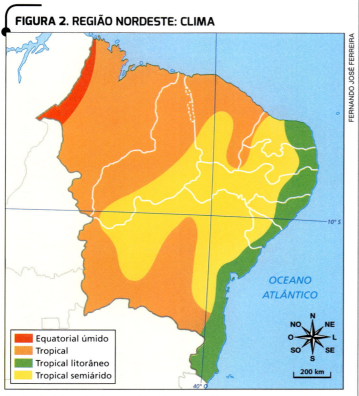

- Equatorial úmido
- Tropical
- Tropical litorâneo
- Tropical semiárido

FERNANDO JOSÉ FERREIRA

Fonte: FERREIRA, Graça M. L. *Atlas geográfico*: espaço mundial. 4. ed. São Paulo: Moderna, 2013. p. 127.

FIGURA 3. REGIÃO NORDESTE: PERFIL TOPOGRÁFICO LESTE-OESTE

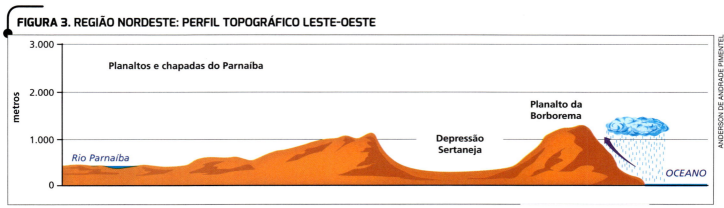

Fonte: ROSS, Jurandyr L. S. (Org.). *Geografia do Brasil*. 5. ed. São Paulo: Edusp, 2005. p. 55.

VEGETAÇÃO

O relevo da Região Nordeste apresenta formas variadas, que, associadas aos tipos climáticos e aos solos da região, resultam na ocorrência de formações vegetais específicas.

Nas áreas mais úmidas, onde predominam o clima tropical litorâneo, há ocorrência de Mata Atlântica. Nas planícies costeiras, há formação de vegetação litorânea, constituída por manguezais e pela vegetação de restinga.

A caatinga é típica das áreas de clima tropical semiárido (figura 4). Trata-se de uma vegetação que apresenta plantas com aspecto retorcido, cactos e plantas espinhosas. Nela predominam as espécies vegetais arbustivas e herbáceas. As arbustivas, como os cactos, geralmente apresentam folhas pequenas, de grossa espessura e espinhos, que evitam a perda de água por evapotranspiração. Entre as espécies de árvores que ocorrem na caatinga, algumas se destacam por continuarem folhadas ao longo da estiagem, como é o caso dos juazeiros.

Arbustiva: espécie vegetal de pequeno e médio porte cujo tronco é bastante curto.

Herbácea: espécie vegetal que não possui tronco, sendo seus galhos bastante limitados e próximos ao solo. É uma vegetação rasteira.

SERTÃO NORDESTINO

A área de ocorrência do clima tropical semiárido e de predominância da caatinga é denominada Sertão nordestino ou Nordeste seco. Essa área é caracterizada por baixos volumes pluviométricos e altas temperaturas, associados a elevados índices de evaporação (figura 5). Observe que a caatinga também ocorre no norte do estado de Minas Gerais, razão pela qual alguns municípios mineiros integram a área de atuação de projetos governamentais para o desenvolvimento do Nordeste seco, que buscam atenuar os efeitos negativos das longas estiagens para a população.

De olho nos mapas

Ao comparar os mapas das figuras 4 e 5, é possível relacionar duas características marcantes da paisagem do Sertão nordestino. Observe os mapas e explique a relação entre tipo de vegetação e regime de chuvas.

FIGURA 4. REGIÃO NORDESTE: VEGETAÇÃO

Floresta Amazônica • Mata Atlântica/Mata Tropical • Cerrado • Caatinga • Vegetação Litorânea

Fonte: FERREIRA, Graça M. L. *Atlas geográfico*: espaço mundial. 2. ed. São Paulo: Moderna, 2003. p. 14.

FIGURA 5. REGIÃO NORDESTE: PRECIPITAÇÃO MÉDIA ANUAL

mm
600
1.200
1.500
2.000
2.600

Fonte: FERREIRA, Graça M. L. *Atlas geográfico*: espaço mundial. 4. ed. São Paulo: Moderna, 2013. p. 122.

HIDROGRAFIA

A escassez de chuvas no interior do Nordeste tem consequências na hidrografia da região. Durante o período de estiagem, a água dos rios torna-se escassa e passa a alimentar os lençóis subterrâneos, desaparecendo em superfície. A população local, então, obtém água por meio de poços cavados nos leitos dos rios secos, ou através de cisternas, como a retratada na foto da figura 6.

No Nordeste predominam **rios intermitentes**, ou seja, rios cujo curso de água não é contínuo, mas periódico. Isso significa que seu leito seca durante determinada época do ano.

Destacam-se no território nordestino as bacias hidrográficas dos rios Parnaíba e São Francisco, ambos perenes, isto é, rios que não secam e fluem durante todo o ano. A Bacia do Parnaíba, que ocupa cerca de 21,5% da área total do Nordeste, abrange o Maranhão, o Piauí e parte do Ceará. A Bacia do São Francisco ocupa cerca de 40% das terras da região.

Figura 6. A cisterna é uma construção destinada a armazenar a água captada das chuvas. No Sertão nordestino, as cisternas são fundamentais para promover o acesso da população a esse recurso. Na foto, cisterna instalada no quintal de uma casa, no município de Coronel José Dias (PI, 2015).

O RIO SÃO FRANCISCO

O Rio São Francisco, popularmente conhecido por "Velho Chico", possui o maior volume de águas e é o mais importante rio da região. É perene graças à localização de suas principais nascentes, na Serra da Canastra, em Minas Gerais, onde há elevados volumes pluviométricos (figura 7).

As águas do São Francisco são utilizadas para diversas finalidades: pesca, agricultura, produção de energia elétrica (obtida por meio das usinas hidrelétricas instaladas ao longo de seu curso), transporte de cargas e projetos de irrigação. O uso intensivo do rio, no entanto, causa problemas ambientais, como o assoreamento, o desmatamento de suas margens e a poluição.

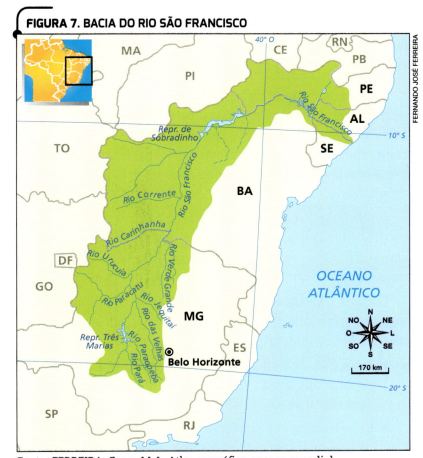

FIGURA 7. BACIA DO RIO SÃO FRANCISCO

Fonte: FERREIRA, Graça M. L. *Atlas geográfico*: espaço mundial. 4. ed. São Paulo: Moderna, 2013. p. 127.

Assoreamento: acúmulo de detritos, transportados pelas águas, no leito de um rio. Esse acúmulo diminui a profundidade do leito e a velocidade das águas, podendo provocar transbordamento na época das cheias. O assoreamento prejudica a navegação, pois, sem profundidade suficiente, as embarcações não conseguem se locomover.

ORGANIZAÇÃO DO ESPAÇO

Você sabe em que atividades o Nordeste se destaca na economia do país?

O NORDESTE NA ATUALIDADE

Nas últimas décadas, a economia nordestina apresentou crescimento em alguns setores, acompanhando o desenvolvimento econômico brasileiro. Os investimentos do poder público em infraestrutura e nos programas sociais de inclusão econômica incrementaram o desenvolvimento da região.

Favorecida pelo processo de desconcentração industrial da Região Sudeste, a integração do Nordeste com mercados de outras regiões brasileiras e com o mercado externo vem aumentando.

A industrialização se concentra nas áreas próximas às capitais, que se tornam cada vez mais atrativas, refletindo no aumento da população e da taxa de urbanização (figura 8).

De olho no mapa

Caracterize e explique a distribuição da população no Nordeste.

PASSADO COLONIAL: OCUPAÇÃO E ORGANIZAÇÃO DO ESPAÇO NORDESTINO

O passado colonial deixou marcas no espaço nordestino que se revelam em suas diferentes paisagens. Nas cidades, como Recife e Salvador, elas se evidenciam principalmente na arquitetura; no meio rural, na presença de latifúndios, canaviais e usinas produtoras de açúcar.

O Nordeste é a área de colonização mais antiga do território brasileiro, onde a ocupação portuguesa ocorreu, inicialmente, ao longo do litoral, com a fundação de povoados e vilas que mais tarde deram origem a cidades.

Durante o século XVI, a organização do espaço nordestino esteve intimamente relacionada à economia canavieira, apresentando aspectos socioeconômicos como:

- formação de latifúndios, ou seja, concentração de grandes áreas destinadas à plantação da cana-de-açúcar;

- desenvolvimento de monocultura, isto é, cultivo de apenas um produto, no caso, a cana-de-açúcar;

- trabalho escravo, com mão de obra trazida da África.

FIGURA 8. REGIÃO NORDESTE: DENSIDADE DEMOGRÁFICA – 2014

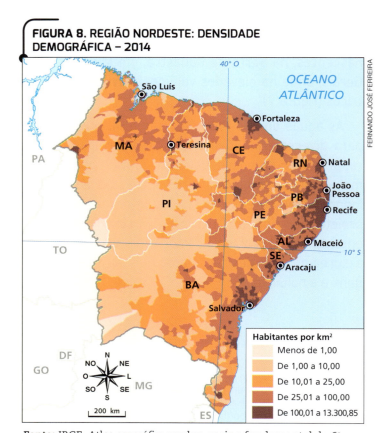

Habitantes por km²

- Menos de 1,00
- De 1,00 a 10,00
- De 10,01 a 25,00
- De 25,01 a 100,00
- De 100,01 a 13.300,85

Fonte: IBGE. *Atlas geográfico escolar*: ensino fundamental do 6º ao 9º ano. 2. ed. Rio de Janeiro: IBGE, 2015. p. 23.

A OCUPAÇÃO DO INTERIOR

Outra atividade econômica desenvolvida no Nordeste foi a criação de gado. Inicialmente, os bois eram usados nos engenhos como animais de tração, além de servirem para o transporte da cana-de-açúcar e para o fornecimento de carne e couro.

Posteriormente, o rebanho bovino passou a ser criado em áreas distantes do litoral, onde as condições do clima e do solo não eram favoráveis ao cultivo da cana-de-açúcar. Isso contribuiu para a ocupação de áreas no interior da região, processo no qual os rios, como o São Francisco, serviram como eixos condutores.

PARA LER

- **Menino de engenho**
  José Lins do Rego. Rio de Janeiro: José Olympio, 2001.
  A obra, publicada em 1932, retrata a vida de Carlinhos no engenho de açúcar de seu avô. A estrutura social predominante nesse período e os problemas socioeconômicos dela decorrentes ainda refletem na vida da população.

ATIVIDADES ECONÔMICAS

O desenvolvimento econômico depende, entre outros fatores, da implantação de estradas, portos e aeroportos. Nas últimas décadas, o Nordeste recebeu muitos investimentos em obras de infraestrutura (figura 9), enquanto seu parque industrial se modernizou e se diversificou com a instalação de fábricas de automóveis e motos, refinarias, estaleiros e siderúrgicas.

A agricultura também se modernizou, e hoje a região conta com importantes áreas de produção agrícola irrigada, voltadas, principalmente, para o mercado externo.

De acordo com dados do IBGE, a participação do Nordeste no PIB nacional aumentou de 13,1%, em 2002, para 14,2%, em 2015 (figura 10).

Em contrapartida, as empresas têm dificuldade para encontrar mão de obra especializada. Para enfrentar esse problema, muitas delas investem na formação e na qualificação de trabalhadores.

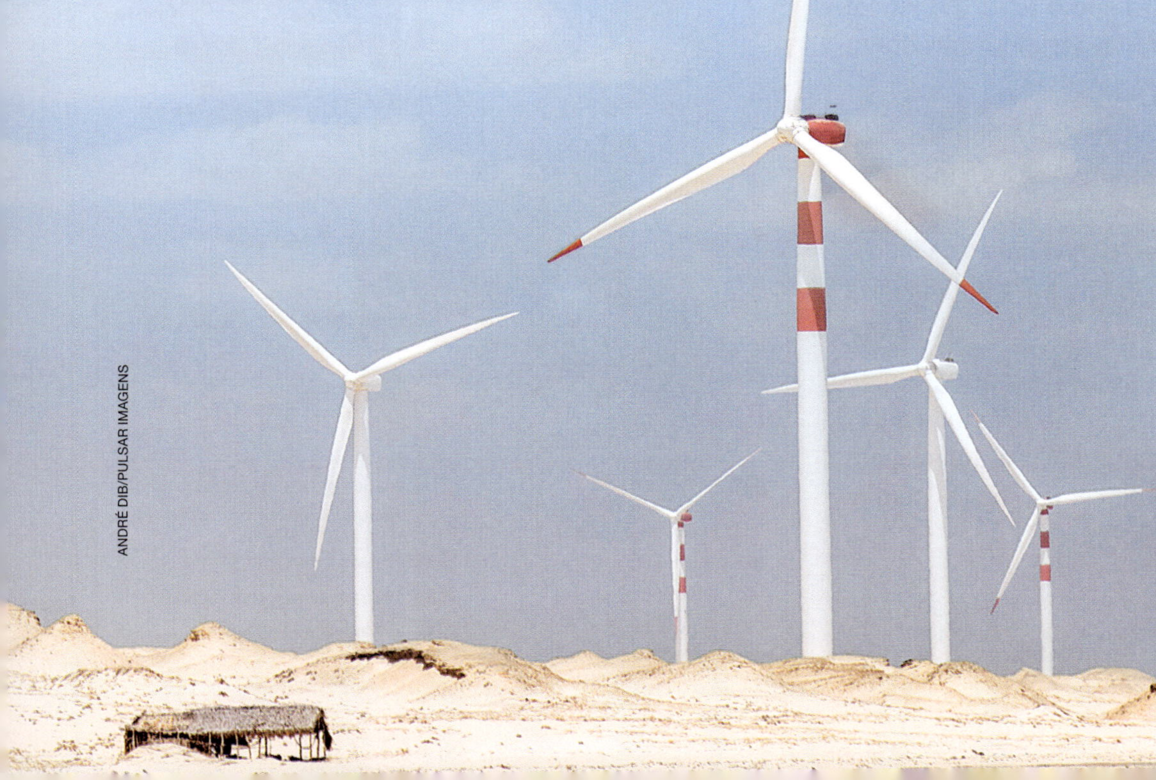

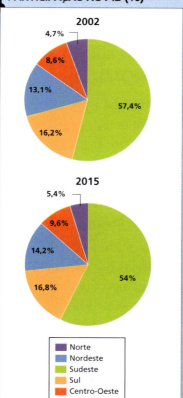

FIGURA 10. GRANDES REGIÕES: PARTICIPAÇÃO NO PIB (%)

2002
4,7%
8,6%
13,1%
57,4%
16,2%
2015
5,4%
9,6%
14,2%
54%
16,8%
Norte
Nordeste
Sudeste
Sul
Centro-Oeste
ERICSON GUILHERME LUCIANO

Fonte: IBGE. *Contas Regionais do Brasil*. 2015. Disponível em: <https://www.ibge.gov.br/estatisticas-novoportal/economicas/contas-nacionais/9054-contas-regionais-do-brasil.html?=&t=downloads>. Acesso em: 5 abr. 2018.

Figura 9. Os investimentos em infraestrutura no Nordeste buscam também ampliar a capacidade de geração de eletricidade. Atualmente, a região responde por mais de 80% da energia eólica produzida no Brasil. Na foto, parque eólico na Praia de Maceió, no município de Camocim (CE, 2015).

ANDRÉ DIB/PULSAR IMAGENS

SERVIÇOS

As regiões metropolitanas de São Luís, Fortaleza, Natal, Recife, Maceió e Salvador concentram atividades de serviços e de comércio. Contudo, municípios localizados no interior da região têm alcançado cada vez mais importância. É o caso, por exemplo, de Feira de Santana, segundo maior centro comercial da Bahia.

O turismo e os serviços a ele relacionados (como hotelaria, alimentação e transporte) são importantes pelo fato de dinamizarem a economia da região. Além do patrimônio histórico e dos atrativos naturais, a Região Nordeste é rica em manifestações culturais, dentre as quais se destacam o Carnaval e o São João, festas que assumem diferentes particularidades em cada estado. O Carnaval da Bahia é marcado pelos grupos de samba-*reggae*, blocos de afoxé e trios elétricos, enquanto em Pernambuco se mantêm vivas as tradições do frevo e do maracatu. Nos festejos juninos são tradicionais o bumba meu boi do Maranhão e o coco de Pernambuco, além do forró, que ocorre em todos os estados.

No Nordeste há outras manifestações muito características, como o artesanato, representado principalmente pelas carrancas esculpidas em madeira, garrafas com desenhos em areia colorida, os bordados e rendas, além da literatura de cordel e dos cantores repentistas.

Literatura de cordel: literatura produzida por poetas populares nordestinos e impressa em livretos de baixo custo.

PARA ASSISTIR

- **Viva São João**
Direção: Andrucha Waddington. Brasil: Conspiração Filmes/Gege Produções, 2002.

O filme acompanha a turnê do cantor Gilberto Gil pelas festas de São João. Por meio de entrevistas com a população, a produção revela a importância dessas festividades para as comunidades locais e a cultura brasileira.

ÁREAS DE DINAMISMO ECONÔMICO

O litoral é a área mais industrializada do Nordeste, com maior infraestrutura e diversidade de serviços e comércio. Destacam-se os estados do Ceará, Pernambuco e Bahia, que abrigam importantes complexos industriais. Na Bahia está instalado o Polo Industrial de Camaçari, maior complexo industrial integrado do Hemisfério Sul.

Nas últimas décadas, a região vem atraindo diversas indústrias do Sul e do Sudeste, em busca de menores custos de produção. A criação de polos industriais para a exploração de petróleo e o desenvolvimento da indústria automobilística têm contribuído para dinamizar a economia da região.

O interior nordestino vem se destacando na produção agropecuária. A implantação de sistemas de irrigação têm possibilitado a expansão da agricultura comercial, inclusive em áreas de clima tropical semiárido (figura 11).

Fonte: FERREIRA, Graça M. L. *Moderno atlas geográfico.* 5. ed. São Paulo: Moderna, 2011. p. 35; *Atlas geográfico: espaço mundial.* 4. ed. São Paulo: Moderna, 2013. p. 143.

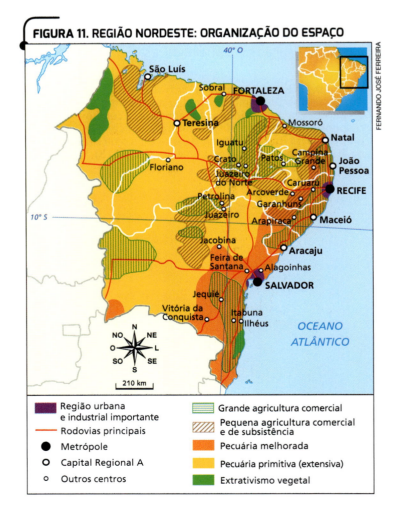

FIGURA 11. REGIÃO NORDESTE: ORGANIZAÇÃO DO ESPAÇO

- Região urbana e industrial importante
- Rodovias principais
- Metrópole
- Capital Regional A
- Outros centros
- Grande agricultura comercial
- Pequena agricultura comercial e de subsistência
- Pecuária melhorada
- Pecuária primitiva (extensiva)
- Extrativismo vegetal

Figura 12. Transporte carga por barcaça na hidrovia do Rio São Francisco no município de Barra (BA, 2009).

INFRAESTRUTURA DE TRANSPORTE

Com as transformações econômicas recentes, que proporcionaram maior dinamismo à Região Nordeste, surge a necessidade de intensificar os investimentos em infraestrutura, expandindo, por exemplo, os sistemas dos modais rodoviário, hidroviário e ferroviário.

RODOVIAS NORDESTINAS

Durante o século XX o Brasil investiu na expansão das rodovias. Hoje, este modal é responsável por mais de 60% da carga transportada no país. O Nordeste não foge a este padrão nacional, tanto que o sistema rodoviário é o principal meio de conexão entre ele e as demais regiões brasileiras.

A malha rodoviária nordestina evidencia a importância econômica de Fortaleza, Recife e Salvador. Especialmente estas duas últimas cidades centralizam as interligações entre o litoral e o interior. Contudo, principalmente o interior ainda carece de ampliação da rede rodoviária, fundamental para a integração do território e a promoção do seu desenvolvimento econômico e social.

HIDROVIA DO RIO SÃO FRANCISCO

No Nordeste, o Rio São Francisco tem importância histórica como eixo de integração da região com outras partes do território brasileiro. Atualmente a navegação comercial acontece ao longo de 560 km, entre Ibotirama (BA) e Juazeiro (BA)/Petrolina (PE), por onde se transportam soja, milho, frutas, entre outros produtos consumidos tanto no Brasil como no exterior (figura 12). Há possibilidade de expandir o trecho de navegação em 400 km, entre Juazeiro/Petrolina e a barragem de Itaparica.

NOVAS DEMANDAS: A FERROVIA DE INTEGRAÇÃO OESTE-LESTE

A recente expansão da agricultura comercial no sul do Maranhão e do Piauí e no oeste da Bahia levou à formulação de projetos que visam modernizar a infraestrutura de transporte do Nordeste. Um desses projetos é a Ferrovia de Integração Oeste-Leste (FIOL), que prevê conectar o porto de Ilhéus (BA) a Figueirópolis (TO), onde se interligaria com a Ferrovia Norte-Sul (FNS). Prevista para ter uma extensão de 1.527 km, a ferrovia começou a ser construída em 2011 (figura 13).

FIGURA 13. FERROVIA DE INTEGRAÇÃO OESTE-LESTE

Fonte. VALEC. *Ferrovia de Integração Oeste-Leste.* Disponível em: <http://www.valec.gov.br/ferrovias/ferrovia-de-integracao-oeste-leste>. Acesso em: 6 abr. 2018.

139

INDICADORES SOCIOECONÔMICOS

Historicamente o Brasil registra grandes desigualdades, e o Norte e o Nordeste são as regiões que apresentam os piores índices socioeconômicos do país. No entanto, essa realidade vem passando por algumas transformações desde a década de 2000, em consequência de políticas de redistribuição de renda, que visam reduzir a miséria e a desigualdade social no território brasileiro.

De modo geral, os indicadores socioeconômicos apresentaram melhoras no país, principalmente nas regiões mais pobres. Em 2000, por exemplo, a taxa de mortalidade infantil no Nordeste era de 45,2‰ (a cada mil nascidos vivos); em 2016, havia diminuído para 16,7‰, com base em dados do IBGE. A média nacional de redução nesse período foi inferior: em 2000, a taxa de mortalidade infantil no Brasil era de 29,0‰ e, em 2016, caiu para 13,3‰. A Região Nordeste também apresentou variações acima da média nacional em outros indicadores socioeconômicos (figura 14).

Segundo dados do IBGE, o número de pessoas em situação de extrema pobreza no país passou de 13,3 milhões em 2016 para 14,8 milhões em 2017. A Região Nordeste obteve o maior registro de aumento, com um contingente de 800 mil pessoas a mais com renda *per capita* abaixo de 136 reais.

FIGURA 14. BRASIL: RENDA MENSAL DOMICILIAR *PER CAPITA* POR GRANDE REGIÃO (EM REAIS) – 2001 E 2015

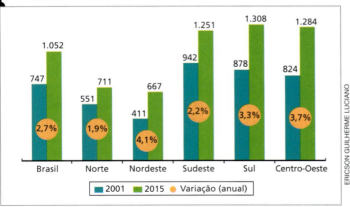

- Brasil: 747 (2001), 1.052 (2015), 2,7%
- Norte: 551 (2001), 711 (2015), 1,9%
- Nordeste: 411 (2001), 667 (2015), 4,1%
- Sudeste: 942 (2001), 1.251 (2015), 2,2%
- Sul: 878 (2001), 1.308 (2015), 3,3%
- Centro-Oeste: 824 (2001), 1.284 (2015), 3,7%

Legenda: ■ 2001 ■ 2015 ● Variação (anual)

ERICSON GUILHERME LUCIANO

Fonte: IPEA. *Retrato das desigualdades de gênero e raça.* Tabela 10.3. Disponível em: <http://www.ipea.gov.br/retrato/indicadores_pobreza_distribuicao_desigualdade_renda.html>. Acesso em: 6 abr. 2018.

De olho no gráfico

Entre 2011 e 2015, houve redução da desigualdade regional no indicador representado? Justifique.

ESTEREÓTIPOS DO NORDESTE

Nas telenovelas, é comum o Nordeste ser representado pelo sertão pobre e arcaico ou pelo litoral paradisíaco. Mas esses estereótipos representam toda a região?

🔍 **EXAGERADO**

Cangaceiros, coronéis e retirantes, frequentes nas novelas, representam o sertão como um espaço atrasado, assolado pela seca e isolado. Embora isso faça parte da história dessa sub-região, atualmente, em parte dela, sobretudo nas porções baiana e piauiense da região chamada **Matopiba**, se desenvolve uma moderna produção agrícola.

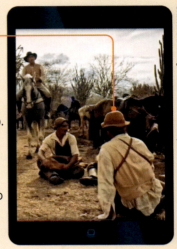

FOTO: CEDOC/TV GLOBO/ CONTEÚDO GLOBO ILUSTRAÇÃO: MARIO KANNO

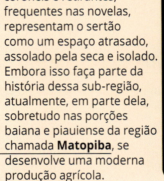

Em 2015, **10% dos grãos produzidos no Brasil saíram dessa região**, cujo nome é formado pelas siglas dos estados destacados.

Fonte: BRASIL. Disponível em: <http://www.brasil.gov.br/economia-e-emprego/2015/10/matopiba-se-consolida-como-nova-fronteira-agricola-do-pais>. Acesso em: 26 abr. 2018.

FOTO: CEDOC/TV GLOBO/ CONTEÚDO GLOBO ILUSTRAÇÃO: MARIO KANNO

🔍 **EXAGERADO**

Dois terços das telenovelas com enredo na Região Nordeste se passam no litoral*, a maioria delas em vilarejos pacatos e paradisíacos, estereótipos da paisagem nordestina. Embora a maior parte da população da região viva próxima ao litoral, **mais de 90% vive em cidades com mais de 10 mil habitantes**.

* SOUSA, J. E. P.; MARCOLINO, R. R. S. *A representação da identidade regional do Nordeste na telenovela.* Telemática: NAMID/UFPB, ano XII, n. 6, jun. 2016, p. 93-108. Este levantamento considerou 28 telenovelas, produzidas de 1960 a 2016, por quatro emissoras diferentes.

INFOGRAFIA: WILLIAM TACIRO, MAURO BROSSO E MARIO KANNO

TECNOLOGIA E GEOGRAFIA

Recife, o maior polo tecnológico do Brasil

"Pernambuco sempre esteve à frente de seu tempo. Desde a ocupação dos holandeses, lá por 1630, o estado tinha um intenso comércio, sobretudo em Recife, onde os comerciantes eram chamados de 'mascates'.

[...]

Berço de importantes centros de inovação do maior parque tecnológico do país, Recife é atualmente o maior polo tecnológico do Brasil. Cada vez em maior número, multinacionais como IBM, Accenture, Microsoft, HP e Samsung escolhem a região para instalar fábricas e centros de pesquisa.

Em março do ano passado, foi a vez da Fiat Chrysler. Ela anunciou que instalará um centro de pesquisa e desenvolvimento em Recife, que será localizado dentro do parque tecnológico Porto Digital, fundado em 2000 para fomentar a área de tecnologia de informação no Nordeste.

Desde os anos 70, quando foi criado o curso de Ciência da Computação na Universidade Federal de Pernambuco (UFPE), a cidade formava um grande número de profissionais qualificados na área de TI [Tecnologia da Informação], o que gerou de um crescimento de empresas para servir a indústria local.

'Entre os anos 70 e 80, Recife tinha se tornado uma referência regional na área de TI. Mas, com a crise dos anos 90, a cidade perdeu muitas empresas, que faliram ou foram compradas por outras e tiveram de migrar principalmente para as regiões Sul e Sudeste', explica o diretor de inovação do Porto Digital, Guilherme Calheiros. 'Houve uma quebra no desenvolvimento de todo o estado e as pessoas que se formavam saíram daqui.'

Na época, Pernambuco se tornou um dos estados com o maior número de exportações de mão de obra qualificada do país, principalmente para o eixo Rio-São Paulo, e até para o exterior [...].

Na contramão da debandada de empresas e profissionais, foi criado o Centro de Estudos e Sistemas Avançados do Recife (C.E.S.A.R.), em 1996, hoje localizado no já citado Porto Digital, criado em 2000.

O C.E.S.A.R. é um centro privado de inovação que desenvolve soluções em todo o processo de geração de inovação em e com tecnologias da informação e comunicação. Hoje conta com mais de 600 colaboradores e oferece incubadoras, cursos profissionalizantes, mestrado e pretende criar cursos de graduação (todos voltados para a áreas de Engenharia, Tecnologia da Informação e *Design*)."

BELLONI, L. Recife é o Vale do Silício brasileiro. *Exame,* 25 jul. 2015. Disponível em: <https://exame.abril.com.br/tecnologia/recife-o-vale-do-silicio-brasileiro/>. Acesso em: 9 abr. 2018.

Vista de parte do Porto Digital, um dos principais parques tecnológicos e de inovação do Brasil, instalado no centro histórico do município de Recife (PE, 2015).

 ATIVIDADES

1. Segundo o texto, que aspectos fazem com que Recife seja considerado o maior polo tecnológico do Brasil na atualidade?

2. Historicamente, que ações contribuíram para que Recife se tornasse uma referência nacional de desenvolvimento tecnológico?

ATIVIDADES

ORGANIZAR O CONHECIMENTO

1. Caracterize os tipos de clima a seguir e aponte a cobertura vegetal a eles associada.

   a) Clima tropical litorâneo.

   b) Clima tropical semiárido.

2. Quais são as principais características da caatinga?

3. Explique a diferença entre rio perene e rio intermitente.

4. Qual a importância da construção de cisternas para a população que vive no semiárido?

5. Explique a influência do período colonial na ocupação e organização do espaço nordestino.

6. Aponte um fator que contribuiu para a melhoria dos indicadores socioeconômicos do Nordeste a partir da década de 2000.

APLICAR SEUS CONHECIMENTOS

7. Observe a figura 3, reproduzida na página 133, e explique como a dinâmica das massas de ar e o relevo contribuem para a formação do clima semiárido no interior da Região Nordeste.

8. Analise a imagem abaixo. Em seguida, retome o conteúdo estudado e apresente três causas que levam famílias do Nordeste a migrar.

Escultura do músico e compositor Luiz Gonzaga no Centro Municipal Luiz Gonzaga de Tradições Nordestinas, no município do Rio de Janeiro (RJ, 2014).

9. Leia o texto a seguir e responda às questões.

*A festa de São João de Mossoró:
entre a tradição e a grandeza*

A festa de São João chegou ao Brasil pelos portugueses, a partir da colonização do Brasil. Atualmente, a festa tem características brasileiras, com músicas, comidas e danças típicas. Embora celebrada em todo o país, é no Nordeste que ocorrem os principais festejos.

Mossoró (RN) abriga a terceira maior Festa de São João do Nordeste, atrás apenas de Caruaru (PE) e Campina Grande (PB). Em Mossoró, a festa acontece na antiga estação ferroviária do município, que no mês de junho se transforma na "estação do forró". O espaço, ocupado por palcos, camarotes, tendas, bares e restaurantes, recebe também apresentações musicais, humorísticas e exibições de grupos de quadrilha, que competem entre si e proporcionam um verdadeiro espetáculo.

No passado, as festas de São João eram comemoradas nos pequenos bairros, com a participação da comunidade, fortalecendo os laços entre as pessoas. Hoje, o São João de Mossoró é uma grande atração turística, movimentando a economia da região. Para receber os visitantes que vêm de todas as partes prestigiar o evento, são necessários investimentos em infraestrutura hoteleira, gastronômica e de transporte.

   a) Explique por que as festas de São João são importantes no Nordeste.

   b) Podemos considerar o crescimento da festa de São João de Mossoró uma ameaça para as tradições culturais? Qual é a importância da festa para a economia da cidade?

10. Leia o texto e responda às questões abaixo.

"[...] logo se evidenciou a impraticabilidade de criar o gado na faixa litorânea, isto é, dentro das próprias unidades produtoras de cana-de-açúcar. [...] E foi a separação das duas atividades econômicas – a açucareira e a criatória – que deu lugar ao surgimento de uma economia dependente na própria região nordestina. A criação de gado [...] era uma atividade econômica de características radicalmente distintas das da unidade açucareira. A ocupação da terra era extensiva e até certo ponto itinerante."

FURTADO, Celso. *Formação econômica do Brasil*. 34. ed. São Paulo: Companhia das Letras, 2007. p. 96.

   a) Onde se desenvolveu a pecuária no Nordeste?

   b) Por que a pecuária não se desenvolveu na mesma área que a atividade canavieira?

11. Leia o trecho da reportagem a seguir e responda às questões.

"As obras de construção da Ferrovia de Integração Oeste-Leste (FIOL), que começaram em 2011, ainda não chegaram a 30% do previsto para os lotes do oeste da Bahia [...]. A informação é da Valec Engenharia, Construções e Ferrovias S. A., empresa pública vinculada ao Ministério dos Transportes, responsável pelo empreendimento. Ainda segundo a empresa, a construção não foi concluída por falta de verbas.

Quando concluída, a FIOL deve reduzir os custos de transporte de grãos, álcool e minérios destinados ao mercado externo. Quanto ao mercado interno, segundo a Valec, a ferrovia deve provocar estímulos, à medida que oferecerá custos menores para as trocas dos produtos regionais. [...]

Sem a construção da ferrovia, todos os anos um comboio de caminhões passa por Barreiras, em direção ao Porto de Cotegipe, em Aratu. Só na última safra, segundo a Polícia Rodoviária Federal, por dia saíram da cidade do oeste da Bahia dois mil caminhões levando mais de quatro toneladas de soja que foram exportadas para países como China e Estados Unidos.

Pela estrada, além do perigo de tantos caminhões nas rodovias, há perdas significativas de grãos, que vazam das carrocerias dos caminhões. Isso sem falar nos gastos com combustíveis, pneus e manutenção dos caminhões. Um custo com transporte que, segundo os agricultores, está entre os mais caros do mundo".

Seis anos após início, obras de construção da FIOL no oeste da BA não chegam a 30% do previsto. G1, 9 out. 2017. Disponível em: <https://g1.globo.com/bahia/noticia/seis-anos-apos-inicio-obras-de-construcao-da-fiol-no-oeste-da-ba-nao-chegam-a-30-do-previsto.ghtml>. Acesso em: 9 abr. 2018.

a) Que problema está sendo retratado pela reportagem? A que está relacionado esse problema?

b) Segundo o texto, qual é a importância da construção da Ferrovia de Integração Oeste-Leste?

c) Quais são as desvantagens do transporte rodoviário para o escoamento da produção agrícola realizada no oeste da Bahia?

12. Analise o mapa a seguir e responda às questões.

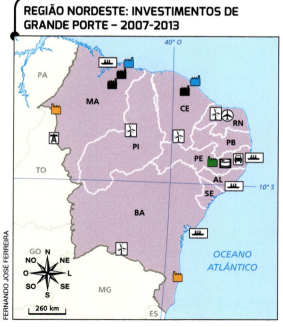

REGIÃO NORDESTE: INVESTIMENTOS DE GRANDE PORTE – 2007-2013

a) Durante o período representado, em quais estados do Nordeste houve ausência de investimentos em projetos de grande porte?

b) Considerando os investimentos realizados, identifique os setores de atividades que foram beneficiados.

Fonte: GUIMARÃES, Paulo Ferraz et al. (Org.). *Um olhar territorial para o desenvolvimento*: Nordeste. Rio de Janeiro: Banco Nacional de Desenvolvimento Econômico e Social, 2014. p. 60. Disponível em: <https://web.bndes.gov.br/bib/jspui/handle/1408/2801>. Acesso em: 9 abr. 2018.

ZONA DA MATA E AGRESTE

Como o Nordeste pode ser regionalizado?

SUBDIVISÕES REGIONAIS DO NORDESTE

Levando-se em conta, principalmente, as características do clima e da vegetação original, a Região Nordeste pode ser dividida em quatro sub-regiões: Zona da Mata, Agreste, Sertão e Meio-Norte (figura 15), que também apresentam diferenças quanto às atividades econômicas desenvolvidas, como estudaremos a seguir.

A ZONA DA MATA

A faixa litorânea do Nordeste brasileiro que compreende os estados da Bahia, Sergipe, Alagoas, Pernambuco, Paraíba e Rio Grande do Norte é denominada **Zona da Mata** porque, originalmente, era recoberta pela Mata Atlântica. Nessa área, intensamente explorada, os cultivos de cana-de-açúcar substituíram a vegetação nativa, da qual já havia sido retirado quase todo o pau-brasil existente no território.

Também contribuiu para a devastação da Mata Atlântica nessa sub-região o fato de nela terem sido estabelecidos povoamentos que deram origem a importantes cidades, que se transformaram nas capitais dos estados do Rio Grande do Norte, Paraíba, Pernambuco, Alagoas, Sergipe e Bahia, fazendo dela a mais populosa das sub-regiões nordestinas. Além disso, a exploração recente de petróleo em campos terrestres, que ocorre principalmente na Bahia, Rio Grande do Norte e Sergipe, contribui para o desmatamento.

FIGURA 15. REGIÃO NORDESTE: SUB-REGIÕES

FERNANDO JOSÉ FERREIRA

São Luís
Fortaleza
MA
Teresina
CE
RN
Natal
PB
João Pessoa
PI
PE
Recife
AL
Maceió
SE
Aracaju
BA
Salvador
Rio São Francisco
OCEANO ATLÂNTICO

NO N NE
O L
SO S SE

190 km

- 🟩 Zona da Mata
- 🟪 Agreste
- 🟨 Sertão
- 🟧 Meio-Norte

Fonte: ANDRADE, M. C. de. *A terra e o homem no Nordeste*. São Paulo: Brasiliense, 1973. p. 34.

De olho nos mapas

1. Quais são os tipos de clima e de vegetação predominantes das quatro sub-regiões nordestinas? Observe novamente os mapas das figuras 2 e 4.

2. Qual forma de relevo está localizada ao norte do Agreste e em qual sub-região está o ponto mais alto do Nordeste? Observe o mapa da figura 1 para responder.

AS CIDADES DA ZONA DA MATA

As maiores cidades da Região Nordeste estão concentradas na Zona da Mata. Salvador (BA) e Recife (PE), localizadas na sub-região, estão entre as dez maiores metrópoles do Brasil e prestam serviços nas áreas de saúde e educação para a população das demais sub-regiões nordestinas, além de concentrarem atividades comerciais e industriais diversificadas.

A Região Nordeste concentra a maior população indígena urbana do país (tabela 2). Assim como os indígenas que vivem no campo, os que habitam as cidades devem ser reconhecidos como tais, para que fique garantido o seu modo de vida tradicional também nas áreas urbanas.

De modo geral, as metrópoles nordestinas apresentam os mesmos problemas estruturais das demais metrópoles brasileiras, dentre os quais se destacam a falta de rede de esgoto e de coleta de lixo, que causam impactos no meio ambiente e na saúde da população.

TABELA 2. REGIÃO NORDESTE: MUNICÍPIOS COM MAIOR POPULAÇÃO INDÍGENA EM ÁREA URBANA - 2010	
Município	População indígena
Salvador (BA)	7.560
Pesqueira (PE)	4.048
Recife (PE)	3.665
Santa Cruz Cabrália (BA)	3.322
Águas Belas (PE)	3.236
Fortaleza (CE)	3.071
Caucaia (CE)	2.473
Maceió (AL)	2.420
Aracaju (SE)	2.175
Ilhéus (BA)	2.129

Fonte: IBGE. Indígenas. Disponível em: <https://indigenas.ibge.gov.br/graficos-e-tabelas-2.html>. Acesso em: 23 fev. 2018.

PARA LER

Verdes canaviais
Vera Vilhena de Toledo e Cândida Vilares Gancho.
São Paulo: Moderna, 2013.

As autoras lançam um olhar sensível sobre os canaviais do litoral nordestino e expõem as contradições envolvidas na atividade agroindustrial canavieira.

A ECONOMIA DA ZONA DA MATA

Embora a Zona da Mata seja a mais industrializada do Nordeste, a sub-região apresenta uma série de problemas sociais, como a precariedade de muitas moradias situadas nos centros urbanos, elevado índice de desemprego e salários muito baixos, principalmente nas atividades agropecuárias.

Destaca-se nessa sub-região a área produtora de cana-de-açúcar, que se estende do Rio Grande do Norte até a Bahia, conhecida como **Zona da Mata açucareira**. Atualmente, essa área é também grande produtora de etanol.

No sul da Bahia, principalmente na área ocupada pelos municípios de Ilhéus e Itabuna, encontra-se a **Zona da Mata cacaueira**, importante produtora e exportadora mundial de cacau desde o fim do século XIX até praticamente o final dos anos 1970. Na década de 1950, uma crise na produção cacaueira levou à diminuição da área de plantio desse fruto na Bahia e no restante do país (figura 16).

Apesar dessa redução, o sul da Bahia ainda é importante exportador de cacau, responsável por mais da metade da produção nacional.

Figura 16. Atualmente, a produção de cacau na região conta com o uso de biotecnologia para tornar a planta resistente às pragas. Na foto, plantação de cacau no município de Ilhéus (BA, 2016).

POLOS ECONÔMICOS

Passado o período crítico, a chamada Zona do cacau diversificou sua economia, passando a desenvolver outras atividades, como a pecuária, a industrialização de polpa de frutas e a indústria de celulose.

Com o declínio do açúcar e do cacau, o poder público buscou alternativas para dinamizar a economia da Zona da Mata, principalmente a partir da década de 1990. Desde então foram realizados investimentos em infraestrutura para desenvolver atividades voltadas à agropecuária, à indústria de celulose, ao processamento de polpa de frutas e aos serviços, principalmente o turismo, dando origem a diversos polos econômicos (figura 17).

RUBENS CHAVES/PULSAR IMAGENS

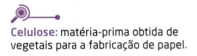

Celulose: matéria-prima obtida de vegetais para a fabricação de papel.

FIGURA 17. REGIÃO NORDESTE: PRINCIPAIS POLOS ECONÔMICOS DA ZONA DA MATA

FERNANDO JOSÉ FERREIRA

Fonte: DE SIQUEIRA, Tagore Villarim. Zona da Mata do Nordeste: diversificação das atividades e desenvolvimento econômico. *Revista do BNDES.* Rio de Janeiro, v. 8, n. 15, p. 163, jun. 2001.

O AGRESTE

O Agreste nordestino constitui uma faixa de transição entre a Zona da Mata, onde há predomínio de Mata Atlântica e de áreas com maior umidade, e o Sertão, onde há predomínio da caatinga e de áreas mais secas. Abrange os estados do Rio Grande do Norte, Paraíba, Alagoas, Pernambuco, Sergipe e Bahia.

O povoamento do Agreste está relacionado com a expansão das plantações de cana-de-açúcar da Zona da Mata. Os criadores de gado do litoral nordestino foram se deslocando para o interior, o que ajudou a transformar o Agreste em um produtor de alimentos de base familiar.

Figura 18. Com população estimada em 627.477 mil habitantes em 2017, uma das cidades mais importantes do Agreste nordestino é Feira de Santana (BA, 2017).

Agave: planta da qual se extrai o sisal, fibra usada na fabricação de bolsas, cordas, tapetes e também na indústria automobilística, para a composição do estofamento dos bancos dos carros.

AS CIDADES DO AGRESTE

As principais cidades do Agreste oferecem comércio e serviços diversificados, que atendem à população de outras sub-regiões, principalmente do Sertão.

Embora em sua área de abrangência não se localize nenhuma capital, o Agreste abriga quatro núcleos urbanos importantes: Arapiraca (AL), Campina Grande (PB), Caruaru (PE) e Feira de Santana (BA) (figura 18).

A ECONOMIA DO AGRESTE

Enquanto na Zona da Mata prevalecem os latifúndios monocultores, no Agreste predominam as pequenas propriedades policultoras, nas quais são cultivados vários produtos, como o feijão, o milho, a mandioca, o café, o algodão, o agave e a banana, entre outros.

Além da agricultura, na sub-região se desenvolvem outras atividades econômicas, entre elas a pecuária leiteira e a produção de derivados do leite. Os caprinos representam o principal rebanho de criação. No setor industrial, destacam-se as indústrias de doces, sucos, móveis, calçados e têxteis. A indústria têxtil é considerada a segunda mais importante do Brasil, atrás apenas de São Paulo.

O comércio é outra atividade muito importante no Agreste. Nesse setor, destacam-se as feiras livres das cidades de Campina Grande, Feira de Santana, Vitória da Conquista, Caruaru e Garanhuns.

A IMPORTÂNCIA DO ALGODÃO

Muitos municípios do Agreste cresceram em decorrência da produção algodoeira, que se expandiu nessa sub-região a partir do século XIX, impulsionando as indústrias têxteis no século XX.

Nas últimas décadas, as inovações tecnológicas incorporadas à produção resgataram a importância do algodão no Agreste. Campina Grande, que convive com a cultura do algodão desde o início do século XX, tem, atualmente, um polo têxtil consolidado e se destaca não só pelo volume de sua produção, mas por um diferencial tecnológico: o algodão colorido (figura 19). Esse produto é exportado para países da América Latina e da Europa.

Figura 19. A fibra colorida tem um valor de 30% a 50% superior ao das fibras de algodão branco. Na foto, cultivo de algodão colorido em Juarez Távora (PB, 2014).

SERTÃO E MEIO-NORTE

Como são as paisagens do interior nordestino?

Serra da Capivara

O recurso audiovisual apresenta imagens e características históricas e geográficas do Parque Nacional Serra da Capivara, localizado no Piauí.

O SERTÃO

O Sertão corresponde a uma faixa de terra do interior da Região Nordeste que corta todos os estados nordestinos de norte a sul, com exceção do Maranhão (como pode ser observado na figura 15 da página 144).

É comum a ocorrência de um período longo de estiagem, que se revela no aspecto seco da vegetação. Entre abril e maio, porém, há um período de concentração de chuvas, quando a vegetação se torna verdejante, mudando a fisionomia da paisagem. Compare as figuras 20 e 21.

Além da aridez natural característica do semiárido, devem ser considerados os processos de desertificação produzidos pela intensa exploração de determinadas áreas, que resultam na degradação dos solos, dos recursos hídricos e da vegetação.

PARA LER

- **Vidas secas**
Graciliano Ramos. São Paulo: Saraiva, 2003.
Clássico da literatura brasileira publicado originalmente em 1938, a obra acompanha o deslocamento de uma família de retirantes em busca de melhores condições de vida.

Figuras 20 e 21. Vegetação de caatinga no período da seca, à esquerda, e no período de chuvas, à direita, no Parque Nacional da Serra da Capivara, em Cabrobó (PE, 2010).

FABIO COLOMBINI

FABIO COLOMBINI

A ECONOMIA DO SERTÃO

A maioria da população rural do Sertão vive da agricultura e da pecuária de subsistência (figura 22). A pecuária extensiva e a agricultura comercial de frutas, café, algodão, soja, milho, feijão, arroz e mandioca são as principais atividades econômicas.

No interior do Sertão, existem áreas situadas nos sopés de serra e zonas de transbordamento de rios, que são úmidas e florestadas, com solos férteis. São os chamados **brejos**. Nas várzeas dos rios, permanentes ou intermitentes, há terrenos planos e encharcados para onde são carregados, na época chuvosa, materiais decompostos que formam no solo uma camada mais espessa e úmida, propícia à agricultura.

FRUTICULTURA IRRIGADA

Nos últimos anos, áreas irrigadas do Sertão vêm se tornando importantes produtoras agrícolas para atender aos mercados interno e externo. Destacam-se o Vale do Açu (RN), grande produtor de frutas, principalmente melão, uva e manga; o oeste da Bahia, área de cerrado onde predomina a produção de café, soja e frutas; e o Polo Juazeiro (BA)/Petrolina (PE), onde se concentra a produção de frutas como uva e manga (figura 23).

Quando aliadas, as modernas técnicas de irrigação, a baixa umidade do ar e as poucas chuvas da região oferecem condições favoráveis à agricultura. Algumas empresas agrícolas têm trocado o Centro-Sul do país pelo Sertão em razão do menor custo das terras e da localização estratégica para o escoamento da produção. O Polo Juazeiro-Petrolina, por exemplo, está relativamente próximo dos portos de Salvador, Recife, Fortaleza e Natal, além de contar com um aeroporto em Petrolina.

PARA ASSISTIR

- **O Sertão das memórias**
Direção: José Araújo. Brasil: Riofilme, 1996.

Tendo as paisagens sertanejas como cenário, esse filme-documentário trata de vários aspectos do Sertão, como a religiosidade, a luta da população contra a miséria, as promessas feitas por políticos e a presença do latifúndio.

Figura 22. Pequena criação de cabras em uma área rural do município de Floresta (PE, 2016).

CESAR DINIZ/ PULSAR IMAGENS

DELFIM MARTINS/ PULSAR IMAGENS

Figuras 23. Colheita de manga em uma fazenda no Vale do São Francisco, no município de Petrolina (PE, 2015).

A TRANSPOSIÇÃO DAS ÁGUAS DO SÃO FRANCISCO

O semiárido nordestino sofre com as frequentes secas, que podem ser caracterizadas pela ausência, escassez e alta variabilidade espacial e temporal das chuvas. Além disso, os recursos hídricos caminham para a insuficiência ou apresentam níveis elevados de poluição.

Ao longo de décadas, verbas governamentais foram usadas indevidamente para promover benfeitorias nas terras de grandes proprietários ou simplesmente desviadas por governantes corruptos, em vez de serem investidas em medidas para resolver o problema, o que se denominou **indústria da seca**.

Um grande projeto, inciado em 2007, prevê a transposição das águas do Rio São Francisco para abastecer os rios intermitentes das bacias hidrográficas do Nordeste setentrional (figura 24). Pelo projeto, a transposição irá garantir água para o consumo humano, as indústrias e as atividades agropecuárias.

DIFERENTES PONTOS DE VISTA SOBRE A TRANSPOSIÇÃO

A transposição das águas do São Francisco divide opiniões. Por um lado, alguns argumentam que ela trará desenvolvimento socioeconômico para a região, viabilizará programas como o do biodiesel – com plantações de dendezeiro, babaçu e mamona –, gerando oportunidades de trabalho, e ampliará discussões sobre a criação de Unidades de Conservação ao longo das margens do rio.

Por outro lado, há quem afirme que apenas uma parte do Sertão nordestino será beneficiada pelas obras, que podem causar prejuízos ambientais, como perda de terras férteis e ameaça à biodiversidade terrestre e aquática, ou, ainda, problemas no regime fluvial do rio, chegando a reduzir seu volume de água. Esses problemas podem gerar prejuízos para as populações ribeirinhas que dependem dos recursos do rio.

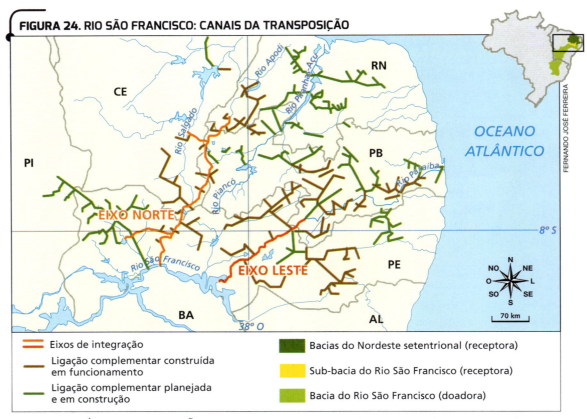

FIGURA 24. RIO SÃO FRANCISCO: CANAIS DA TRANSPOSIÇÃO

Eixos de integração

Ligação complementar construída em funcionamento

Ligação complementar planejada e em construção

Bacias do Nordeste setentrional (receptora)

Sub-bacia do Rio São Francisco (receptora)

Bacia do Rio São Francisco (doadora)

FERNANDO JOSÉ FERREIRA

Fonte: MINISTÉRIO DA INTEGRAÇÃO NACIONAL. Mapa do Projeto de Integração do São Francisco. Disponível em: <http://www.brasil.gov.br/infraestrutura/2014/10/a6b6e5c0c5a0377aa57c96a5b6390738.jpg/view>. Acesso em: 6 abr. 2018.

O MEIO-NORTE

O Meio-Norte corresponde à faixa situada mais a oeste da Região Nordeste, abrangendo o estado do Maranhão e a maior parte do estado do Piauí.

Nessa área de transição entre a caatinga e a Floresta Amazônica encontra-se a Mata dos Cocais, que se caracteriza por uma vegetação mais densa, constituída de palmeiras e coqueiros, ricos em frutas oleaginosas.

A ECONOMIA DO MEIO-NORTE

Na área de ocorrência da Mata dos Cocais, uma das atividades desenvolvidas é a coleta do coco-babaçu e do palmito, além da extração da cera de carnaúba. Os produtos extraídos são utilizados como alimento e aproveitados para a produção de cosméticos, produtos de higiene e medicamentos.

A maior parte da mão de obra envolvida na extração do coco-babaçu é constituída de mulheres, as chamadas quebradeiras, que trabalham quase sempre em condições precárias. É comum as quebradeiras terem de pagar para ter acesso às palmeiras, que muitas vezes se encontram em propriedades particulares, nas quais, em geral, também se pratica a pecuária. Para enfrentar as dificuldades, uma das soluções encontradas por essas trabalhadoras foi a organização de cooperativas.

No Meio-Norte destacam-se também a criação de gado, a produção de algodão, arroz e, mais recentemente, o cultivo da soja (figura 25). Essas culturas têm alavancado a economia dessa sub-região, sobretudo por meio da utilização de equipamentos modernos, fertilizantes e mão de obra especializada.

Nas últimas décadas, a expansão da cultura de soja destinada à exportação aumentou ainda mais a concentração da propriedade rural e intensificou os conflitos de terra. A soja produzida é exportada pelo Porto do Itaqui, em São Luís, capital do Maranhão e principal cidade do Meio-Norte, onde se concentram as atividades de comércio e serviços. Pelo Porto do Itaqui também são exportados minérios extraídos na Serra de Carajás (PA), que chegam pela ferrovia Carajás-Itaqui.

ANDRE DIB/PULSAR IMAGENS

Trilha de estudo

Vai estudar? Nosso assistente virtual no *app* pode ajudar! <http://mod.lk/trilhas>

Figura 25. Colheita mecanizada de soja, no município de Balsas (MA, 2017). No Meio-Norte, a soja é produzida principalmente no sul do estado do Piauí e nas porções sul e oeste do Maranhão.

QUADRO

As quebradeiras de coco-babaçu e a Lei do Babaçu Livre

O trabalho das quebradeiras de coco-babaçu, além de gerar renda para as famílias, é uma forma de proteção da vegetação original nas áreas onde se realiza a extração dessa matéria-prima. Devido à importância econômica e social desse trabalho, foi criado, na década de 1990, o Movimento Interestadual das Quebradeiras de Coco--Babaçu (MIQCB), cuja missão é o resgate da identidade cultural das mulheres envolvidas, bem como a orientação dessas trabalhadoras na busca de seus direitos. Uma das reivindicações do MIQCB é o cumprimento da Lei do Babaçu Livre, que proíbe a derrubada dos babaçuais em seis estados (Maranhão, Piauí, Tocantins, Pará, Goiás e Mato Grosso), com exceção de áreas destinadas a obras de utilidade pública, ou quando as derrubadas visarem ao aumento da reprodução da palmeira ou ao acesso mais fácil às áreas de coleta. A lei também prevê o livre acesso das quebradeiras aos babaçuais, mesmo quando estes se encontrarem em propriedade privada.

ATIVIDADES

ORGANIZAR O CONHECIMENTO

1. Quais são as subdivisões regionais do Nordeste? Quais são os critérios para essa divisão?

2. Relacione, em seu caderno, cada sub-região com suas características correspondentes.

    I. Zona da Mata   III. Agreste

    II. Meio-Norte   IV. Sertão

  A. Sub-região que abrange o estado do Maranhão e a maior parte do Piauí. Sua vegetação é a Mata dos Cocais, que favorece o extrativismo vegetal. A economia se baseia na criação de gado, algodão, arroz e extrativismo vegetal.

  B. Apresenta clima semiárido e rios intermitentes. É a sub-região que mais sofre com as secas. A economia é baseada na agropecuária tradicional, com baixa produtividade.

  C. É uma área que possui alto nível de urbanização, onde se concentram as principais cidades do Nordeste. No setor agrícola destacam-se as grandes propriedades de cana-de-açúcar e cacau.

  D. Corresponde à área de transição entre uma porção seca e outra mais úmida, próxima ao litoral. Nessa sub-região predominam pequenas propriedades policultoras. Sua porção norte abrange áreas do Planalto da Borborema.

3. Que atividades econômicas as mulheres chamadas de "quebradeiras" realizam? Descreva os problemas que essas trabalhadoras enfrentam.

4. De acordo com seus conhecimentos, identifique as afirmativas verdadeiras e as falsas.

  a) A sub-região mais afetada pela seca nordestina é o Sertão.

  b) O investimento público na Região Nordeste é suficiente para evitar a migração da população para outras regiões nos dias atuais.

  c) A tecnologia dos sistemas de irrigação que permite o cultivo de frutas é fundamental para o desenvolvimento econômico da região.

  d) A festa de São João, a literatura de cordel e o forró são expressões da cultura nordestina.

  e) Nos últimos anos, a Região Nordeste registrou taxas de crescimento socioeconômico significativas.

5. Quais são os objetivos e as polêmicas que envolvem a obra de transposição das águas do Rio São Francisco?

APLICAR SEUS CONHECIMENTOS

6. Leia o texto e observe o mapa para responder aos itens.

Monitoramento da vegetação

"O monitoramento da cobertura vegetal [...] é importante por oferecer informações confiáveis sobre as condições da vegetação da região para todo o Semiárido brasileiro, uma vez que está integrado à ocorrência ou não de chuvas no local.

Esse mapeamento também permite visualizar quais os impactos associados à caatinga, dentre os quais: perda de matéria orgânica dos solos, secas, degradação ambiental, processo de desertificação, entre outros.

[...] Graças ao monitoramento da vegetação e da seca na caatinga, gestores públicos podem dispor de uma análise abrangente sobre os principais problemas ligados à agricultura familiar e pecuária, bases de sustentação da economia da região [...] Empresários ligados ao agronegócio conseguem planejar melhor as suas safras e investimentos."

UFAL. Laboratório da Ufal indica chuvas acima da média na caatinga. *Notícias*, 22 fev. 2018. Disponível em: <https://ufal.br/ufal/noticias/2018/2/laboratorio-da-ufal-indica-chuvas-acima-da-media-na-caatinga>. Acesso em: 9 abr. 2018.

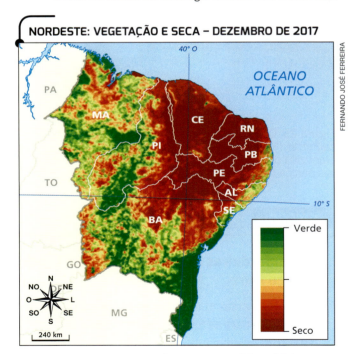

Fonte: GRAZIELE. Sara. Monitoramento ambiental feito por Laboratório da Ufal oferece resultados inovadores para novo Semiárido brasileiro. *Universidade Federal de Alagoas*, 9 jan. 2018. Disponível em: <http://www.ufal.edu.br/noticias/2018/1/monitoramento-ambiental-feito-por-laboratorio-da-ufal-oferece-resultados-inovadores-para-novo-semiarido-brasileiro>. Acesso em: 9 abr. 2018.

a) Qual é a importância do monitoramento da cobertura vegetal da caatinga?

b) Quais são as características climáticas do semiárido nordestino?

c) Pelo mapa, quais sub-regiões nordestinas estavam mais secas no período apresentado?

d) Quais são os impactos ambientais relacionados à caatinga que o monitoramento permite acompanhar?

7. Leia o texto abaixo e responda aos itens.

"Para entender a força econômica e política de Campina Grande é preciso conhecer a história do seu crescimento urbano. O professor da UEPB e cartografista, Francisco Porto [...] mostrou que a segunda maior cidade da Paraíba chegou a este patamar principalmente a partir da soma de dois fatores: ponto geográfico estratégico e políticas públicas.

A localização geográfica, na serra da Borborema, foi fundamental para a rápida ascensão, em pouco mais de 100 anos, do então sítio Barroco, em 1678, para categoria de vila, em 1790. [...]

'Nenhuma cidade paraibana se beneficiou tanto com o transporte ferroviário quanto Campina Grande. A ferrovia ajudou a cidade tanto no comércio, quanto no escoamento da produção de algodão', comentou Porto. No início do século XX, após farinha e pecuária, o algodão passou a ser a base da economia campinense."

RESENDE, André. De vila a cidade, expansão urbana de Campina Grande seguiu avanço econômico. G1, 11 out. 2017. Disponível em: <https://g1.globo.com/pb/paraiba/noticia/de-vila-a-cidade-expansao-urbana-de-campina-grande-seguiu-avanco-economico.ghtml>. Acesso em: 9 abr. 2018.

a) Em qual sub-região a cidade de Campina Grande está localizada?

b) O texto menciona a importância de um "ponto geográfico estratégico" para o desenvolvimento da cidade de Campina Grande. Que ponto é esse?

c) De acordo com o texto, qual via de transporte beneficiou a cidade de Campina Grande? Por quê?

DESAFIO DIGITAL

9. Acesse o objeto digital *O Sertão nordestino brasileiro*, disponível em <http://mod.lk/9hlhm>, e faça o que se pede.

a) Qual é o único estado nordestino que a sub-região Sertão não abrange? De qual sub-região esse estado faz parte?

 Mais questões no livro digital

8. Observe as imagens e suas respectivas legendas e faça o que se pede.

RUBENS CHAVES/PULSAR IMAGENS

Complexo petroquímico, no município de Camaçari (BA, 2017).

TALES AZZI/PULSAR IMAGENS

Resort no litoral do município de Natal (RN, 2017).

a) Quais atividades ou serviços são desenvolvidos nas fotos A e B?

b) Os locais representados nas imagens situam-se em qual sub-região nordestina?

c) Cite duas características urbanas dessa sub-região.

b) Em que sub-região se localiza esse estado?

c) Qual aspecto físico mencionado no objeto digital é responsável pela seca no Sertão?

d) Descreva as principais características da Bacia do Rio São Francisco.

REPRESENTAÇÕES GRÁFICAS

Climograma

Climograma é um gráfico duplo que resulta da junção de um gráfico de linha para as médias de temperatura e um gráfico de colunas para as médias de precipitação. Nele são representadas informações de um mesmo local em um período específico, como um ano ou um trimestre.

Os gráficos de linha são compostos de um eixo horizontal e um eixo vertical, com uma linha que mostra a evolução de determinado fenômeno, geralmente com uma escala de tempo no eixo horizontal. Para construí-los, é necessário anotar os dados referentes a cada período no eixo vertical e depois ligar todos eles com uma linha.

Vamos construir um climograma utilizando as médias de temperatura e de precipitação da cidade de Petrolina, em Pernambuco, com base na tabela abaixo.

PETROLINA (PE): MÉDIA DE TEMPERATURA E PRECIPITAÇÃO – 1981-2010		
Mês	Temperatura (°C)	Precipitação (mm)
Janeiro	28,0	91,0
Fevereiro	27,8	90,7
Março	27,5	114,1
Abril	27,2	44,0
Maio	26,3	12,6
Junho	24,9	5,5
Julho	24,4	4,0
Agosto	25,1	1,4
Setembro	26,7	2,7
Outubro	28,4	10,6
Novembro	28,6	52,0
Dezembro	28,4	54,0

Fonte: Instituto Nacional de Meteorologia. *Norma climatológica de 1981-2010*. Disponível em: <http://www.inmet.gov.br/portal/index.php?r=clima/normaisclimatologicas>. Acesso em: 10 abr. 2018.

Primeiramente vamos marcar os pontos com os valores das temperaturas mês a mês: janeiro, 28,0 °C; fevereiro, 27,8 °C; até dezembro. O segundo passo é traçar a linha das temperaturas, ligando os pontos. Em seguida, desenhamos as colunas, também mês a mês, com os dados de precipitação. Por fim, colocamos título, legenda e fonte.

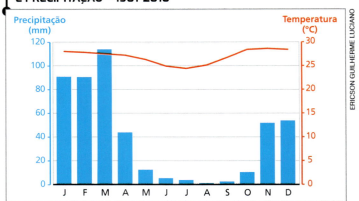

PETROLINA (PE): MÉDIA DE TEMPERATURA E PRECIPITAÇÃO – 1981-2010

ERICSSON GUILHERME LUCIANO

Fonte: Instituto Nacional de Meteorologia. *Norma climatológica de 1981-2010*. Disponível em: <http://www.inmet.gov.br/portal/index.php?r=clima/normaisclimatologicas>. Acesso em: 10 abr. 2018.

ATIVIDADES

1. Observando a tabela e o respectivo climograma, comente quais são as vantagens de apresentar os dados graficamente.

2. Construa um climograma com os dados da tabela a seguir e elabore um parágrafo caracterizando o clima de Teresina (PI).

TERESINA (PI): MÉDIA DE TEMPERATURA E PRECIPITAÇÃO – 1981-2010		
Mês	Temperatura (°C)	Precipitação (mm)
Janeiro	26,8	196,8
Fevereiro	26,4	239,1
Março	26,3	286,9
Abril	26,4	265,7
Maio	26,6	120,6
Junho	26,3	14,7
Julho	26,6	10,6
Agosto	27,5	12,1
Setembro	28,8	13,0
Outubro	29,6	19,5
Novembro	29,4	45,9
Dezembro	28,4	100,1

Fonte: Instituto Nacional de Meteorologia. *Norma climatológica de 1981-2010*. Disponível em: <http://www.inmet.gov.br/portal/index.php?r=clima/normaisclimatologicas>. Acesso em: 10 abr. 2018.

ATITUDES PARA A VIDA

A multiplicação de feiras agroecológicas na região do Cariri

A região do Cariri, localizada no Sertão cearense, é uma das áreas do Nordeste que se destacam pela agricultura orgânica. Mas, além de cultivar, os agricultores locais têm buscado fortalecer o comércio dos seus produtos, iniciativa que têm levado na multiplicação de feiras agroecológicas.

"Segundo Juliana Bezerra, engenheira agrônoma e coordenadora do projeto de Agroecologia do Instituto Flor do Piqui, os consumidores desejam um produto mais seguro. Para ela, é importante que tenham contato com o agricultor porque aumenta a confiança. [...]

Por meio de projetos, a Flor do Piqui ajuda a criar e consolidar feiras orgânicas em Abaiara, Brejo Santo e Potengi, todas semanais. No entanto, realiza pontualmente eventos com a venda direta dos agricultores. Todos estes produtores passam por capacitação sobre a comercialização, manuseio dos alimentos e produção sem utilização de químicos. Eles também recebem as barracas e contam com divulgação em rádio, TV e carro de som.

'Um dos problemas da assistência técnica é trabalhar a produção da porteira para dentro. Como a gente trabalha da porteira para fora? Como ele produz e comercializa? Agora, ele assume dois papéis, de agricultor e comerciante. Isso aumenta a autoestima, o agricultor se sente mais seguro, sabe o que vai produzir, pois conhece o mercado, sabe qual é a demanda que vai encontrar', acredita Juliana."

RODRIGUES, A. No Cariri, feiras agroecológicas se multiplicam. *Diário do Nordeste*, 29 dez. 2017. Disponível em: <http://diariodonordeste.verdesmares.com.br/cadernos/regional/no-cariri-feiras-agroecologicas-se-multiplicam-1.1871699>. Acesso em: 10 abr. 2018.

As feiras agroecológicas têm representado uma forma de aumentar a renda familiar dos agricultores da região do Cariri. Na foto, espaço de comercialização em uma feira de agricultura familiar no município do Crato (CE, 2018).

ATIVIDADES

1. Explique com suas palavras de que maneira as atitudes **pensar e comunicar-se com clareza** e **pensar de maneira interdependente** contribuem para multiplicar as feiras agroecológicas na região do Cariri.

2. Além das atitudes indicadas na atividade anterior, você consegue identificar no texto alguma outra atitude que já tenha sido trabalhada neste livro ao longo do ano? Em caso afirmativo, qual?

COMPREENDER UM TEXTO

Há, no Brasil, um grande número de escritores, com obras importantes nos mais variados gêneros literários. No entanto, por muito tempo, a literatura de cordel foi subestimada e até mesmo negligenciada como gênero da literatura brasileira, sofrendo preconceito por suas raízes populares. Desde o século XIX, o cordel mistura a forma escrita em versos e rimas com imagens, conhecidas como xilogravuras – gravuras em relevo obtidas por meio de uma placa de madeira –, que ilustram aspectos da história que está sendo narrada. Conheça, a seguir, as origens da literatura de cordel no Brasil.

Da cantoria dos violeiros para os folhetos impressos

"Os folhetos coloridos são pequenos, o título vem no alto, em preto, e a ilustração típica logo embaixo. O preço de venda é muito menor que o de livros *best-sellers*, raramente passando de um dígito. Por dentro, versos com sílabas em rima e com número certo dão ritmo e beleza a histórias que podem tanto relembrar grandes clássicos da literatura ocidental como provocar o riso pelo deboche a um político conhecido.

Esse é o cordel, formato de publicação que se tornou símbolo de um tipo de literatura e parte da identidade nordestina.

[...]

Os primeiros folhetos de cordel de que se tem notícia no Brasil são de origem portuguesa. O nome 'cordel' [...] é herança lusitana. Isso porque os folhetos com histórias em versos eram vendidos em feiras lá presos a barbantes, cordas finas... cordéis. Por aqui, o arranjo com os barbantes se perdeu. Do exemplo português, ficou apenas o nome 'cordel'. De acordo com trabalho de pesquisa da antropóloga Ruth Terra, de 1983, o ano que costuma ser apontado como o marco inicial da literatura de cordel essencialmente brasileira é 1893.

A data é de quando Leandro Gomes de Barros, paraibano nascido em 1865 e morto em 1918, teria publicado seus primeiros poemas. Seu nome é a referência máxima entre cordelistas até os dias de hoje. Há registros de folhetos publicados anteriormente, mas não é certo se seus versos eram de autores brasileiros ou apenas uma reimpressão de cordéis portugueses. A falta de preservação dessas produções nessa época inicial não permite precisar datas (muitos folhetos nem vinham com a data de publicação impressa) ou sequer saber o conteúdo dessas histórias.

Lusitano: relativo a Portugal, algo que é natural ou tem origem nesse país.

Violeiro: pessoa que toca o instrumento musical conhecido como viola.

Entoar: cantar ou anunciar algo em voz alta.

É então entre o final do século XIX e início do XX que surgirão os primeiros cordelistas, determinados a levar para o papel os versos antes cantados. Isso porque, antes de qualquer folheto impresso surgir no Nordeste brasileiro, a poesia se fazia cantada. Os protagonistas eram os chamados cantadores ou violeiros.

De modo improvisado ou não, os músicos-poetas entoavam histórias ora reais, ora cheias de fantasia. Os versos seguiam uma métrica baseada no ritmo. O tema era o 'mote'. Não raro, entre os violeiros se presenciavam as chamadas disputas, na qual cada cantador tinha a sua vez de lançar versos contra o outro, propondo desafios ou mesmo atirando ofensas. [...]"

RONCOLATO, Murilo et al. Os versos e traços da literatura de cordel. *Nexo Jornal*, 3 maio 2017. Disponível em: <https://www.nexojornal.com.br/especial/2017/05/03/Os-versos-e-tra%C3%A7os-da-literatura-de-cordel>. Acesso em: 25 mar. 2018.

ATIVIDADES

OBTER INFORMAÇÕES

1. Identifique no texto o que é cordel.

2. De acordo com o texto, qual é o marco inicial da literatura de cordel essencialmente brasileira?

INTERPRETAR

3. Qual é a relação entre Portugal e a literatura de cordel brasileira?

4. Quem eram os violeiros e como podem ser definidas as chamadas "disputas" entre eles?

USAR A CRIATIVIDADE

5. Reúna-se com mais quatro alunos e, juntos, desenvolvam versos em forma de literatura de cordel. Com a ajuda do professor, escolham um tema e escrevam versos sobre o tema selecionado, com no mínimo 10 linhas e no máximo 20. No dia da apresentação para a classe, tragam trajes ou ilustrações que representem o tema do cordel e encenem os versos conforme sua descrição.

PESQUISAR

6. Nos últimos anos, houve um aumento expressivo do número de autoras em todas as regiões do Brasil, embora a presença de escritoras brasileiras não só na literatura de cordel como também em outros gêneros literários ainda seja pequena se comparada à quantidade de escritores. Com a ajuda de um adulto, pesquise e apresente pelo menos duas autoras brasileiras: uma delas autora de literatura de cordel e outra de qualquer outro gênero literário. Apresente as autoras para os colegas e o professor e indique suas principais obras.

6

REGIÃO SUDESTE

O Sudeste é marcado por concentrações e contradições econômicas e sociais. A mais populosa das regiões brasileiras reúne o mais importante parque industrial e o maior número de estabelecimentos comerciais do país, além de dispor de uma ampla rede de transportes e comunicações e de centros de ensino e pesquisa tecnológica. No entanto, a rápida urbanização, ao mesmo tempo que possibilitou a formação das metrópoles, deu origem a grandes bolsões de pobreza, em que os serviços básicos de saneamento, fornecimento de energia elétrica e espaços de moradia são deficientes.

Após o estudo desta Unidade, você será capaz de:

- identificar as características do relevo, da hidrografia, do clima e da vegetação do Sudeste;
- relacionar o processo histórico de ocupação com as atividades econômicas mais relevantes da região;
- examinar as principais causas da concentração urbana do Sudeste;
- avaliar a importância relativa do Sudeste para a economia do Brasil.

Vista aérea do Distrito Industrial Jardim Piemont Norte, no município de Betim (MG, 2015).

Vista aérea de cultivos agrícolas. No plano central da fotografia, destaca-se lavoura de café; ao fundo, plantação de eucaliptos, no município de Castelo (ES, 2016).

MG

Belo Horizonte

ES

Vitória

SP

RJ

Rio de Janeiro

São Paulo

ILUSTRAÇÃO: NIK NEVES

ANDRE DIB/PULSAR IMAGENS

O Parque Nacional da Serra dos Órgãos é uma Unidade de Conservação aberta à visitação. Vista do parque em Teresópolis (RJ, 2015).

ATITUDES PARA A VIDA

- Pensar com flexibilidade.
- Questionar e levantar problemas.
- Pensar e comunicar-se com clareza.

COMEÇANDO A UNIDADE

1. Que atividades econômicas estão representadas nas imagens da página 158?

2. Em sua opinião, que atividade pode ser realizada no lugar representado na fotografia ao lado?

3. Você já leu ou ouviu algo sobre os problemas que estão relacionados à rápida urbanização da Região Sudeste?

159

NATUREZA DA REGIÃO SUDESTE

O que você conhece sobre as características naturais da Região Sudeste?

ASPECTOS GERAIS

Formada por quatro estados – Espírito Santo, Minas Gerais, São Paulo e Rio de Janeiro –, a Região Sudeste ocupa uma área de 924.617 km² (observe a tabela 1). Segundo dados do IBGE, em 2016, a população estimada era de 86.356.952 habitantes. Desse total, cerca de 45 milhões viviam no estado de São Paulo.

O Sudeste possui uma extensa rede hidrográfica e parte de sua paisagem é marcada por um relevo de formas arredondadas, conhecidas como **mares de morros**. A faixa costeira é acompanhada pela Serra do Mar, que abriga as maiores reservas de Mata Atlântica do Brasil.

TABELA 1. REGIÃO SUDESTE			
Unidade da federação	Sigla	Capital	Área (km²)
Espírito Santo	ES	Vitória	46.097
Minas Gerais	MG	Belo Horizonte	586.520
Rio de Janeiro	RJ	Rio de Janeiro	43.778
São Paulo	SP	São Paulo	248.222

Fonte: IBGE. *Atlas geográfico escolar*. 7. ed. Rio de Janeiro: IBGE, 2016. p. 154.

RELEVO

O relevo do Sudeste é predominantemente formado por planaltos em que ocorrem regiões serranas. Enquanto na porção leste da região encontram-se os mares de morros, com vales profundos, topos arredondados e densa rede de drenagem, nos Planaltos e Chapadas da Bacia do Paraná a topografia é mais suave, com colinas, favorecendo a ocupação do espaço e a prática da agricultura mecanizada (figura 1).

FIGURA 1. REGIÃO SUDESTE: FÍSICO

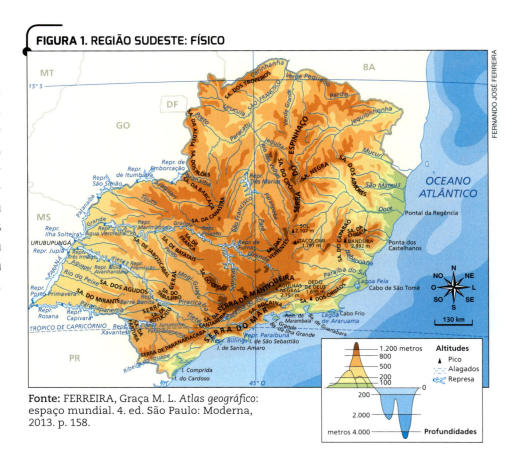

Fonte: FERREIRA, Graça M. L. *Atlas geográfico: espaço mundial*. 4. ed. São Paulo: Moderna, 2013. p. 158.

HIDROGRAFIA

A Região Sudeste é abrangida pelas bacias hidrográficas de dois importantes rios, o Paraná e o São Francisco. Outras bacias de menor extensão formam as regiões hidrográficas do Atlântico Leste e do Atlântico Sudeste. Merecem destaque os rios Doce e Paraíba do Sul, que atuam como importantes eixos de integração entre os estados da região (figura 2).

A rede hidrográfica garante excelente potencial hidrelétrico (rios de planalto) e de navegação à Região Sudeste. Os rios Paraná, Tietê, Paranapanema, Paraíba do Sul, Doce e Jequitinhonha têm grande importância tanto para a geração de energia elétrica quanto para a navegação, mesmo quando é necessária a construção de eclusas nos desníveis de terreno.

De olho nos mapas

Importantes rios da Região Sudeste têm suas nascentes próximas ao litoral, no entanto suas águas correm em direção ao interior, como, por exemplo, o Rio Tietê, na Região Hidrográfica do Paraná. Compare os mapas das figuras 1 e 2 e explique por que isso acontece.

FIGURA 2. REGIÕES HIDROGRÁFICAS DO SUDESTE

Fonte: IBGE. *Atlas geográfico escolar.* 7. ed. Rio de Janeiro: IBGE, 2016. p. 105.

FERNANDO JOSÉ FERREIRA

CLIMA

Na Região Sudeste predomina o clima **tropical**, principalmente nos estados de São Paulo e Minas Gerais, com invernos secos, verões chuvosos e temperaturas médias anuais superiores a 18 °C.

Há variações decorrentes da altitude e da latitude. Na maior parte da faixa litorânea predomina o clima **tropical litorâneo**, influenciado pelas massas de ar oceânicas. No sul do estado de São Paulo, próximo à divisa com o Paraná, o clima predominante é o **subtropical**, com temperaturas mais amenas e invernos mais rigorosos.

O clima **tropical de altitude**, típico de áreas elevadas, ocorre em trechos das serras do Mar, da Mantiqueira, do Espinhaço e nas regiões serranas do Espírito Santo e do Rio de Janeiro (figura 3). Nessas áreas, as temperaturas médias são mais amenas e os invernos são mais rigorosos.

FIGURA 3. REGIÃO SUDESTE: CLIMA

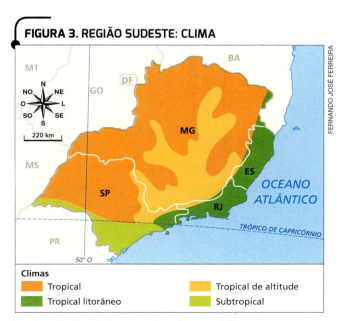

FERNANDO JOSÉ FERREIRA

Fonte: FERREIRA, Graça M. L. *Atlas geográfico*: espaço mundial. 4. ed. São Paulo: Moderna, 2013. p. 123.

FIGURA 4. REGIÃO SUDESTE: VEGETAÇÃO

Fonte: FERREIRA, Graça M. L. *Atlas geográfico*: espaço mundial. 4. ed. São Paulo: Moderna, 2013. p. 125.

Legenda:
- Área devastada
- Mata Tropical Mata Atlântica
- Mata dos Pinhais (ou de Araucária)
- Cerrado
- Caatinga
- Vegetação litorânea

De olho no mapa

Na Região Sudeste, que tipo de vegetação sofreu maior processo de degradação?

COBERTURA VEGETAL E OCUPAÇÃO

Segundo dados da fundação S.O.S. Mata Atlântica, hoje restam 8,5% da cobertura original dessa vegetação, somados os remanescentes com mais de 100 hectares. Se considerados todos os remanescentes superiores a 3 hectares, o total perfaz 12,5%. No Sudeste, ela ocorre principalmente ao longo das serras do Mar e da Mantiqueira.

No oeste de Minas Gerais e na faixa central do estado de São Paulo, a vegetação original, em boa parte devastada, é o cerrado. Atualmente, essa cobertura vegetal é encontrada apenas em território mineiro. A caatinga ocupa uma pequena área do norte de Minas Gerais e a vegetação litorânea aparece em faixas do litoral do Espírito Santo (quase toda devastada) e do Rio de Janeiro. Ao sul, entre o estado de São Paulo e o do Paraná, encontra-se um pequeno trecho de Mata de Araucárias (figura 4).

A MONOCULTURA E O ESGOTAMENTO DOS SOLOS

Nos quatro estados da região, extensas áreas de vegetação nativa deram lugar a cultivos de café, soja, cana-de-açúcar e laranja (figura 5).

Em longo prazo, a atividade monocultora causa o esgotamento do solo, pois retira a maior parte de seus nutrientes, o que também afeta a dinâmica da fauna. Os animais perdem seu hábitat e, com a diminuição da diversidade de espécies vegetais, passam a ter dificuldade para encontrar alimento.

Figura 5. Vista de uma área destinada ao monocultivo de laranja, em Santo Antônio da Posse (SP, 2016).

JOÃO PRUDENTE/PULSAR IMAGENS

Caiçara: termo de origem Tupi-Guarani que era utilizado para denominar as armadilhas feitas de galhos e troncos de árvores colocadas no mar para capturar peixes.

Fonte: DIEGUES, Antônio Carlos. *Diversidade biológica e culturas tradicionais litorâneas:* o caso das comunidades caiçaras. p. 5. Disponível em: <http://nupaub.fflch.usp.br/sites/nupaub.fflch.usp.br/files/DiversidadeBio%20%26%20CultTrad015.pdf>. Acesso em: 13 jun. 2018.

COMUNIDADES CAIÇARAS

Os caiçaras são reconhecidos como um dos povos tradicionais do Brasil. Originários da miscigenação entre colonizadores portugueses e grupos indígenas que habitavam o litoral, os caiçaras contribuíram para a formação da população brasileira. Aspectos sociais e culturais desses povos estão intimamente relacionados às atividades econômicas desenvolvidas na região costeira do Brasil durante o período colonial.

Atualmente, são considerados remanescentes caiçaras as comunidades tradicionais que habitam o litoral dos estados de São Paulo, Rio de Janeiro e Paraná. Seu território compreende as áreas compostas de fragmentos da Mata Atlântica, de vegetação de restinga, mangues e costões rochosos (figura 6).

FIGURA 6. TERRITÓRIO DAS COMUNIDADES CAIÇARAS

MODO DE VIDA CAIÇARA

O modo de vida caiçara tem forte ligação com a natureza. Os caiçaras combinam a extração de recursos da floresta com a agricultura de subsistência e a pesca (figura 7). Portanto, para eles, a preservação do meio ambiente é fundamental para garantir a continuidade do seu modo de vida.

Como dependem dos recursos naturais, as comunidades caiçaras desenvolveram, ao longo de séculos, saberes e técnicas, tornando as atividades cotidianas não predatórias para o meio ambiente. Dessa forma, o extrativismo florestal, as formas de cultivo e a pesca artesanal permitem o uso dos recursos naturais de maneira sustentável.

Figura 7. A "puxada da canoa" é uma tradição das comunidades caiçaras. A madeira da árvore Ingá é extraída para a construção da canoa dentro da mata; depois de pronta, a canoa é transportada para o mar por meio de um mutirão. Na foto, "puxada da canoa" em Paraty (RJ, 2013).

163

PARA PESQUISAR

• **Observatório Litoral Sustentável <http://litoralsustentavel. org.br/>**

A plataforma reúne um conjunto de informações acerca das grandes transformações que têm ocorrido no litoral paulista e os impactos socioambientais gerados, que afetam de maneira significativa os povos e comunidades tradicionais.

CONFLITOS E TENSÕES

A partir dos anos 1950, com o processo de urbanização na faixa litorânea do Sudeste e o impulso ao desenvolvimento do turismo, os caiçaras passaram a sofrer com a forte especulação imobiliária. A implantação de grandes projetos, que visavam à construção de casas de veraneio e a outros empreendimentos voltados à população residente nas grandes cidades da Região Sudeste, contribuiu para que muitas comunidades fossem deslocadas dos territórios que ocupavam originalmente.

Atualmente, além da pressão decorrente das transformações relacionadas à urbanização, os caiçaras também sofrem com a descaracterização do seu modo de vida, em decorrência da expansão das atividades econômicas no litoral, como a pesca industrial e a construção de infraestruturas rodoviárias, portuárias e petrolíferas (figura 8).

Há casos, ainda, de comunidades que se encontram impedidas de desenvolver suas práticas tradicionais exatamente por ocuparem áreas que estão destinadas à proteção integral da Mata Atlântica. Ou seja, as restrições ambientais relacionadas à preservação da vegetação também geram conflitos com aquelas comunidades tradicionais.

Contudo, após uma série de reivindicações, algumas comunidades vêm ganhando o reconhecimento de seu território, por meio da concessão de terras pertencentes ao Estado, nas quais as famílias têm garantido o direito da posse e de permanecer no local até as futuras gerações.

Figura 8. A proximidade do porto pode diminuir a quantidade de peixes e prejudicar a atividade pesqueira caiçara. Na foto, vista de embarcações na Ilha Diana, com instalações do Porto de Santos ao fundo (SP, 2014).

O Parque Estadual Serra do Mar

"Criado em 1977 e ampliado em 2010, o Parque Estadual Serra do Mar (PESM) é a maior Unidade de Conservação de toda a Mata Atlântica. Seus 332 mil hectares protegem 25 municípios paulistas, conectando as florestas da Serra do Mar desde o Rio de Janeiro e Vale do Ribeira, até o litoral sul do estado.

Suas escarpas dominam a paisagem do litoral paulista, suas florestas abrigam e protegem centenas de espécies de aves e outros animais ameaçados, como felinos e primatas. [...]

Com a finalidade de assegurar a proteção integral aos mananciais que abastecem parte da Região Metropolitana de São Paulo, Baixada Santista, Litoral Norte e Vale do Paraiba, o PESM contribui também para o equilíbrio climático e estabilidade das encostas.

Comunidades tradicionais de quilombolas, indígenas, caipiras e caiçaras são encontradas em diversos pontos de sua extensão.

Devido à sua enorme extensão, o PESM é gerenciado por meio de dez núcleos administrativos: Bertioga, Caraguatatuba, Cunha, Curucutu, Itariru, Itutinga Pilões, Padre Dória, Picinguaba, Santa Virgínia e São Sebastião. Cada núcleo possui suas características, formando um mosaico de paisagens, biodiversidade, interação social e preservação ambiental.

[...]

O Parque Estadual Serra do Mar é o maior corredor biológico da Mata Atlântica no Brasil. Ele destina-se à preservação, à valorização da cultura local, à pesquisa científica e à educação ambiental, permanentemente incentivando a população na busca pela conservação de seus recursos naturais, históricos e culturais.

[...]

É clara a sua contribuição para a sustentabilidade, principalmente nos núcleos urbanos localizados em seu entorno. [...] Além disso, o Parque Estadual Serra do Mar possui grande importância nos esforços para amenizar o clima e estabilizar as encostas, o que garante melhor proteção aos moradores de áreas críticas."

Fundação Florestal. *Parque Estadual Serra do Mar*. Disponível em: <http://www.parqueestadualserradomar.sp.gov.br/pesm/sobre/>. Acesso em: 12 abr. 2018.

Cachoeira do Ipiranguinha, situada no Parque Estadual da Serra do Mar, no município de Cunha (SP, 2015).

 ATIVIDADES

1. Com base nas informações do texto, identifique no mapa da figura 4 (página 162) a área onde se localiza o PESM.

2. Qual é a importância do PESM para a conservação da Mata Atlântica? A que ele está destinado?

3. Em áreas como a do PESM é possível desenvolver atividades econômicas sem que haja degradação ambiental? Justifique sua resposta.

ORGANIZAÇÃO DO ESPAÇO

A OCUPAÇÃO DO SUDESTE

Por que o Sudeste é a região com maior densidade populacional do Brasil?

A mineração e a cafeicultura estão entre as principais atividades responsáveis pela ocupação e transformação do espaço onde se formou a mais urbanizada das regiões brasileiras.

Em Minas Gerais, a partir do século XVII, a mineração atraiu pessoas de todas as partes do país e teve papel fundamental no povoamento e no crescimento econômico do Sudeste. Com a exploração do ouro, a região das Minas tornou-se a principal área econômica da colônia, onde surgiram diversos núcleos urbanos.

Posteriormente, o cultivo de café contribuiu para o desenvolvimento regional. Seu cultivo teve início no litoral do Rio de Janeiro, por volta de 1760, mas foi no Vale do Paraíba, a partir do século XIX, que sua produção se intensificou, a princípio no estado do Rio de Janeiro e depois em São Paulo. Em seguida, a "Marcha do Café" continuou pelo interior paulista. Entre 1836 e 1837, o café se tornou o principal produto de exportação do Império. No século XX, a cafeicultura tomou impulso no norte do Paraná e no sul de Minas Gerais, que atualmente é o mais importante produtor de café do Brasil.

A CAFEICULTURA E A TRANSFORMAÇÃO DO ESPAÇO

A cafeicultura modificou profundamente o espaço geográfico da região. As cidades cresceram intensamente, acelerando a urbanização. O desenvolvimento econômico motivou migrações internas e de estrangeiros, favorecendo o crescimento populacional. Além disso, houve ampliação da infraestrutura de transporte, com a construção de ferrovias voltadas principalmente ao escoamento da produção de café. Essas estradas de ferro foram essenciais para a integração do território e a fundação de novas cidades (figura 9).

JOÃO PRUDENTE/PULSAR IMAGENS

Figura 9. Com a expansão da economia cafeeira para o interior da Região Sudeste, houve uma ampliação das estradas de ferro. Ao longo das ferrovias foram construídas diversas estações, ao longo das quais formaram-se núcleos urbanos. Na foto, o edifício da Estação Central de Campinas, inaugurada em 1872. Atualmente, abriga o Centro Cultural Estação Campinas (SP, 2016).

PARA LER

• **Cidades históricas que mudaram o Brasil**
Francisco Brant. São Paulo: Queen Books, 2012.

O livro conta a história da fundação e do desenvolvimento das primeiras vilas e cidades importantes, como Ouro Preto e Mariana, destacando a mineração do ouro e do diamante.

CRESCIMENTO ECONÔMICO DO SUDESTE

A partir do século XX, para atender ao crescimento econômico e à intensificação da urbanização, foram realizados investimentos no sistema de transporte, formado pelas ferrovias, hidrovias, portos, aeroportos e rodovias, visando conectar as cidades da região entre si e com o restante do país.

Nesse contexto, é importante destacar que uma considerável parte da atual infraestrutura existente no Sudeste, que atende à moderna economia da região, resulta daquele período em que a cafeicultura era a principal atividade econômica do país (figura 10).

O desenvolvimento econômico e a infraestrutura instalada atraíram mais pessoas, contribuindo com a concentração populacional e a processo de urbanização.

Figura 10. No principal porto do país, em Santos, no litoral do estado de São Paulo, a infraestrutura ferroviária, que inicialmente foi implantada com a construção da Estrada de Ferro Santos-Jundiaí (1868), é fundamental para atender à intensa movimentação de mercadorias importadas e exportadas pelo Brasil. Na foto, ferrovia na zona portuária de Santos (SP, 2018).

INFRAESTRUTURA

O Sudeste concentra as maiores empresas e a maior diversidade de serviços do país. Em muitos casos, tais empresas são atraídas pela infraestrutura rodoviária e das telecomunicações.

No Sudeste estão localizadas as rodovias brasileiras que apresentam tráfego mais intenso, como a Rodovia Presidente Dutra, entre São Paulo e Rio de Janeiro (figura 11), e a Rodovia Fernão Dias, que liga São Paulo a Belo Horizonte. A região também abriga o terminal portuário mais movimentado do território nacional, o Porto de Santos, além do maior aeroporto de passageiros do Brasil, o Aeroporto Internacional de São Paulo/Guarulhos – Governador André Franco Montoro.

Figura 11. Foto da Rodovia Presidente Dutra, que corta a cidade de Resende (RJ, 2017).

TECNOLOGIAS DE COMUNICAÇÃO E INTERNET

Outro fator de destaque é o acesso às tecnologias de comunicação e internet. Em comparação às outras regiões do país, o Sudeste apresenta, juntamente com a Região Sul, o maior percentual de pessoas com acesso à internet por computadores domiciliares. Na prática, o maior acesso a esse recurso tecnológico pode se traduzir em maiores oportunidades de negócios, educação e capacitação profissional.

Essas características, quando observadas em conjunto e em perspectiva histórica, ajudam a compreender as origens da configuração territorial e a estabelecer relações entre atividades econômicas e desenvolvimento social. Por outro lado, permitem identificar as causas das desigualdades regionais, abrindo a possibilidade de se proporem políticas e projetos para equilibrar o desenvolvimento em todo o país.

CONCENTRAÇÃO ECONÔMICA E INDUSTRIAL

A concentração econômica e industrial na Região Sudeste foi alavancada pelo acúmulo de riqueza resultante da cafeicultura, principalmente no estado de São Paulo.

O processo de industrialização encontrou na região condições favoráveis ao seu desenvolvimento graças à disponibilidade de recursos financeiros e mão de obra, à existência de mercado consumidor interno e à infraestrutura adequada à implantação de indústrias.

No estado de São Paulo, formaram-se alguns centros industriais e de desenvolvimento tecnológico nas regiões do ABCD (que compreende os municípios de Santo André, São Bernardo do Campo, São Caetano do Sul e Diadema), do Vale do Paraíba, da Baixada Santista e nos municípios de Campinas, Jundiaí, Ribeirão Preto e São José dos Campos. Grande parte das indústrias de base – exemplo das siderúrgicas – encontra-se em Minas Gerais, como a Usiminas, e no Rio de Janeiro, como a Companhia Siderúrgica Nacional (CSN).

A concentração industrial no Sudeste estimulou o crescimento econômico não só do setor secundário, mas também dos setores primário e terciário. Observe o mapa da figura 12.

De olho no mapa

Descreva a relação que existe entre as principais áreas urbanas do Sudeste e as rodovias mais importantes.

FIGURA 12. REGIÃO SUDESTE: ORGANIZAÇÃO DO ESPAÇO

- Região mais urbanizada e industrializada
- Região urbana e industrial importante
- Área de agropecuária mais modernizada
- Área de agropecuária menos modernizada
- ◉ Grande metrópole nacional
- ● Metrópole nacional
- • Metrópole
- ○ Capital regional A
- — Limite das áreas mais modernizadas
- — Rodovias principais

Fonte: FERREIRA, Graça M. L. *Atlas geográfico*: espaço mundial. 4. ed. São Paulo: Moderna, 2013. p. 151.

Figura 13. Empresas têm implantado novas fábricas em centros industriais fora de São Paulo, como algumas montadoras de automóveis transnacionais, que têm fábrica em São José dos Pinhais (PR, 2016).

DESCONCENTRAÇÃO

Com o objetivo de incentivar a instalação de indústrias em diferentes regiões do país, promovendo maior integração territorial e melhorando a distribuição de riquezas, os governos estaduais e municipais adotaram medidas como isenção ou diminuição de impostos e doação de terrenos (figura 13).

A transferência de indústrias e empresas do Sudeste em direção a outras regiões brasileiras teve reflexos econômicos, alterando a dinâmica de alguns polos industriais, embora ainda concentre a maioria dos centros de decisão das grandes empresas (sedes e escritórios administrativos).

CONSEQUÊNCIAS SOCIOECONÔMICAS

Apesar de ser a região brasileira de maior concentração econômica, o Sudeste apresenta desigualdades socioeconômicas decorrentes da má distribuição de renda.

As periferias das metrópoles abrigam núcleos de extrema pobreza, nos quais boa parte dos moradores não tem acesso a serviços básicos de saúde, educação e saneamento básico.

Além de concentrar as maiores periferias urbanas do Brasil, o Sudeste reúne o maior número de pessoas sem moradia, que vivem nas ruas, e registra altos índices de violência urbana.

RETRATOS DO SUDESTE

Ao longo do século XX, foram atribuídas às cidades da Região Sudeste imagens relacionadas ao desenvolvimento econômico. Veja o que se aproxima da realidade.

SÃO PAULO É A LOCOMOTIVA DO BRASIL!

ILUSTRAÇÃO: MARIO KANNO

FALSO

Há algumas décadas, São Paulo não é mais o estado com as maiores taxas de crescimento econômico, não "puxando" a economia nacional como sugere a imagem da locomotiva. Ainda é a maior economia estadual, mas a **participação de São Paulo** na economia vem diminuindo desde os anos 1970.

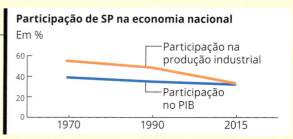

Participação de SP na economia nacional
Em %

Participação na produção industrial

Participação no PIB

Fontes: IBGE. *Estatísticas do século XX; Estatísticas históricas do Brasil; Contas Regionais 2010-2015; Pesquisa Industrial Anual 2015.* Disponível em: <https://www.ibge.gov.br/>. Acessos em: 4 maio 2018.

A POPULAÇÃO DO SUDESTE TEM MELHORES CONDIÇÕES DE VIDA PORQUE VIVE NA REGIÃO MAIS RICA DO PAÍS

ILUSTRAÇÃO: MARIO KANNO

FALSO

Essa riqueza não impede que grande parcela da população dessa região viva em condições precárias e sem serviços básicos. Em 2010, a região tinha 42,1% da população nacional e 57,8% do PIB, distribuídos de maneira desigual. Além disso, **62,5% dos aglomerados subnormais do país estavam no Sudeste.**

INFOGRAFIA: WILLIAM TACIRO, MAURO BROSSO E MARIO KANNO

Fontes: IBGE. *Contas Regionais 2010-2015; Censo Demográfico 2010.* Disponíveis em: <https://www.ibge.gov.br>. Acessos em: 7 maio 2018.

ATIVIDADES

ORGANIZAR O CONHECIMENTO

1. De que maneira o relevo e a hidrografia da Região Sudeste favoreceram as atividades de geração de energia elétrica?

2. Reescreva o parágrafo, preenchendo as lacunas com as palavras do quadro.

Tietê	Sudeste	hidrovia	ferroviária
Sul	Centro-Oeste	Paraná	rodoviária

Os rios _____ e _____ formam a principal _____ da Região Sudeste. Através de uma extensão de 2.400 km, seu eixo de navegação interliga as regiões _____, _____ e _____. A utilização dessa modalidade de transporte de cargas é mais econômica do que as modalidades _____ e _____.

3. Observe novamente a figura 4, na página 162. Quais tipos de vegetação subsistem?

4. De que maneira a cafeicultura impulsionou a industrialização no Sudeste?

5. Quais são as razões da concentração populacional na Região Sudeste?

APLICAR SEUS CONHECIMENTOS

6. Leia o texto a seguir e responda às questões.

"[...] Todo o tormento começou com as estradas. Primeiro a Cunha-Paraty (RJ), aberta em 1955, que inaugurou a conexão do território caiçara com o resto do país, trazendo com ela os primeiros turistas e, também, os primeiros interessados em adquirir aquelas terras, de olho no futuro. Quando a Rio-Santos rasgou a região em 1974, estava selado o destino dos caiçaras de Paraty – uma luta infinda para permanecer no lugar de seus antepassados, combatendo dois inimigos ao mesmo tempo: a especulação imobiliária e a preservação ambiental ditada pelo estado.

O primeiro avanço foi a compra de terrenos de caiçaras para a construção de casas de veraneio e condomínios de luxo e, de forma mais violenta, mediante a ação de grileiros.

[...]

Expulsos, o destino dos caiçaras foi o mesmo: ir morar nas favelas de Paraty e, muitas vezes, trabalhar como caseiros ou domésticas nas mesmas casas que se construíram sobre suas antigas roças. 'Fizeram de tudo para expulsar as comunidades', diz Marcela Cananéa, liderança da praia do Sono."

BARTABURU, Xavier. Caiçaras de Paraty. *Repórter Brasil*. Disponível em: <https://reporterbrasil.org.br/comunidadestradicionais/caicaras-de-paraty/>. Acesso em: 16 abr. 2018.

a) O que são as comunidades remanescentes de caiçaras e onde estão localizadas atualmente?

b) De acordo com o texto, quais atividades interferiram no modo de vida caiçara?

c) Qual é a importância das comunidades remanescentes de caiçaras para a preservação da Mata Atlântica?

7. Observe o mapa e leia a legenda para responder.

REGIÃO SUDESTE: EXCLUSÃO SOCIAL

Índice de exclusão social
0,4
0,5
0,6
Melhor situação social

Fonte: FERREIRA, Graça M. L. *Atlas geográfico*: espaço mundial. 4. ed. São Paulo: Moderna, 2013. p. 132.

O índice de exclusão social é calculado com base em indicadores de renda familiar, emprego formal, desigualdade de renda, alfabetização e escolaridade, porcentagem de jovens na população e número de homicídios por 100 mil habitantes. Varia de zero a um: as piores condições correspondem aos menores valores.

a) A desigualdade social se apresenta da mesma forma em todos os estados da Região Sudeste?

b) Onde se concentram as áreas com melhor situação social? E as áreas de pior situação?

8. Observe o mapa abaixo e responda às questões.

BRASIL: DESMATAMENTO DA MATA ATLÂNTICA

Legenda:
- Mata Atlântica original
- Mata Atlântica remanescente

Fonte: SOS Mata Atlântica; INPE. *Atlas dos remanescentes florestais da Mata Atlântica:* período 2015-2016. Disponível em: <https://www.sosma.org.br/link/Atlas_Mata_Atlantica_2015-2016_relatorio_tecnico_2017.pdf>. Acesso em: 16 abr. 2018.

a) Quais foram os principais fatores que influenciaram a devastação da Mata Atlântica na Região Sudeste?

b) Onde se concentram as áreas remanescentes de Mata Atlântica na Região Sudeste? Por quê? Explique com base na observação do mapa e em seus conhecimentos.

9. Leia o texto e responda às questões.

"[...] A construção de estradas de ferro proveio, toda ela, da expansão do café. As linhas foram construídas pelos próprios plantadores com os seus lucros ou por estrangeiros seduzidos pela perspectiva do frete do café. Importantíssimo para os primórdios da indústria, mercê da necessidade de matérias-primas importadas, como a juta e o trigo, o porto de Santos foi igualmente um empreendimento do café no Brasil [...]."

DEAN, Warren. *A industrialização de São Paulo: 1880-1945.* São Paulo: Difel/Edusp, 1971. p. 14.

a) De acordo com o texto, quais foram as consequências da expansão do café?

b) Com base no que você estudou, quais estados receberam a primeira ferrovia e quais receberam a primeira rodovia pavimentada do Brasil?

10. Leia o texto a seguir e responda às questões.

"[...] O sistema de fazendas alcançou, com a implantação das grandes lavouras de café, um novo auge só comparável ao êxito dos engenhos açucareiros. Seu efeito crucial foi reviabilizar o Brasil como unidade agroexportadora do mercado mundial e como um próspero mercado importador de bens industriais. Outro efeito da cafeicultura foi modelar uma nova forma de especialização produtiva e configurar um outro modo de ser da sociedade brasileira. [...]"

RIBEIRO, Darcy. *O povo brasileiro*: a formação e o sentido do Brasil. 2. ed. São Paulo: Companhia das Letras, 2004. p. 392.

a) Que tema é tratado no texto?

b) Qual foi o estado que mais se beneficiou com a expansão cafeeira no século XIX? Descreva a "Marcha do Café" pelo território da Região Sudeste.

Movimento pendular: fenômeno observado principalmente nos grandes centros urbanos, correspondente ao fluxo diário de um grande número de pessoas que se desloca de seu local de moradia para trabalhar ou estudar em outra cidade.

Figura 14. Um dos problemas a serem solucionados nas metrópoles brasileiras é o da mobilidade urbana. O excesso de veículos nas ruas, o transporte público deficitário e a falta de infraestrutura e de ações conjuntas entre municípios vizinhos são desafios a serem superados. Na foto, congestionamento na Avenida 23 de Maio, na cidade de São Paulo (SP, 2017).

TEMA 3

URBANIZAÇÃO

Por que a Região Sudeste é tão urbanizada?

A MAIOR CONCENTRAÇÃO URBANA DO BRASIL

Como vimos no início do Tema 1, a população estimada do Sudeste, em 2016, era de 86.356.952 habitantes, ou seja, cerca de 42% da população brasileira. A região também apresenta a maior densidade demográfica do país (tabela 2), e 87% do total de sua população vive em municípios urbanos.

Nas metrópoles, o aumento da densidade demográfica exerce pressão sobre a infraestrutura urbana e o meio ambiente, o que obriga os governos a organizar o espaço geográfico de maneira a minimizar possíveis problemas e garantir os direitos dos cidadãos (figura 14).

As migrações de indivíduos de outras regiões para o Sudeste e os movimentos pendulares que ocorrem nas áreas metropolitanas influenciam o cotidiano de quem vive nas cidades.

TABELA 2. REGIÃO SUDESTE: POPULAÇÃO E DENSIDADE DEMOGRÁFICA – 2016		
Estado	**População**	**Densidade demográfica (hab./km²)**
São Paulo	44.396.484	178,85
Rio de Janeiro	16.550.024	378,04
Minas Gerais	20.869.101	35,58
Espírito Santo	3.929.911	85,25
Total	**85.745.520**	**92,73**

Fonte: IBGE. *Atlas geográfico escolar.* 7. ed. Rio de Janeiro: IBGE, 2016. p. 154.

A MACROMETRÓPLE E A MEGALÓPOLE EM FORMAÇÃO

São Paulo e Rio de Janeiro, as maiores metrópoles do país, são também **cidades globais**, polos financeiros, culturais e de produção de conhecimento, capazes de influenciar regiões vizinhas e também cidades de outros países.

A maior parte da população dos estados do Sudeste se concentra nas **regiões metropolitanas**. Só no estado de São Paulo, até 2017, existiam seis Regiões Metropolitanas: São Paulo, Campinas, Vale do Paraíba e Litoral Norte, Baixada Santista, Sorocaba e Ribeirão Preto, criada em 2016.

A proximidade entre as cinco primeiras regiões mencionadas, juntamente com as Aglomerações Urbanas de Jundiaí e de Piracicaba e a Unidade Regional Bragantina (ainda não institucionalizada), formam a **macrometrópole** ou o **complexo metropolitano paulista**. A macrometrópole se caracteriza pela a articulação viária e pela integração econômica e por concentrar indústrias de alta tecnologia, grande infraestrutura para o comércio e os serviços e agroindústria muito produtiva.

O espaço metropolitano paulista também se articula com outra importante metrópole, o Rio de Janeiro, formando uma megalópole, segundo alguns estudiosos. Muitos especialistas, contudo, avaliam que a área não está totalmente conurbada, considerando-a uma **megalópole em formação** (figura 15).

REGIÃO METROPOLITANA DE BELO HORIZONTE E COLAR METROPOLITANO

A **Região Metropolitana de Belo Horizonte** é a terceira maior aglomeração urbana do Brasil e totaliza mais de 5 milhões de habitantes distribuídos por 34 municípios. Em 2010, Belo Horizonte, Contagem e Betim, correspondiam a 70% do Produto Interno Bruto da RMBH, com destaque para os setores industrial, de mineração (em municípios do Quadrilátero Ferrífero) e de comércio e serviços, sobretudo em Belo Horizonte e Contagem.

O **colar metropolitano**, oficialmente instituído em 1995, é formado por municípios do entorno da região metropolitana. O setor industrial é a base da economia desses municípios, sendo Sete Lagos a cidade mais importante.

PARA ASSISTIR

- **Urbanizada (urbanized)**
  Direção: Gary Hustwit. EUA/Reino Unido: Aerofilms, 2011.

  O documentário apresenta uma leitura das grandes cidades do mundo, buscando conhecer as estratégias de planejamento de seus arquitetos e urbanistas. Mostra aspectos das maiores metrópoles brasileiras e inclui uma breve entrevista com o arquiteto brasileiro Oscar Niemeyer.

FIGURA 15. MEGALÓPOLE EM FORMAÇÃO

Fonte: IBGE. *Atlas geográfico escolar*. 7. ed. São Paulo: IBGE, 2016. p. 146.

ATIVIDADES ECONÔMICAS

Como os estados da Região Sudeste contribuem para a economia do Brasil?

COMÉRCIO E SERVIÇOS

A Região Sudeste é responsável por mais da metade do Produto Interno Bruto brasileiro (figura 16). O setor de comércio e serviços se destaca entre os estados que compõem a região, pois concentra o maior volume de recursos e oferta de empregos.

No Sudeste estão localizadas importantes empresas de importação e exportação de mercadorias. Além disso, a presença de setores atacadistas, responsáveis pela distribuição dos produtos industrializados para as redes comerciais, impulsiona o comércio da região.

Algumas das grandes companhias que prestam serviços para todo o país estão sediadas, em sua maioria, no Rio de Janeiro e em São Paulo. Nesses centros de decisão são estabelecidas as principais estratégias empresariais, como investimentos, aquisições e fusões entre instituições (figura 17).

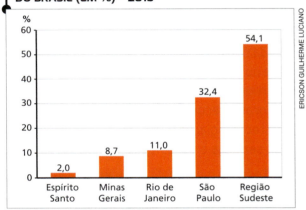

FIGURA 16. REGIÃO SUDESTE: PARTICIPAÇÃO NO PIB DO BRASIL (EM %) – 2015

ERICSON GUILHERME LUCIANO

Fonte: IBGE. *Sistema de Contas Regionais: Brasil 2015.* Disponível em: <https://biblioteca.ibge.gov.br/visualizacao/livros/liv101307_informativo.pdf>. Acesso em: 11 abr. 2018.

Figura 17. Edifício de escritórios na Avenida Engenheiro Luís Carlos Berrini, um dos centros empresariais que concentram sedes de grandes empresas na cidade de São Paulo (SP, 2014).

ALEXANDRE TOKITAKA/PULSAR IMAGENS

O setor financeiro também é relevante para a economia da Região Sudeste. Ele engloba bancos, empresas de prestação de serviços bancários e um número expressivo de empresas financeiras que trabalham com aplicações na bolsa de valores, situada na capital paulista (figura 18).

Bolsa de valores: instituição, pública ou privada, onde se efetuam transações de compra e venda de ações de empresas.

INDÚSTRIA

O parque industrial do Sudeste é diversificado, com forte presença das indústrias têxtil, de vestuário e de calçados, química e sucroalcooleira (açúcar e álcool). Outros setores industriais de destaque são o automobilístico, sobretudo em São Paulo, em especial, na região do ABCD paulista; o naval e o petrolífero, no Rio de Janeiro e no Espírito Santo; o de celulose, no Espírito Santo; e o siderúrgico, em Minas Gerais (figura 19). Os polos tecnológicos, com indústrias que utilizam tecnologia de ponta, concentram-se em São Paulo.

Figura 18. Corretores negociam ações na bolsa de valores, em São Paulo (SP, 2016).

Figura 19. Siderúrgica na região do Barreiro, em Belo Horizonte (MG, 2015).

PARA PESQUISAR

• **Observatório Digital do Trabalho Escravo no Brasil**
<https://observatorioescravo.mpt.mp.br/>

Por meio de mapas interativos, gráficos e textos, a página apresenta informações completas sobre a situação do trabalho escravo no Brasil de 2003 até os dias atuais.

QUADRO

Imigração e trabalho na indústria de confecção

Por ser o país mais rico da América do Sul, o Brasil atrai dos países vizinhos um grande número de trabalhadores. Muitos deles, com pouca qualificação profissional, encontram ocupação nas indústrias de confecção. Essa mão de obra estrangeira, porém, tem sido utilizada pelas empresas para baratear seus custos de produção. É comum a presença desses imigrantes em oficinas de costura clandestinas, onde são expostos a condições análogas à escravidão, ou seja, obrigados a se submeter a uma jornada de muitas horas de trabalho sem descanso, em regime de reclusão, sem direitos trabalhistas (como registro em carteira, férias e fundo de garantia) e recebendo muito pouco como pagamento por sua produção. Segundo o Ministério do Trabalho, em 2015, mais de mil pessoas foram retiradas dessas condições, sendo que a Região Sudeste foi a que teve o maior número de trabalhadores libertados, totalizando 668 pessoas. Minas Gerais foi o estado que mais contribuiu para esse número. Contudo, ainda se faz necessária a efetivação de leis para evitar essa situação degradante e a punição aos que submetem pessoas a essas condições.

• **O que pode ser feito para evitar situações de trabalho análogo à escravidão?**

Figura 20. O Parque Tecnológico de São José dos Campos reúne empresas, centros de desenvolvimento tecnológico, universidades e instituições de ensino (SP, 2012).

OS POLOS DE TECNOLOGIA

No Sudeste se concentram os principais polos de alta tecnologia do Brasil, centros de inovação e pesquisas científicas, como universidades e institutos de pesquisa. A tecnologia desenvolvida nesses centros é utilizada, por exemplo, nas cadeias produtivas da agroindústria da laranja, da cana-de-açúcar e do café, para desenvolver espécies que se adaptem melhor ao clima e ao solo da região.

Um desses polos de pesquisas tecnológicas do Sudeste engloba as cidades de São Paulo, Campinas, São Carlos e São José dos Campos (figura 20).

AGROPECUÁRIA E EXTRATIVISMO

A agropecuária da Região Sudeste é moderna, intensiva, ligada à agroindústria e tem grande importância na economia regional e nacional.

AGRICULTURA

O Sudeste possui forte herança agrícola. Os cultivos predominantes são cana-de-açúcar, algodão, café e laranja.

A utilização de maquinário moderno, fertilizantes químicos e sementes selecionadas, além do trabalho de agrônomos qualificados, elevou a produtividade e a rentabilidade das lavouras da região. O estado de São Paulo responde por cerca de três quartos da produção nacional de laranja e mais da metade da cana-de-açúcar (figura 21) produzida no país. Minas Gerais e Espírito Santo são responsáveis por mais da metade da produção nacional de café.

PECUÁRIA

No Sudeste, a maior parte das atividades pecuárias se desenvolve de forma intensiva e com gado selecionado, o que garante a alta produtividade. A região tem o segundo maior rebanho bovino do Brasil (figura 22), atrás apenas da Região Centro-Oeste, e a maior produção de leite do país, concentrada principalmente em Minas Gerais e parte de São Paulo. Essas unidades produtivas abastecem as indústrias de laticínios.

Figuras 21 e 22. Colheita mecanizada de cana-de-açúcar em Planalto (SP, 2016) e, abaixo, criação de gado bovino em Unaí (MG, 2017).

RECURSOS MINERAIS

No Sudeste há intensa atividade na extração de recursos minerais. Na região são encontradas jazidas de níquel, cobre, prata, cromo, zinco, calcário, chumbo, urânio, cassiterita, manganês, bauxita, diamante e ouro, entre outras. O grande destaque é a extração de petróleo e minério de ferro.

A MINERAÇÃO

Além de ter favorecido a criação de várias cidades no estado de Minas Gerais, a mineração aurífera foi responsável por um importante ciclo econômico no Brasil: o do ouro.

O minério de ferro, explorado principalmente no centro-sul de Minas Gerais, no chamado Quadrilátero Ferrífero abastece tanto o mercado interno quanto o externo. Atualmente, o Brasil é grande exportador dessa matéria-prima, especialmente para a China.

O PETRÓLEO

Mais de 80% do petróleo nacional é produzido na Bacia de Campos, que se estende desde Vitória, no Espírito Santo, até Arraial do Cabo, no litoral norte do Rio de Janeiro. O estado de São Paulo contribui com a produção petrolífera em menor escala.

Além de concentrar a maioria das refinarias do país, o Sudeste é o maior consumidor de produtos derivados do petróleo, principalmente combustíveis.

Em 2007, foi anunciada uma das maiores descobertas de combustível fóssil nos últimos anos: a camada pré-sal. Trata-se de uma reserva petrolífera localizada sob as águas do Oceano Atlântico, a grandes profundidades, em uma faixa que se estende por 800 km entre o Espírito Santo, no Sudeste, e Santa Catarina, no Sul do país (figura 23).

Além de gerar riqueza com a venda de combustível, a demanda por mão de obra levou à qualificação de milhares de trabalhadores para lidar direta ou indiretamente com o pré-sal.

FIGURA 23. A CAMADA PRÉ-SAL

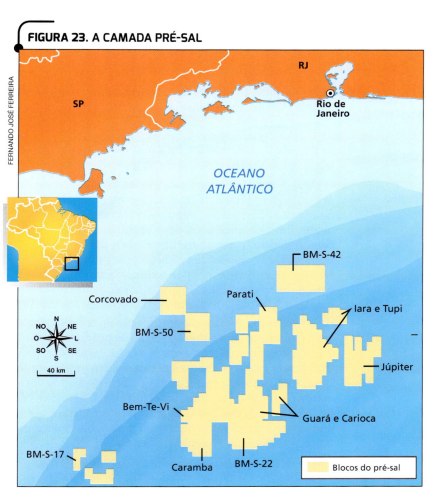

Fonte: Entenda o que é a camada pré-sal. *Folha Online*, 31 ago. 2009. Disponível em: <www1.folha.uol.com.br/mercado/748802-entenda-o-que-e-a-camada-pre-sal.shtml>. Acesso em: 11 abr. 2018.

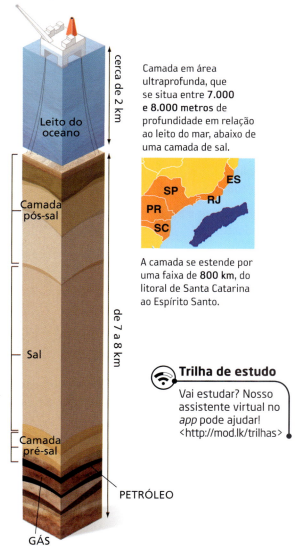

Camada em área ultraprofunda, que se situa entre **7.000** e **8.000 metros** de profundidade em relação ao leito do mar, abaixo de uma camada de sal.

A camada se estende por uma faixa de **800 km**, do litoral de Santa Catarina ao Espírito Santo.

Trilha de estudo

Vai estudar? Nosso assistente virtual no *app* pode ajudar! <http://mod.lk/trilhas>

177

ORGANIZAR O CONHECIMENTO

1. Em seu caderno, reescreva corretamente as frases abaixo.

a) Nos estados do Rio de Janeiro e de São Paulo, a população rural é superior à população urbana.

b) Os polos de tecnologia do Sudeste desenvolvem pesquisas de melhoramento de espécies para as cadeias produtivas da agroindústria, sobretudo em Minas Gerais, na região do Quadrilátero Ferrífero.

c) A forte mecanização do trabalho no campo estimulou o êxodo urbano em direção às fazendas do interior dos estados do Sudeste.

2. O que é o complexo metropolitano paulista e o que justifica a sua formação?

3. Sobre o processo de formação da megalópole brasileira, é correto afirmar que:

a) representa a conurbação entre as Regiões Metropolitanas de São Paulo e da Baixada Santista.

b) as metrópoles São Paulo, Rio de Janeiro e Vitória estão em processo de aglomeração urbana.

c) o espaço metropolitano paulista está se articulando com a metrópole Rio de Janeiro.

d) está relacionada à expansão urbana da Região Metropolitana de Belo Horizonte.

4. Explique por que São Paulo e Rio de Janeiro são consideradas cidades globais.

5. Caracterize o setor de comércio e serviços da Região Sudeste.

6. Sobre a exploração do petróleo, responda aos itens abaixo.

a) A exploração desse recurso faz parte de qual atividade econômica?

b) Onde o petróleo é explorado na Região Sudeste?

APLICAR SEUS CONHECIMENTOS

7. De acordo com o texto abaixo e seus conhecimentos sobre a urbanização da Região Sudeste, assinale as alternativas verdadeiras.

"A dinâmica socioeconômica paulista, nos últimos trinta anos, não mais se associa a dualidade região metropolitana – interior prevalecente até os anos 70. Novas regiões metropolitanas se consolidaram e polos regionais com algum grau de integração econômica vêm sendo constituídos. [...]

A implantação de bases industriais em diversas regiões do interior do Estado e o revigoramento da atividade agrícola, no decorrer dessas décadas, induziram um processo de transformação substantiva da configuração econômica e social do interior do estado, resultando em progressiva metropolização, bem como na constituição de diversos polos econômicos com alguma integração e especialização no espaço local."

DEDECCA, Claudio. *População e mercado de trabalho em São Paulo*: metrópoles e interior. Trabalho apresentado no XVII Encontro Nacional de Estudos Populacionais, realizado em Caxambu (MG), set. 2010. Disponível em: <http://www.abep.org.br/publicacoes/index.php/anais/article/viewFile/2330/2284>. Acesso em: 17 abr. 2018.

a) Nas últimas décadas, a Região Metropolitana de São Paulo continua crescendo em importância econômica e o interior do estado permanece rural.

b) Nas últimas décadas, formaram-se novas Regiões Metropolitanas no estado de São Paulo, impulsionadas pela instalação de indústrias e pela formação de alguns polos econômicos mais integrados.

c) Até a década de 1970, havia poucos centros urbanos importantes no interior do estado de São Paulo, que permanecia sobretudo agrário.

d) O surgimento de metrópoles no Sudeste favoreceu a diminuição dos problemas urbanos, principalmente em São Paulo.

8. A respeito das atividades agrícolas na Região Sudeste, leia o texto abaixo e responda às questões.

"[...] A produção agrícola, seguindo o processo de urbanização e industrialização, insere-se cada vez mais na lógica industrial de produção. Para manter os níveis de rendimento desejados, essa atividade precisa elevar constantemente a sua produtividade e, para tanto, adotar novas tecnologias de produção e organização. Esses novos consumos técnicos no campo exigem maiores somas de investimentos, o que ocasionará um processo de modernização sem alteração da estrutura agrária. [...]

De maneira geral, a modernização do campo ocorre primeiramente com a mecanização da produção, observada pela utilização crescente de arados, aspersores, colheitadeiras, pulverizadores e tratores. Em um segundo momento, a novidade decorrerá da utilização dos derivados da indústria química; fertilizantes, agrotóxicos: herbicidas, inseticidas, fungicidas e corretivos para o solo, que se dá paralelamente ao desenvolvimento da biotecnologia e da engenharia genética. [...]"

RAMOS, Soraia. Sistemas técnicos agrícolas e meio técnico-científico-informacional no Brasil. In: SANTOS, Milton. *O Brasil*: território e sociedade no início do século XXI. 6. ed. Rio de Janeiro: Record, 2004. p. 376.

a) Por que a produção agrícola passou a ser tratada de modo industrial?

b) Como ocorre o processo de modernização no campo? Descreva-o sucintamente.

c) Qual é a importância da biotecnologia e da engenharia genética para a agricultura moderna?

9. Leia os dois textos abaixo e assinale a alternativa correta.

Texto I

É o principal produto agrícola do estado de São Paulo e responsável por mobilizar grande parte da cadeia agroindustrial do norte e nordeste do estado. Trata-se da matéria-prima renovável utilizada tanto na indústria alimentícia quanto como fonte alternativa de combustível para os veículos automotores.

Texto II

Matéria-prima não renovável, atualmente a mais importante para geração de energia para veículos automotores. O Brasil é um país que possui grandes e recém-descobertas reservas e o estado do Rio de Janeiro é o principal produtor nacional.

As matérias-primas de que tratam os textos I e II são, respectivamente:

a) milho e açúcar;

b) soja e petróleo;

c) cana-de-açúcar e petróleo;

d) cana-de-açúcar e álcool;

e) café e cana-de-açúcar.

10. Observe as imagens abaixo e responda aos itens.

Pessoas em rua de São Paulo (SP, 2015).

Linha de produção em Betim (MG, 2018).

a) Quais atividades econômicas estão sendo representadas nas imagens A e B?

b) De que maneira a imagem B pode ser considerada representativa do desenvolvimento tecnológico industrial da Região Sudeste?

DESAFIO DIGITAL

11. Acesse o objeto digital *Mobilidade urbana*, disponível em <http://mod.lk/desv7u6>, e responda às questões.

a) Explique por que a mobilidade urbana é um tema importante para as metrópoles.

b) O maior uso de transporte público e de bicicletas pode ser uma boa solução para o trânsito? Justifique utilizando exemplos do objeto digital.

 Mais questões no livro digital

Cores e linhas no mapa

Diversos elementos da superfície terrestre são representados nos mapas por meio de cores e linhas. De acordo com as convenções cartográficas, alguns elementos da realidade costumam ser representados nos mapas sempre da mesma forma: áreas cobertas por um tipo de vegetação são geralmente representadas pela cor verde; rios são representados por uma linha azul traçada de acordo com o seu percurso e áreas cobertas por água salgada ou doce, como mares e lagos, são representadas por uma mancha azul com a extensão correspondente na realidade, de acordo com a escala.

Como existem muitos elementos na realidade a serem representados, um símbolo ou uma cor podem ter um significado diferente em cada mapa. Por isso a legenda dos mapas é muito importante: ela informa o que cada símbolo representa. Observe o mapa a seguir.

REGIÃO SUDESTE: HIDROGRAFIA

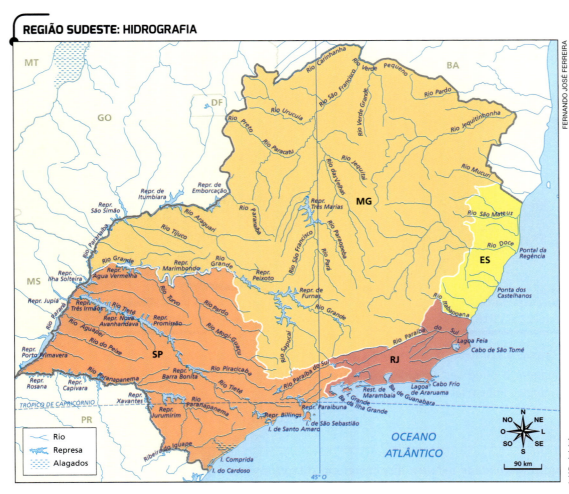

FERNANDO JOSÉ FERREIRA

Reprodução proibida. Art.184 do Código Penal e Lei 9.610 de 19 de fevereiro de 1998.

Fonte: FERREIRA, Graça Maria Lemos. *Moderno atlas geográfico*. 6. ed. São Paulo: Moderna, 2016. p. 72.

ATIVIDADES

1. De que forma os rios foram representados no mapa?

2. No mapa, o que cada cor representa?

3. As linhas foram utilizadas para representar quais elementos?

ATITUDES PARA A VIDA

Influenciadores da vida real

As maiores cidades do Brasil estão na Região Sudeste, e parte significativa de suas populações vive em favelas e enfrenta problemas muitas vezes ignorados pelo restante da sociedade. Para dar visibilidade aos seus desafios cotidianos, alguns moradores das favelas têm se tornado influenciadores digitais, pessoas que divulgam conteúdo nas redes sociais.

Leia o texto para conhecer melhor uma dessas iniciativas.

"Os influenciadores digitais estão entre os grandes divulgadores de conteúdo nas redes sociais. E se toda essa atenção fosse direcionada para temas realmente importantes? Esse é o objetivo da campanha 'Influenciadores da Vida Real' [...]

A ação apresenta cinco influenciadores da vida real que, por meio de contas no Instagram, divulgam a realidade de quem vive em áreas invisíveis e esquecidas pelo poder público.

Rose, moradora da Vila Moraes, em São Bernardo do Campo (SP), é a protagonista da peça lowcarb. [...] Ela mostra a violação dos direitos de moradores do local e apresenta também o seu prato de arroz e feijão, lembrando que muitas famílias não podem pensar em dieta quando a luta diária é para ter o alimento na mesa.

'A importância e responsabilidade de ser um influenciador da vida real é que, com meu exemplo, posso ajudar outras pessoas a ter uma perspectiva de vida melhor', conta Rose."

Campanha usa 'influencers' para chamar atenção sobre as favelas. *Catraca Livre*, 9 abr. 2018. Disponível em: <https://catracalivre.com.br/geral/cidadania/indicacao/campanha-teto-influencers-favelas/>. Acesso em: 16 abr. 2018.

ATIVIDADES

1. Atualmente, independentemente do local de moradia, idade, aparência, religião etc., as pessoas podem influenciar o comportamento de muitas outras por meio da internet. Essas pessoas são os chamados influenciadores digitais. Relacione as posturas que um influenciador digital deve adotar com as atitudes para a vida listadas na sequência.

   A. Produzir conteúdos de qualidade e relevância sobre um tema.

   B. Comunicar-se com seu público-alvo utilizando uma linguagem adequada.

   C. Dialogar, respondendo dúvidas e refletindo sobre críticas.

   (   ) **Pensar com flexibilidade.**

   (   ) **Questionar e levantar problemas.**

   (   ) **Pensar e comunicar-se com clareza.**

2. Se você fosse um influenciador digital que tivesse como foco os problemas de seu bairro, que tema você discutiria? Que atitude, em sua opinião, seria a mais importante para você conseguir apoio para a solução desses problemas?

Lowcarb: nome dado a uma dieta com pouco carboidrato (presente em massas, doces etc.) e maior quantidade de proteínas (presente em carnes, ovos etc.), vegetais e legumes.

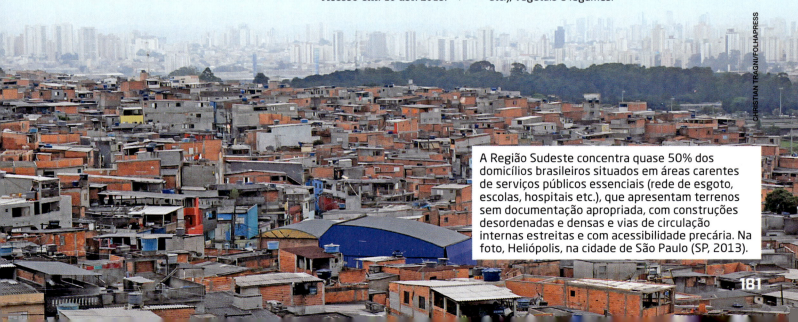

A Região Sudeste concentra quase 50% dos domicílios brasileiros situados em áreas carentes de serviços públicos essenciais (rede de esgoto, escolas, hospitais etc.), que apresentam terrenos sem documentação apropriada, com construções desordenadas e densas e vias de circulação internas estreitas e com acessibilidade precária. Na foto, Heliópolis, na cidade de São Paulo (SP, 2013).

CHRISTIAN TRAGNI/FOLHAPRESS

A exploração de alguns recursos naturais pode causar impactos tanto ambientais como sociais. Foi o que ocorreu em Mariana, Minas Gerais, em novembro de 2015, quando uma barragem de rejeitos – materiais não aproveitados no processo de extração e beneficiamento do minério de ferro – rompeu-se, liberando mais de 32 bilhões de litros de lama tóxica, que atingiu as cidades à jusante da barragem, percorrendo 663 quilômetros até atingir o Oceano Atlântico. Esse rompimento destruiu casas, poluiu os rios e contaminou os animais e a flora de uma extensa área. A reportagem a seguir aborda uma parte dessa tragédia que vitimou várias pessoas e que ainda marca a vida das famílias atingidas.

Custo social das tragédias ambientais

"Como em dezenas de localidades erguidas ao longo da margem do Rio Doce, as redes no modesto bairro de Mascarenhas já não são lançadas, e as torneiras não têm mais água. Dias depois da ruptura de uma gigantesca barragem de resíduos de minério de ferro, em de 5 de novembro, na localidade de Mariana – um acidente ocorrido quase 500 quilômetros rio acima –, as águas se tingiram de uma cor ocre-escura. O leito está contaminado com elementos tóxicos e metais pesados como o arsênio. [...]

'Nossa vida era o rio porque 80% das pessoas aqui vivem dele', explica Adroaldo Gonçales Filho, pescador de 58 anos, com 40 de trabalho nas costas. 'Só sei pescar. Minha vida e a de 60 famílias daqui desmoronou. Mataram nosso rio', afirma, em uma reunião na casa de Vanda Lopes, que congrega vários pescadores locais e está dominada por um sentimento de indignação contra as empresas mineradoras.

[...]

Os primeiros indícios apontam para negligência da empresa em relação à deterioração dos diques e do sistema de drenagem, apesar de auditorias anuais desde 2013 alertarem para o risco de colapso.

O impacto ambiental do derramamento é devastador para essa região dependente da água do Rio Doce. Em cidades como Colatina, de 122.000 habitantes, o fornecimento foi interrompido por tempo indeterminado, e o Exército e uma legião de caminhões-pipa abastecem diariamente a população, obrigada agora a esperar durante horas para conseguir um recurso básico. Um desabastecimento que impacta em cheio municípios já açoitados por uma histórica seca desde 2014 e que agora se perguntam se conseguirão levar adiante negócios como a produção de papel ou a criação de gado, atividades de grande peso na economia local e que requerem água doce abundante. [...]"

ARAÚJO, Heriberto. Tsunami de lama tóxica, o maior desastre ambiental do Brasil. *El País Brasil*, 31 dez. 2015. Disponível em: <https://brasil.elpais.com/brasil/2015/12/30/politica/1451479172_309602.html>. Acesso em: 9 abr. 2018.

Congregar: juntar(-se), reunir(-se); verbo utilizado para descrever a reunião de grupos de pessoas para tratar de um assunto.

Indício: sinal.

Caminhão-pipa: caminhão com grande tanque ou reservatório utilizado para o transporte de água potável.

Rejeitos tóxicos lançados no Rio Doce durante o maior desastre ambiental do Brasil atingem o Oceano Atlântico, no litoral do município de Regência (ES, 2015).

 ATIVIDADES

OBTER INFORMAÇÕES

1. Indique a causa do desastre ambiental que afetou a cidade de Mariana e os municípios banhados pelo Rio Doce, nos estados de Minas Gerais e Espírito Santo, localizados entre o local do acidente e o litoral.

2. Quais são os materiais que contaminaram as águas e os peixes dos rios afetados pelo rompimento da barragem a que se refere o texto?

INTERPRETAR

3. De acordo com o texto, quais as principais consequências sociais que o desastre de Mariana trouxe para as comunidades atingidas?

4. Por que os pescadores das áreas mencionadas no texto estavam encontrando dificuldades para vender os peixes retirados do Rio Doce?

USAR A CRIATIVIDADE

5. Elabore um mapa com o caminho percorrido pela lama liberada pelo rompimento da barragem, até chegar ao litoral, no Oceano Atlântico. O mapa deverá informar as principais cidades atingidas, indicar o caminho pelo curso do Rio Doce, além de conter referências como: escala, direção, principais estradas e ferrovias e outros cursos de água importantes.

REFLETIR

6. Organizem-se em duplas e pesquisem a respeito das consequências ambientais e sociais causadas pelo desastre ambiental de Mariana. Em seguida, escrevam um texto de dez linhas, no estilo de reportagem de jornal, para informar a sociedade sobre os problemas que a tragédia causou às comunidades afetadas. Cada dupla deverá levar sua reportagem para ser lida em sala de aula.

ILUSTRAÇÃO: NIK NEVES

PR

Curitiba

SC

Florianópolis

RS

Porto
Alegre

ATITUDES PARA A VIDA

- Pensar de maneira interdependente.
- Aplicar conhecimentos prévios a novas situações.
- Persistir.

Plantação de soja no município de Ibiporã (PR, 2018).

Mata de Araucárias, com geada recobrindo o solo, no município de Bom Jardim da Serra (SC, 2016).

Vista aérea do município de Porto Alegre (RS, 2016), com destaque para as ilhas do bairro Arquipélago e o Rio Jacuí.

Além de apresentar características naturais marcantes, a Região Sul teve um processo de formação singular. A ocupação das terras situadas no sul do território que viria a formar o Brasil não teve, a princípio, o objetivo de exploração econômica, mas o de assegurar o domínio de Portugal sobre as áreas mais meridionais. Ao longo dos séculos, a região recebeu grandes contingentes de imigrantes estrangeiros, principalmente alemães e italianos, o que resultou em uma população etnicamente diversa.

Após o estudo desta Unidade, você será capaz de:

- identificar as características naturais que marcam o território da Região Sul;
- compreender o processo de ocupação e organização do espaço na região;
- analisar as condições de vida da população com base em indicadores sociais;
- distinguir os principais aspectos da economia da Região Sul.

 COMEÇANDO A UNIDADE

1. Qual das imagens apresenta características naturais marcantes da Região Sul?

2. Em quais imagens é possível identificar atividades econômicas? Descreva-as.

3. Em sua opinião, qual é a importância da indústria para a Região Sul?

NATUREZA DA REGIÃO SUL

Por que a Região Sul registra as médias de temperatura mais baixas do país?

ASPECTOS GERAIS

Três estados compõem a Região Sul: Paraná, Santa Catarina e Rio Grande do Sul. É a região que apresenta a menor extensão territorial dentre as regiões brasileiras, ocupando 576.773 km² (observe a tabela 1); no entanto, é a terceira região mais populosa, atrás do Sudeste e do Nordeste. Segundo estimativas do IBGE, em 2016, a população da região era de 29.439.773 habitantes.

TABELA 1. REGIÃO SUL			
Unidade da federação	Sigla	Capital	Área (km²)
Paraná	PR	Curitiba	199.308
Santa Catarina	SC	Florianópolis	95.734
Rio Grande do Sul	RS	Porto Alegre	281.731

Fonte: IBGE. *Atlas geográfico escolar.* 7. ed. Rio de Janeiro: IBGE, 2016. p. 154.

Figura 1. Vista do Cânion do Itaimbezinho, no Parque Nacional de Aparados da Serra, localizado no município de Cambará do Sul (RS, 2018).

GERSON GERLOFF/PULSAR IMAGENS

RELEVO

O relevo do Sul é caracterizado pela presença de serras e chapadões ondulados que compõem os Planaltos e Chapadas da Bacia do Paraná. Na porção oriental da divisa do Rio Grande do Sul e de Santa Catarina, situam-se os parques nacionais da Serra Geral e de Aparados da Serra, onde se destacam os paredões verticais de até 700 metros de altura (figura 1).

Diversas áreas atingem altitudes superiores a 1.000 metros. O ponto mais alto da região é o Pico Paraná, com 1.922 metros de altitude. Na porção leste dos estados de Santa Catarina e do Paraná localiza-se a Serra do Mar, que integra os Planaltos e Serras do Atlântico Leste-Sudeste e nesse trecho recebe a denominação de Serra da Graciosa.

Mais a oeste, a porção planáltica mais extensa, que ocorre em todos os estados da região, apresenta terras muito férteis para a agricultura. Desse planalto faz parte a Serra Geral, que se estende pelos territórios de Santa Catarina e Rio Grande do Sul. Observe o mapa a seguir (figura 2).

FIGURA 2. REGIÃO SUL: FÍSICO

FERNANDO JOSÉ FERREIRA

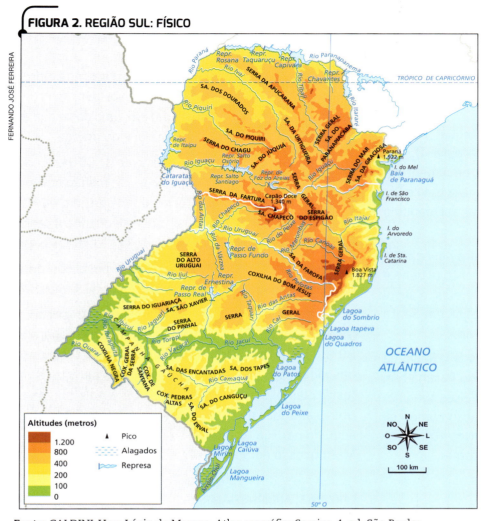

Altitudes (metros)

1.200
800
400
200
100
0

▲ Pico
~~~~ Alagados
~~ Represa

Fonte: CALDINI, Vera Lúcia de Moraes. *Atlas geográfico Saraiva*. 4. ed. São Paulo: Saraiva, 2013. p. 85.

OS CAMPOS GAÚCHOS E AS COXILHAS

Os **campos gaúchos** abrangem uma grande área, que se estende pelos territórios do Uruguai e da Argentina. Suas principais características são as baixas altitudes e as longas planícies fluviais.

Seu relevo é suavemente ondulado, com colinas arredondadas e baixas — também conhecidas como **coxilhas** —, e sua vegetação é rasteira, com predomínio de gramíneas e raras árvores (figura 3).

No Brasil, ocorrem apenas no estado do Rio Grande do Sul, ocupando mais da metade de sua área territorial. Devido às suas características naturais, são bastante utilizados para pastagens e policultura, ou seja, vários cultivos em uma mesma propriedade.

Figura 3. Formas onduladas de relevo em área coberta por campos, no município de Candiota (RS, 2014).

ALE RUARO/PULSAR IMAGENS

HIDROGRAFIA

A localização das serras do Mar e Geral próxima à costa explica a existência de uma rica rede hidrográfica na Região Sul que corre em direção ao interior, assim como ocorre na Região Sudeste.

As bacias hidrográficas dos rios Paraguai, Paraná e Uruguai integram a Bacia do Prata (figura 4), que engloba também a Bacia do Rio Salado, na Argentina. Alguns rios de importância local e regional, como o Rio Itajaí e o Jacuí, convergem para o litoral, formando o conjunto de Bacias Costeiras do Sul.

Os rios da região são aproveitados para navegação, irrigação de áreas agrícolas, abastecimento urbano e geração de energia. Destacam-se, entre eles, o Jacuí e o Uruguai, no Rio Grande do Sul, o Itajaí, em Santa Catarina, e o Paraná e o Iguaçu, no Paraná.

Utilizado como via de navegação desde o início da colonização da América, atualmente o Rio Paraná tem um importante papel na integração dos países sul-americanos. Há uma expressiva movimentação comercial entre os estados da Região Sul e os países vizinhos – especialmente Argentina, Uruguai e Paraguai.

AQUÍFERO GUARANI

Além das águas superficiais de sua rica rede hidrográfica, a Região Sul se destaca por abrigar uma considerável parte do **Aquífero Guarani,** uma das maiores reservas subterrâneas de água doce do mundo.

O aquífero apresenta um volume de 37.000 km³ e se estende por uma área estimada de 1,2 milhão de km², espalhando-se pelos territórios da Argentina, do Paraguai, do Uruguai e do Brasil, onde se encontra cerca de 66% do aquífero (figura 5).

O Aquífero Guarani constitui uma importante fonte de abastecimento em diversos municípios da Região Sul.

Um estudo da Organização dos Estados Americanos (OEA) rastreou o uso das águas do Aquífero Guarani: 80% do total retirado é utilizado no abastecimento das cidades; 15%, por indústria; e 5% para turismo (estâncias hidrotermais). O Brasil é o país que mais utiliza as águas do aquífero, sendo 50% em São Paulo, seguido por Rio Grande do Sul (14%), Paraná (14%) e Mato Grosso do Sul (12%).

FIGURA 4. BRASIL: SUB-BACIAS DO PRATA

Fonte: IBGE. *Atlas geográfico escolar*. 7. ed. Rio de Janeiro: IBGE, 2016. p. 105.

FIGURA 5. AQUÍFERO GUARANI

Fonte: MACHADO, J. L. F. A redescoberta do Aquífero Guarani. *Scientific American Brasil*. Disponível em: <http://www2.uol.com.br/sciam/reportagens/a_redescoberta_do_aquifero_guarani.html>. Acesso em: 19 abr. 2018.

MAPAS: FERNANDO JOSÉ FERREIRA

CLIMA

A Região Sul tem a maior parte do seu território localizada ao sul do Trópico de Capricórnio, na **Zona Temperada do Sul** (reveja a Unidade 1).

Enquanto as demais regiões do país basicamente apresentam variações do clima tropical, no Sul predomina o **clima subtropical**, com estações bem definidas. Nessa região, as chuvas são regulares e abundantes, entre 1.250 e 2.000 milímetros anuais. A variação sazonal de luminosidade constitui um dos principais aspectos das paisagens naturais sulistas. Além disso, durante o ano, há expressiva diferença entre as temperaturas mais baixas e as mais elevadas (amplitude térmica). No inverno ocorrem geadas e, eventualmente, neve nas partes altas dos planaltos.

VEGETAÇÃO

As elevações planálticas da Região Sul também abrigam um tipo de vegetação bastante específico: a **Mata dos Pinhais** – ou **Mata de Araucárias** –, que, em geral, se desenvolve em áreas onde predomina o clima subtropical, com verões quentes e invernos mais rigorosos.

As araucárias tiveram sua área de abrangência bastante reduzida pela ação antrópica, restando de sua formação nativa apenas trechos pequenos e isolados (figura 6).

A **Mata Atlântica**, que originalmente cobria boa parte da Região Sul, hoje se encontra quase totalmente devastada (figura 7).

A expansão agrícola e a urbanização foram os fatores responsáveis pela devastação da cobertura vegetal. Se, por um lado, a ocupação da região em pequenas unidades fundiárias foi um fator positivo para a economia da região, por outro, acabou reduzindo drasticamente a vegetação nativa.

PARA PESQUISAR

• **Parque Nacional das Cataratas do Iguaçu**
<www.cataratasdoiguacu.com.br>

O *site* apresenta o Parque Nacional do Iguaçu, que abriga grande reserva de Mata Atlântica e espécies animais. Você pode encontrar informações turísticas e históricas sobre o parque, que contribui para preservar a diversidade natural brasileira.

Figura 6. A Mata de Araucárias corresponde à vegetação formada por pinheiros, que é adaptada ao clima subtropical. No primeiro plano da foto, araucárias, na serra catarinense, no município de Urubici (SC, 2014).

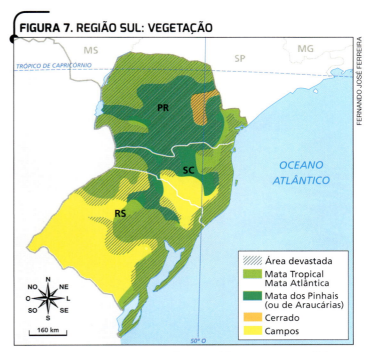

FIGURA 7. REGIÃO SUL: VEGETAÇÃO

MS
SP
MG
TRÓPICO DE CAPRICÓRNIO
PR
SC
RS
OCEANO ATLÂNTICO

NO N NE
O L
SO S SE

160 km
50° O

/// Área devastada
Mata Tropical Mata Atlântica
Mata dos Pinhais (ou de Araucárias)
Cerrado
Campos

Fonte: FERREIRA, Graça M. L. *Atlas geográfico*: espaço mundial. 4. ed. São Paulo: Moderna, 2013. p. 125.

2 ORGANIZAÇÃO DO ESPAÇO

Você já ouviu ou leu a respeito da influência dos imigrantes na Região Sul?

FIGURA 8. REGIÃO SUL: DENSIDADE DEMOGRÁFICA – 2014

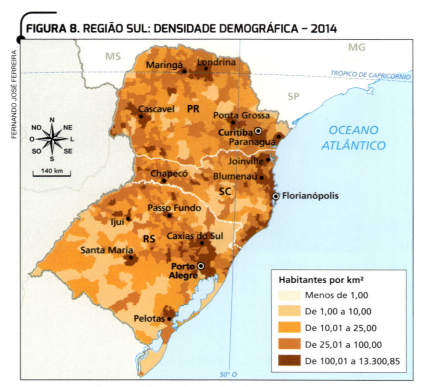

Habitantes por km²

	Menos de 1,00
	De 1,00 a 10,00
	De 10,01 a 25,00
	De 25,01 a 100,00
	De 100,01 a 13.300,85

Fonte: IBGE. *Atlas geográfico escolar:* ensino fundamental do 6º ao 9º ano. 2. ed. Rio de Janeiro: IBGE, 2015. p. 9 e 23.

DENSIDADE POPULACIONAL E PRINCIPAIS CIDADES

Em comparação a outras regiões do Brasil, a distribuição da população entre os municípios é mais equilibrada na Região Sul. O número de cidades médias com bons indicadores sociais também é proporcionalmente maior do que a média do país.

As cidades com maior população e densidade demográfica são Curitiba e Porto Alegre, respectivas capitais do Paraná e do Rio Grande do Sul (figura 8). Em Santa Catarina ocorre um fenômeno incomum: a cidade de Joinville (figura 9) conta com maior população e PIB do que a capital do estado, Florianópolis.

No Paraná, além de Curitiba, há cidades de economia bastante dinâmica, como Ponta Grossa, Cascavel, São José dos Pinhais, Maringá e Londrina, entre outras. No litoral, o município de Paranaguá se destaca por seu porto, um dos mais movimentados do Brasil.

O nordeste de Santa Catarina e o vale do Rio Itajaí concentram as principais indústrias e as cidades mais populosas do estado, como Joinville, Blumenau, Itajaí e Jaraguá do Sul.

No Rio Grande do Sul, a maioria da população se concentra a nordeste do estado, ao redor da capital. A Região Metropolitana de Porto Alegre é a maior da Região Sul. Outras cidades importantes são Caxias do Sul, Pelotas, Bento Gonçalves e Santa Maria.

Figura 9. Vista da cidade de Joinville (SC, 2017).

OCUPAÇÃO DA REGIÃO SUL

Dois grandes movimentos influenciaram a ocupação do território e deram origem à diversidade cultural da Região Sul: as missões jesuíticas e a imigração europeia.

No território ocupado por povos indígenas, sobretudo guarani, as missões implantaram núcleos de ocupação, que ainda preservam traços culturais dos colonizadores.

AS MISSÕES JESUÍTICAS

Até a primeira metade do século XVIII, grande parte das terras que atualmente formam o Sul do Brasil pertencia oficialmente à Espanha. Contudo, no século XVII, instalaram-se nesse território jesuítas vindos de Portugal com o objetivo de catequizar os povos indígenas. Esses missionários ocuparam uma vasta área no sudoeste da região, concentrando-se no atual estado do Rio Grande do Sul, onde estabeleceram vários povoamentos que deram origem aos Sete Povos das Missões, além de fundarem missões nos países fronteiriços: Uruguai, Argentina e Paraguai (figura 10).

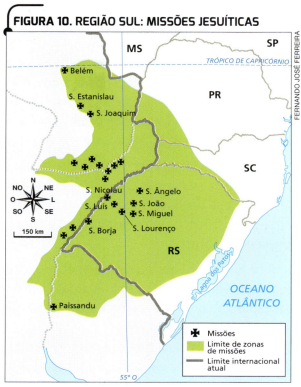

FIGURA 10. REGIÃO SUL: MISSÕES JESUÍTICAS

FERNANDO JOSÉ FERREIRA

Fonte: *Atlas histórico escolar.* 8. ed. Rio de Janeiro: FAE, 1991. p. 56.

Nas aldeias, ou missões, jesuítas e indígenas guarani praticavam a agricultura e a criação de bovinos e equinos, além do artesanato. Os trabalhos eram realizados de forma coletiva e os resultados pertenciam à comunidade.

Com a assinatura do Tratado de Madri, em 1750, foi estabelecida uma nova divisão das terras ocupadas por espanhóis e portugueses no continente americano. Os espanhóis cederam a área dos Sete Povos aos portugueses em troca das terras da Colônia do Sacramento, que atualmente integram o território do Uruguai.

Após esse acordo, ocorreram guerras de resistência por parte de jesuítas e indígenas, que se recusavam a abandonar os povoados. Os conflitos resultaram na destruição de missões e no extermínio de muitos indígenas (figura 11).

Figura 11. Ruínas da igreja de São Miguel Arcanjo, instalação jesuítica em São Miguel das Missões (RS, 2017).

MUNIQUE BASSOLI/ PULSAR IMAGENS

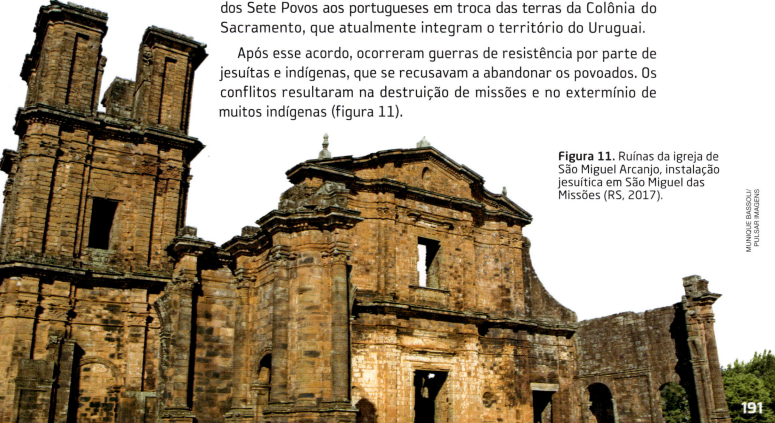

CRIAÇÃO DE GADO E OS TROPEIROS

Após a destruição das missões, o gado criado nas aldeias foi abandonado e os rebanhos passaram a viver e se reproduzir livremente pelos campos. A existência desses animais dispersos atraiu para a região habitantes de outras localidades, que começaram a desenvolver a pecuária no atual estado do Rio Grande do Sul.

Caracterizada pela formação de estâncias, que se originaram de sesmarias doadas pela Coroa portuguesa, e pelo uso das invernadas, essa atividade destinava-se a abastecer de carne e de couro a população das áreas de mineração.

A pecuária influenciou o povoamento e a exploração econômica da região. O Caminho Real Viamão-Sorocaba, também conhecido como Caminho dos Tropeiros, foi uma rota comercial importante, que ajudou a consolidar a ocupação portuguesa dos territórios situados no sul do Brasil. Por ele os mercadores viajavam negociando cabeças de gado, carne e produtos derivados do couro, além de abastecer com muares (mulas) as Minas Gerais, no século XVIII (figura 12).

FIGURA 12. ROTA VIAMÃO-SOROCABA

— Caminho de Palmas ou das Missões, aberto no século XIX
— Caminho da Vacaria dos Pinhais, rota clássica do tropeirismo
— Primeiro Caminho de Tropa, ou Caminho do Viamão, de 1728

Fonte: ANTONELLI, Diego. Legado construído no lombo do cavalo. *Gazeta do Povo*, 29 nov. 2013. Disponível em: <http://www.gazetadopovo.com.br/vida-e-cidadania/legado-construido-no-lombo-do-cavalo-47tpgoeb139yfap24ktkwpkcu>. Acesso em: 20 abr. 2018.

O couro e o charque produzidos na região atraíam inúmeros tropeiros. Como consequência, em muitos locais de pouso ou de descanso desses viajantes fundaram-se povoados e vilas que se tornaram cidades, como Ponta Grossa, no Paraná, e São Joaquim, em Santa Catarina.

Estância: grande propriedade rural, típica do Sul do país, geralmente associada à criação extensiva de gado bovino.

Invernada: pasto destinado à engorda do gado nos períodos de inverno.

Charque: carne bovina salgada e seca ao sol.

A IMIGRAÇÃO CONSOLIDA A OCUPAÇÃO

A chegada de imigrantes ao sul do Brasil está associada ao objetivo de garantir o efetivo povoamento dessas terras. Nesse contexto, os primeiros a chegar foram os portugueses vindos do Arquipélago dos Açores e da Ilha da Madeira, em meados do século XVIII. Esses povos ocuparam áreas de Santa Catarina e do litoral do Rio Grande do Sul.

No século XIX, durante o governo imperial de D. Pedro I, as políticas de incentivo ao povoamento da Região Sul se intensificaram. Outros grupos de imigrantes europeus se fixaram na região, destacando-se os alemães e italianos. Basicamente, os imigrantes se estabeleceram em pequenas propriedades rurais, onde praticavam atividades de subsistência – principalmente agricultura.

IMIGRAÇÃO ALEMÃ

No século XIX, a primeira corrente imigratória foi constituída de alemães, que se estabeleceram em diversas localidades: São Leopoldo, no Rio Grande do Sul; Rio Negro, no Paraná; Mafra e São Pedro de Alcântara, em Santa Catarina. Entre 1850 e 1860, os imigrantes alemães fundaram no estado de Santa Catarina cidades importantes, como Blumenau (1850), Joinville (1851) e Brusque (1860), no Vale do Itajaí.

De olho no mapa

De que maneira a pecuária influenciou a ocupação da Região Sul, particularmente do estado do Rio Grande do Sul?

IMIGRAÇÃO ITALIANA

Na segunda metade do século XIX, enquanto o ritmo da imigração alemã diminuía, começou a desembarcar no Brasil um grande número de imigrantes italianos.

Na Região Sul, os italianos ocuparam áreas das serras Gaúcha e Catarinense e do oeste paranaense. O Rio Grande do Sul abrigou a maior parte desses colonos. Uma grande comunidade italiana se consolidou em pequenas propriedades que produziam uva e vinho, além de culturas de subsistência, como milho e trigo, entre outras. A vitivinicultura se tornou uma especialidade da Serra Gaúcha, constituindo uma atividade importante para a economia, que conta com feiras e festas tradicionais.

No Rio Grande do Sul, os italianos foram responsáveis pela fundação de cidades como Caxias do Sul, Bento Gonçalves e Garibaldi. Os imigrantes alemães e italianos estabeleceram vários núcleos na Região Sul, principalmente em Santa Catarina e no Rio Grande do Sul (figura 13).

OUTROS IMIGRANTES

Em menor quantidade, imigrantes poloneses e ucranianos se estabeleceram, principalmente, na parte central e leste do estado do Paraná.

Os japoneses marcaram forte presença no norte do Paraná. Uraí e Assaí, por exemplo, são cidades paranaenses fundadas por japoneses. No chamado Norte Novo do Paraná, os municípios de Londrina e Maringá receberam grande número de pessoas vindas do Japão (figura 14).

Além de imigrantes estrangeiros, a expansão do café para o norte do Paraná atraiu migrantes paulistas, mineiros e nordestinos.

FIGURA 13. REGIÃO SUL: PRINCIPAIS NÚCLEOS IMIGRANTES

Fonte: IBGE. *Atlas geográfico escolar.* 5. ed. Rio de Janeiro: IBGE, 2009. p. 175-177.

PARA LER

- **A imigração italiana no Brasil**
  João Fábio Bertonha. São Paulo: Saraiva, 2004.

  O livro descreve a vida dos imigrantes italianos no Brasil, detalhando as condições de trabalho e de moradia e as relações sociais nas fazendas de café. Revela os aspectos da integração econômica e da autonomia dos italianos nas cidades.

Figura 14. A Praça do Centenário da Imigração Japonesa Tomi Nakagawa, em Londrina (PR), é projeto arquitetônico-paisagístico que homenageia a história do Japão e dos descendentes que imigraram. Foto de 2015.

RICARDO AZOURY/PULSAR IMAGENS

A INFRAESTRUTURA E A OCUPAÇÃO DO SUL

Ao intensificar a ocupação da Região Sul, houve a necessidade de implantar infraestruturas de transporte e comunicação. Especialmente a partir do século XIX, ferrovias foram construídas para conectar diferentes áreas da região. A Estrada de Ferro São Paulo-Rio Grande, que pretendia ligar o extremo sul do Rio Grande do Sul ao estado de São Paulo, foi o primeiro grande projeto de interligação da região. A ferrovia, pertencente à *Brazil Railway Company* (BRC), teve o primeiro trecho finalizado em 1910 e foi muito importante para a ocupação das terras a oeste de Curitiba.

Outras vias ferroviárias, como a Estrada de Ferro de Santa Catarina, conectaram municípios do Vale do Itajaí à Estrada de Ferro São Paulo-Rio Grande, abrindo mais uma opção de transporte aos imigrantes que chegavam à região. Muitos desses imigrantes trabalhavam nas colônias durante o período de safra e, na entressafra, migravam para trabalhar nos canteiros de obras das ferrovias.

O projeto inicial da Estrada de Ferro São Paulo-Rio Grande nunca foi concluído. Contudo, no Rio Grande do Sul, a atuação da companhia *The Porto Alegre Brazilian Raiway Company* foi responsável pela construção da rede ferroviária no estado gaúcho, integrando a serra gaúcha, a região das missões e as áreas fronteiriças como Uruguaiana e Santana do Livramento (figura 15).

FIGURA 15. REDE FERROVIÁRIA – 1910

FERNANDO JOSÉ FERREIRA

Fonte: IBGE. *Atlas geográfico escolar.* 7. ed. Rio de Janeiro: IBGE, 2016. p. 141.

Figura 16. Ponte Anita Garibaldi em trecho da BR-101, também denominada Ponte de Laguna, situada no município de Laguna (SC, 2016).

A ORGANIZAÇÃO ESPACIAL NA ATUALIDADE

Durante o século XX, assim como ocorrido em todo o Brasil, houve uma diminuição dos investimentos em ferrovias, uma vez que o transporte rodoviário passou a ser priorizado. Na Região Sul, duas rodovias principais cortam seus estados e formam o principal eixo de conexão entre o Sul e o restante do país. A BR-101 corta as áreas próximas ao litoral e interliga as capitais e outras importantes cidades da região, como Joinville, Florianópolis e Criciúma (figura 16).

A partir de Curitiba, a BR-116 cruza longitudinalmente o Sul do Brasil, fazendo a ligação interior dos estados. A rodovia, que liga Curitiba à São Paulo, segue em direção a Lages, em Santa Catarina, e, no Rio Grande do Sul, passa por Caxias do Sul, na Serra Gaúcha, até ligar-se a Porto Alegre. Ao longo do seu trajeto, a BR-116 se conecta a outras rodovias que cortam os estados na direção leste-oeste, como a BR-282, que liga Florianópolis a região de Chapecó, e a BR-290, que conecta Porto Alegre a Uruguaiana.

Essas rodovias exerceram papel estratégico no processo de urbanização e desenvolvimento econômico da Região Sul, na medida em que permitiu interligar as principais cidades e centros de produção industrial e agropecuária do estado, favorecendo a circulação de pessoas e a distribuição de mercadorias. Nesse contexto, formaram-se regiões urbanas e industriais de importância econômica nacional, além de área onde são desenvolvidas atividades agropecuárias modernas. Observe o mapa da figura 17.

FIGURA 17. REGIÃO SUL: ORGANIZAÇÃO DO ESPAÇO

Região urbana e industrial importante

Área de agropecuária mais modernizada

● Metrópole

◉ Capital regional A

○ Capital regional B

— Rodovias principais

Fonte: FERREIRA, Graça M. L. *Atlas geográfico*: espaço mundial. 4. ed. São Paulo: Moderna, 2013. p. 151.

ATIVIDADES

ORGANIZAR O CONHECIMENTO

1. Qual é o tipo climático predominante da Região Sul? Que características desse clima se ressaltam na paisagem da região?

2. Quais são as principais formações vegetais da Região Sul? Descreva suas características.

3. Complete as frases com as informações sobre a Região Sul.

    a) Os _____ são caracterizados por apresentar um relevo suavemente ondulado, com colinas arredondadas e baixas, que também são denominadas como _____.

    b) A Região Sul se destaca por abrigar uma considerável parte do _____, que é uma das maiores reservas subterrâneas de água doce do mundo.

    c) Além da capital, o estado do _____ possui outras grandes cidades, como Cascavel, Foz do Iguaçu, Ponta Grossa, Londrina e Maringá.

    d) _____ é o estado cuja cidade mais populosa e mais rica não é a capital, _____, mas sim a cidade de _____.

4. Sobre as missões jesuíticas no Brasil, responda.
    a) Quais eram seus objetivos?
    b) Por que e como elas foram destruídas?

5. Pesquise e identifique as áreas de ocupação dos principais grupos imigrantes da Região Sul.
    - Portugueses
    - Alemães
    - Italianos
    - Poloneses e Ucranianos
    - Japoneses

APLICAR SEUS CONHECIMENTOS

6. Observe novamente a figura 8, página 190, e indique as áreas que registram as maiores e as menores densidades demográficas da Região Sul.

7. Leia o texto e observe a foto.

> "[...] as colônias sulinas não confinavam com áreas de latifúndio pastoril ou agrário, escapando, assim, do poderio e da arbitrariedade dos senhores de terra. Cada grupo pôde, por isso, organizar autonomamente sua própria vida, instalar suas escolas e igrejas, constituir suas autoridades, formando as primeiras gerações ainda no espírito e segundo as tradições dos pais e avós imigrados. [...]
>
> Os núcleos gringo-brasileiros tornaram-se importantes centros de produção de vinho, mel, trigo, batatas, cevada, lúpulo, legumes e frutas europeias, além do milho para a engorda de porcos, e da mandioca para a produção de fécula. [...]"

RIBEIRO, Darcy. *O povo brasileiro*: a formação e o sentido do Brasil. 2. ed. São Paulo: Companhia das Letras, 1995. p. 437-441.

Casa de pedra, construída por colonos italianos, em Bento Gonçalves (RS, 2016).

O texto mostra que a colonização da Região Sul teve traços particulares, diferenciando-se da colonização portuguesa do restante do Brasil. Explique.

8. Leia o texto e responda à questão a seguir.

"O quarto e último setor das comunicações interiores da colônia é o do extremo Sul. [...]

Compõe-se de um único tronco que corre pelo planalto, paralelo ao litoral, e que, partindo de São Paulo, propriamente de Sorocaba, se interna pelos Campos Gerais do sul da capitania, hoje território paranaense, onde passa por Castro, Curitiba, Vila do Príncipe (Lapa); cruza o Rio Negro, onde depois se formou a atual cidade desse nome, alcança, em Santa Catarina, Curitibanos, então ainda um simples pouso, a vila de Lajes, e penetra no Rio Grande, cruzando o Rio Pelotas no registro de Santa Vitória, estendendo-se até a capital da capitania. [...]

Serviam essas estradas para a condução do gado que abastecia os núcleos do litoral e pela primeira vez também se transportavam os gêneros de exportação de Curitiba, sobretudo a erva-mate. [...]

Serviu para articular ao resto da colônia estes territórios meridionais disputados pela Espanha, e que de outra forma se teriam provavelmente destacado do Brasil. [...]

Por ela se encaminharia então uma corrente de povoamento, oriunda sobretudo de São Paulo, e que irá ocupar definitivamente para a colonização portuguesa o território que seria mais tarde o Rio Grande do Sul."

PRADO JR., Caio. *Formação do Brasil contemporâneo:* colônia. Entrevista Fernando Novais; posfácio Bernardo Ricupero; São Paulo: Companhia das Letras, 2011. p. 267-269.

Qual é a rota descrita no texto? Que regiões ela ligava e qual foi seu papel no processo de ocupação do território brasileiro?

9. A implantação de infraestruturas ferroviária e rodoviária foram fundamentais no processo de urbanização e desenvolvimento econômico da Região Sul. Explique essa afirmação.

---

10. Observe o mapa a seguir e responda às questões.

a) Quais vias de transporte foram representadas no mapa?

b) No Sul, uma das atividades econômicas de destaque é a produção de grãos para exportação. De que maneira essas infraestruturas de transporte podem ser utilizadas para exportar essa produção?

c) Pesquise em *sites*, revistas e jornais quais são os principais portos e aeroportos que aparecem representados em cada estado da Região Sul.

Fonte: IBGE. *Atlas geográfico escolar*. 7. ed. Rio de Janeiro: IBGE, 2016. p. 143.

REGIÃO SUL: INFRAESTRUTURA DE TRANSPORTE – 2014

- Portos principais
- Aeroportos internacionais
- Rodovias pavimentadas
- Ferrovias

FERNANDO JOSÉ FERREIRA

DESAFIO DIGITAL

11. Acesse o objeto digital *Aquífero Guarani*, disponível em: <http://mod.lk/desv7u7>, e responda às questões.

a) Como as atividades realizadas no campo e na cidade impactam os aquíferos?

b) Qual é a importância das reservas florestais para a manutenção dos aquíferos?

c) Por que o objeto informa que a gestão do Aquífero Guarani deve ser compartilhada?

POPULAÇÃO E CONDIÇÕES DE VIDA

Como são os indicadores sociais da Região Sul?

CONCENTRAÇÃO URBANA E MOVIMENTOS MIGRATÓRIOS

Assim como nas outras regiões do país, a população do Sul é essencialmente urbana. Cerca de 85% de seus habitantes vive em cidades, sendo que só a Região Metropolitana de Porto Alegre concentrava, em 2016, 4.282.410 habitantes, distribuídos por 34 municípios. Os municípios de Curitiba, Londrina e Maringá (figura 18), no Paraná, e de Joinville e dos que compõem o Vale do Itajaí, em Santa Catarina, também apresentam alta densidade demográfica.

Apesar dessa concentração urbana, a participação da população da Região Sul na população total do Brasil tem diminuído nas últimas décadas: de 17,7%, em 1970, passou para 14,3%, em 2010.

Entre as justificativas para essa queda percentual, pode ser apontada a mudança de um grande número de habitantes do Sul para outras regiões do país, sobretudo para o Centro-Oeste, o Norte e o Nordeste. Alguns fatores influenciaram esse movimento migratório:

- grandes planos de ocupação das regiões Norte e Centro-Oeste implantados pelo governo federal entre 1964 e 1984;
- utilização de técnicas agrícolas modernas e possibilidade de expansão produtiva em terras antes consideradas impróprias para o cultivo, como as áreas de cerrado do Centro-Oeste do Brasil;
- expansão de grandes fazendas e empresas agropecuárias do Sul, que adquiriram propriedades de pequenos e médios agricultores da região, impulsionando-os a buscar terras em outras regiões;
- redução da utilização da mão de obra no campo devido ao aumento da mecanização nas lavouras do Sul, principalmente no cultivo da soja.

Figura 18. Vista da cidade de Maringá (PR, 2018).

ERNESTO REGHRAN/PULSAR IMAGENS

OCUPAÇÃO ECONÔMICA E POPULACIONAL

Como vimos no Tema 2, políticas públicas e privadas atraíram imigrantes europeus, especialmente na segunda metade do século XIX e início do século XX. O Estado brasileiro e alguns empresários concederam terras, criaram núcleos coloniais com objetivo de promover o povoamento, financiaram viagens e garantiram trabalho a esses imigrantes.

Paralelamente, a promulgação da Lei de Terras, em 1850, tornou o acesso à terra possível exclusivamente por meio da compra e venda. Devido a isso, somente os mais ricos tinham acesso à terra, impedindo que a grande maioria da população brasileira pudesse obter terras. Com a abolição da escravatura, em 1888, os negros libertos foram obrigados a se instalar em áreas periféricas das cidades e em locais longínquos e isolados no campo.

Esses fatores, relacionados à ocupação econômica e populacional, do Sul do país, que utilizou mão de obra escrava em menor escala, ajuda a explicar por que o Sul é a região brasileira com menor presença negra e parda (figura 19).

FIGURA 19. BRASIL: POPULAÇÃO PRETA OU PARDA – 2014

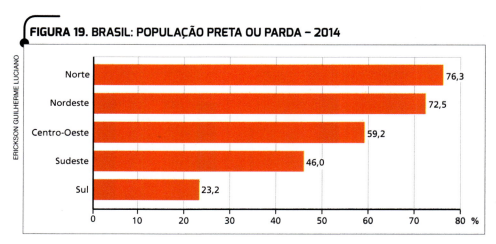

De olho no gráfico

O que explica a diferença entre a participação de população preta e parda na Região Sul e nas regiões Norte e Nordeste do Brasil?

Fonte: IBGE. *Síntese de indicadores sociais* – 2015. Disponível em: <https://biblioteca.ibge.gov.br/visualizacao/livros/liv95011.pdf>. Acesso em: 24 abr. 2018.

COMUNIDADES QUILOMBOLAS

Apesar de ser a região brasileira com menor proporção de negros e pardos na população, no Sul também existem comunidades quilombolas, que devem ter suas territorialidades respeitadas. Assim como em outras regiões, os quilombolas do Sul possuem uma estreita relação com a terra, já que o seu uso e posse é o que permite que desenvolvam plenamente suas atividades de caráter simbólico e material.

O Quilombo de Morro Alto, por exemplo, localizado no município de Maquiné, no Rio Grande do Sul, reúne o maior número de famílias quilombolas do estado e é um dos maiores do Brasil. Seus habitantes preservam aspectos de identidade que remontam ao século XIX, com destaque para a culinária, o artesanato e a festividade do Moçambique, que mistura religiosidade, danças e ritmos de matriz africana com a religião católica.

Aproximadamente 450 famílias vivem em uma área de 15 mil hectares. Contudo, a demarcação oficial de suas terras ainda não foi realizada.

INDICADORES SOCIAIS

Em relação às demais regiões do Brasil, o Sul apresenta indicadores de desenvolvimento social mais elevados. Os estados sulistas estão entre os seis mais bem colocados no *ranking* do Índice de Desenvolvimento Humano Municipal (IDHM) do país, conforme mostra a tabela 2. O IDHM das unidades da federação é calculado com base em dados referentes à longevidade, educação e renda *per capita*.

Entre as regiões brasileiras, o Sul apresentava, em 2015, a menor taxa de mortalidade infantil e a maior esperança de vida ao nascer. No mesmo ano, os estados sulistas tinham a maior taxa de alfabetização das pessoas com quinze anos ou mais (figura 20). Esses índices ajudam a evidenciar a desigualdade que existe entre as regiões do país.

Porém, embora se destaque nacionalmente, a Região Sul também apresenta problemas, como desigualdade social, falta de infraestrutura urbana, más condições de moradia, desemprego e insegurança, principalmente nas grandes cidades, como Curitiba e Porto Alegre (figura 21).

TABELA 2. BRASIL: *RANKING* IDHM - 2010		
Posição	Unidade da Federação	IDHM
1º	Distrito Federal	0,824
2º	São Paulo	0,783
3º	Santa Catarina	0,774
4º	Rio de Janeiro	0,761
5º	Paraná	0,749
6º	Rio Grande do Sul	0,746

Fonte: PNUD. *Ranking* IDHM Unidades da Federação 2010. Disponível em: <http://www.br.undp.org/content/brazil/pt/home/idh0/rankings/idhm-uf-2010.html>. Acesso em: 24 abr. 2018.

FIGURA 20. BRASIL: INDICADORES SOCIAIS – 2015

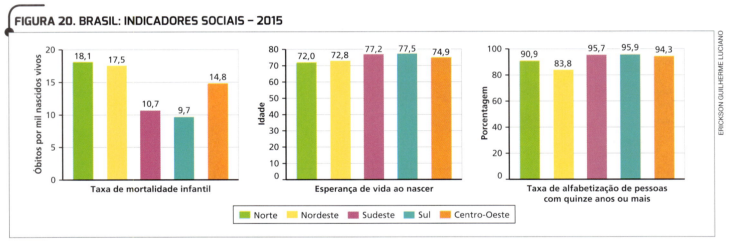

Fonte: IBGE. *Sidra*. Disponível em <https://sidra.ibge.gov.br/pesquisa/ids/tabelas>. Acesso em: 25 abr. 2018.

Figura 21. Equipe da Defesa Civil vistoria as condições de segurança de casas localizadas em área de risco, em Porto Alegre (RS, 2018).

SAIBA MAIS

Curitiba, a cidade mais sustentável da América Latina

Curitiba é a cidade mais sustentável da América Latina, é o que diz o Índice de Cidades Verdes da América Latina, projeto realizado pela Economist Intelligence Unit.

No estudo, que considerou oito categorias de análise – energia e CO_2, uso do solo e prédios, transporte, resíduos, água, saneamento básico, qualidade do ar e governança ambiental –, Curitiba é destacada por seu longo histórico de cuidados com o meio ambiente.

"[...] Já início da década de 1960, enfrentando rápido crescimento demográfico, as autoridades municipais implantaram propostas para reduzir o crescimento urbano desordenado, criar áreas para pedestres e fornecer transporte rápido e eficaz, de baixo custo. O BRT [*Bus Rapid Transit*, em inglês] da cidade, desde então, tornou-se um modelo para diversas cidades latino-americanas. Na década de 1980, o plano urbano envolvia iniciativas integradas que tratavam de questões como a criação de áreas verdes, reciclagem e manejo de resíduos e saneamento básico. Este planejamento integrado permite um bom desempenho em uma área ambiental para criar benefícios em outras: parte do motivo de Curitiba estar situada bem acima da média em qualidade do ar é o transporte público bem-sucedido; e seu desempenho em cada categoria está conectado à abordagem holística. A estratégia da cidade recebeu elogios dos estudiosos, inclusive de Nicholas You, especialista em meio ambiente urbano [...].

Além disso, a preocupação com as questões ambientais tornou-se parte da identidade dos cidadãos como em cidades como Copenhague e Estocolmo, que lideraram o Índice de Cidades Verdes da Europa. Os políticos em Curitiba não podem simplesmente reagir às crises ambientais imediatas; o público espera que eles olhem para o futuro."

Economist Intelligence Unit. *Índice de cidades verdes da Amércia Latina*. p. 10. Disponível em: <https://www.siemens.com/entry/cc/features/greencityindex_international/br/pt/pdf/report_latam_pt_new.pdf> Acesso em: 25 abr. 2018.

ATIVIDADES

1. Historicamente, que fatores foram importantes para que Curitiba se tornasse a cidade mais sustentável da América Latina?

2. Em sua opinião, o lugar em que você vive apresenta bons indicadores de sustentabilidade, considerando as oito categorias analisadas para a criação do Índice de Cidades Verdes?

Na cidade de Curitiba há preocupação com o meio ambiente. Na foto, estação de ônibus Niemayer (PR, 2017).

ERNESTO REGHRAN/PULSAR IMAGENS

ATIVIDADES ECONÔMICAS

Você sabia que a Região Sul apresenta economia diversificada?

CARACTERÍSTICAS GERAIS DA ECONOMIA

Em 2015, o PIB da Região Sul representava aproximadamente 17% do PIB brasileiro: o Rio Grande do Sul participava com 6,4%; o Paraná, com 6,3%; e Santa Catarina, com 4,2%.

O Sul é a segunda região mais industrializada do Brasil e abriga um setor de comércio e de serviços bastante desenvolvido. Contudo, a região também se destaca por apresentar uma agropecuária moderna, caracterizada pela elevada produtividade.

AGROPECUÁRIA

A partir da década de 1960, a Região Sul passou por um intenso processo de industrialização de parte da produção do campo. A integração dos setores agropecuário e industrial, que deu origem às agroindústrias, alterou a base do trabalho no campo, tornando as atividades mais produtivas graças ao emprego de maquinários, insumos agrícolas e modernas técnicas.

PRODUÇÃO AGRÍCOLA

A produção agrícola da Região Sul é uma das mais diversificadas do país devido ao grande número de pequenas e médias propriedades rurais familiares, que, em geral, praticam a policultura. As cooperativas, que mantêm relações com a agroindústria, também exercem um importante papel na agricultura da região.

A agricultura no Sul é beneficiada pelo clima subtropical e pela ocorrência de chuvas bem distribuídas ao longo do ano, características que são propícias às culturas de milho, aveia, cevada, centeio, uva, maçã e trigo (figura 22).

A produção de soja também ocupa posição de destaque no Sul, que disputa com o Centro-Oeste o título de maior produtor do Brasil (figura 23).

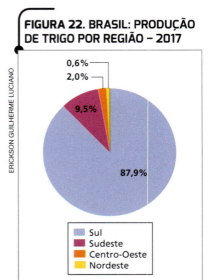

FIGURA 22. BRASIL: PRODUÇÃO DE TRIGO POR REGIÃO – 2017

0,6%
2,0%
9,5%
87,9%

- Sul
- Sudeste
- Centro-Oeste
- Nordeste

ERICKSON GUILHERME LUCIANO

Fonte: CONAB. Disponível em: <https://portaldeinformacoes.conab.gov.br/index.php/safra-serie-historica-dashboard>. Acesso em: 23 abr. 2018.

A Região Sul é responsável por 87,9% da produção nacional de trigo, em função, principalmente, das condições climáticas favoráveis.

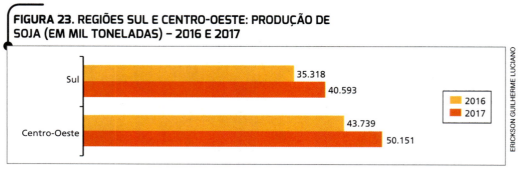

FIGURA 23. REGIÕES SUL E CENTRO-OESTE: PRODUÇÃO DE SOJA (EM MIL TONELADAS) – 2016 E 2017

Sul
35.318
40.593

Centro-Oeste
43.739
50.151

- 2016
- 2017

ERICKSON GUILHERME LUCIANO

Fonte: CONAB. Disponível em: <https://portaldeinformacoes.conab.gov.br/index.php/safra-serie-historica-dashboard>. Acesso em: 23 abr. 2018.

FIGURA 24. BRASIL: PRODUÇÃO PECUÁRIA POR REGIÃO – 2016

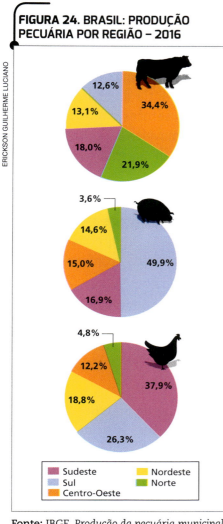

ERICKSON GUILHERME LUCIANO

12,6%
34,4%
13,1%
18,0%
21,9%

3,6%
14,6%
49,9%
15,0%
16,9%

4,8%
12,2%
37,9%
18,8%
26,3%

- ■ Sudeste
- ■ Sul
- ■ Centro-Oeste
- ■ Nordeste
- ■ Norte

Fonte: IBGE. *Produção da pecuária municipal 2016.* Rio de Janeiro: IBGE, 2017. Disponível em: <https://biblioteca.ibge.gov.br/visualizacao/periodicos/84/ppm_2016_v44_br.pdf>. Acesso em: 23 abr. 2018.

PECUÁRIA

A pecuária, que, historicamente, contribuiu para dinamizar a economia da região, ainda é uma atividade importante, intimamente relacionada com a indústria. A Região Sul é responsável por cerca de metade da produção nacional de suínos, além de ter a segunda maior produção de aves (figura 24).

A presença de grandes empresas frigoríficas, especialmente em Santa Catarina, fortalece o setor, que abastece o mercado interno brasileiro e exporta parte de sua produção.

BOVINOS

O Rio Grande do Sul concentra o maior rebanho bovino da região. A existência de extensas áreas de campos foi um dos fatores que favoreceram a formação de pastagens para a pecuária no estado.

A criação de gado bovino no Sul é predominantemente extensiva, porém muitas propriedades estão investindo na forma intensiva, adaptando seus produtos (carne e leite) às normas de saúde e qualidade, com o objetivo de abastecer grandes frigoríficos e indústrias alimentícias instaladas na região.

EXTRATIVISMO

A Região Sul é a principal produtora de carvão mineral do Brasil e concentra a maior parte de sua produção em Santa Catarina, principalmente nos municípios de Criciúma, Lauro Müller, Siderópolis e Urussanga, no Vale do Rio Tubarão (figura 25). O carvão produzido em Santa Catarina é o mais usado nos altos-fornos das siderúrgicas pelo fato de deixar pouco resíduo na queima. O Rio Grande do Sul, embora abrigue as maiores reservas de carvão mineral do país, tem produção menos expressiva em razão da baixa qualidade do produto.

LUCIANA WHITAKER/PULSAR IMAGENS

Figura 25. Extração de carvão mineral no município de Siderópolis (SC, 2016).

INDÚSTRIA

A Região Sul é a segunda mais industrializada do Brasil, atrás apenas do Sudeste. O desenvolvimento de pequenas unidades agrícolas familiares favoreceu o surgimento de pequenas e médias empresas industriais, inicialmente ligadas ao setor de transformação e beneficiamento dos produtos agropecuários. Posteriormente, essas empresas passaram a se associar às indústrias metalúrgicas e de máquinas agrícolas (figura 26).

FIGURA 26. REGIÃO SUL: DISTRIBUIÇÃO DA INDÚSTRIA – 2013

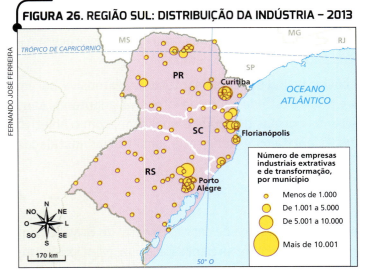

Fonte: IBGE. *Atlas geográfico escolar*. 7. ed. Rio de Janeiro: IBGE, 2016. p. 136.

De olho no mapa

Que porção da Região Sul apresenta menor quantidade de indústrias? Com base nas características dessa área, explique por que isso acontece.

Além de um parque industrial diversificado, o Sul conta com boas condições de infraestrutura que favorecem seu desenvolvimento, como disponibilidade de rodovias, ferrovias e garantia de abastecimento de energia. Destacam-se os setores metalúrgico, alimentício, calçadista, têxtil, moveleira (figura 27) e de bebidas, com a produção de vinhos, especialmente no Rio Grande do Sul.

Também contribui para o desenvolvimento industrial do Sul a proximidade com o grande mercado consumidor do Sudeste, o que gera integração entre as duas regiões, possibilitada pela rede de infraestrutura de transportes.

As áreas de maior concentração industrial são as regiões metropolitanas de Porto Alegre e de Curitiba. Ambas apresentam grande mercado consumidor, mão de obra qualificada e polos industriais bastante diversificados.

No Rio Grande do Sul, Caxias do Sul e Rio Grande se destacam pelo crescimento industrial acima da média do estado nas últimas décadas. A atividade industrial desses municípios tem se baseado na produção de óleos vegetais, no refino do petróleo e na fabricação de fertilizantes.

No Paraná, Londrina, Maringá, Cianorte, Ponta Grossa e Foz do Iguaçu são outros importantes centros industriais da região. No estado de Santa Catarina, as atividades se concentram nas cidades de Joinville, Blumenau, Jaraguá do Sul, Gaspar e Brusque.

Figura 27. A indústria moveleira é um dos destaques da produção industrial da Região Sul. Na foto, fábrica de móveis em Colombo (PR, 2016).

COMÉRCIO E SERVIÇOS

Assim como nas demais regiões do Brasil, no Sul o setor terciário é o que mais contribui na composição do PIB (figura 28).

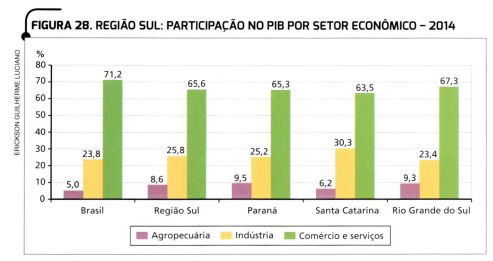

FIGURA 28. REGIÃO SUL: PARTICIPAÇÃO NO PIB POR SETOR ECONÔMICO – 2014

Fonte: IBGE. *Contas regionais do Brasil 2010-2014*. Rio de Janeiro: IBGE, 2016. Disponível em: <https://biblioteca.ibge.gov.br/visualizacao/livros/liv98881.pdf>. Acesso em: 24 abr. 2018.

De olho no gráfico

Que setores da economia da Região Sul contribuem para o PIB regional acima da média nacional?

O turismo se destaca entre as atividades de prestação de serviços, devido aos muitos atrativos que a região oferece. No Paraná, há paisagens de grande beleza, como a das Cataratas do Iguaçu, e grandes obras de engenharia, como a usina hidrelétrica de Itaipu, importante fonte de geração de energia para o Brasil; em Santa Catarina, destacam-se belas praias, como as de Florianópolis (figura 29), e festas regionais, como a Oktoberfest, em Blumenau; no Rio Grande do Sul, acontece a Festa da Uva de Caxias do Sul (figura 30). A região conhecida como Serra Gaúcha está entre os pontos turísticos mais visitados, especialmente no inverno, quando são registradas baixas temperaturas e ocorrência ocasional de geadas e neve.

Figura 30. As atividades culturais também atraem turistas para o Sul do Brasil. Na foto, desfile temático da Festa do Vinho, Caxias do Sul (RS, 2016).

Figura 29. Na Região Sul, o turismo é impulsionado também pelos atrativos naturais. Na foto, vista das praias Mole e da Galheta, em Florianópolis (SC, 2016).

Trilha de estudo

Vai estudar? Nosso assistente virtual no *app* pode ajudar! <mod.lk/trilhas>

ORGANIZAR O CONHECIMENTO

1. Explique os motivos dos movimentos migratórios da Região Sul em direção a outras regiões do Brasil.

2. Identifique as afirmativas incorretas e reescreva-as de forma correta.

   a) A Região Sul é pouco urbanizada: sua população concentra-se no meio rural.

   b) Nas últimas décadas tem havido uma expansão das grandes fazendas e das empresas agropecuárias do Sul, que têm adquirido propriedades de pequenos e médios agricultores.

   c) Em comparação a outras regiões do Brasil, o Sul apresenta baixos indicadores de desenvolvimento social e elevada concentração de terras, com baixa proporção de pequenas e médias propriedades.

3. Estabeleça relação entre as pequenas unidades agrícolas e as primeiras indústrias da Região Sul.

4. Cite fatores internos e externos que influenciaram a vinda de imigrantes para a Região Sul.

5. Sobre a população da Região Sul:

   a) Descreva sua diversidade étnica.

   b) Explique por que, em geral, essa região se diferencia em relação às demais regiões do país.

6. Explique os fatores que contribuem para que a produção agrícola da Região Sul seja uma das maiores e mais diversificadas do país.

7. Qual a importância do tropeirismo para a ocupação da Região Sul?

APLICAR SEUS CONHECIMENTOS

8. Observe as tabelas abaixo e faça o que se pede.

TABELA 1. DOMICÍLIOS COM ABASTECIMENTO DE ÁGUA, POR GRANDE REGIÃO (EM %) – 2015

Norte	93,5
Nordeste	71,9
Sudeste	96,7
Sul	96,6
Centro-Oeste	93,8

TABELA 2. PARTICIPAÇÃO NO PIB DO BRASIL, POR GRANDES REGIÕES (EM %) – 2015

Norte	5,4
Nordeste	14,2
Sudeste	54,0
Sul	16,7
Centro-Oeste	9,7

Fontes: IBGE. Sidra. Disponível em: <https://sidra.ibge.gov.br/tabela/1159#resultado>; *Sistema de Contas Regionais*: Brasil 2015. Disponível em: <https://biblioteca.ibge.gov.br/visualizacao/livros/liv101307_informativo.pdf>. Acesso em 19 jun. 2018.

   a) Elabore um gráfico de barras com os dados apresentados na tabela 1 e um gráfico de setores com os dados apresentados da tabela 2.

   b) Compare as regiões brasileiras com base nos gráficos elaborados.

9. Observe o gráfico a seguir e responda às questões.

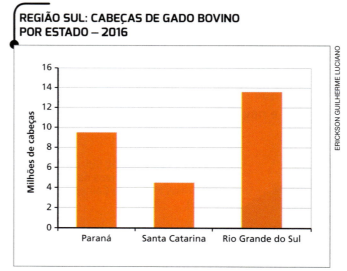

REGIÃO SUL: CABEÇAS DE GADO BOVINO POR ESTADO – 2016

Fonte: IBGE. *Pesquisa da pecuária municipal.* Disponível em: <https://www.ibge.gov.br/estatisticas-novoportal/economicas/agricultura-e-pecuaria/9107-producao-da-pecuaria-municipal.html?=&t=series-historicas>. Acesso em: 24 abr. 2018.

   a) Que estado possui o maior número de cabeças de gado bovino?

   b) Por que a criação de gado bovino é favorecida nesse estado?

10. Observe o mapa a seguir e responda às questões.

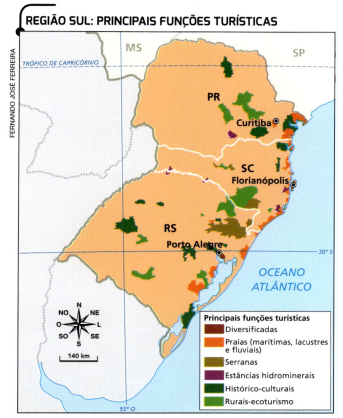

REGIÃO SUL: PRINCIPAIS FUNÇÕES TURÍSTICAS

Principais funções turísticas
- Diversificadas
- Praias (marítimas, lacustres e fluviais)
- Serranas
- Estâncias hidrominerais
- Histórico-culturais
- Rurais-ecoturismo

Fonte: IBGE. *Atlas geográfico escolar*. 7. ed. Rio de Janeiro: IBGE, 2016. p. 139.

a) Onde se localizam os principais núcleos turísticos da Região Sul?

b) Que tipos de turismo se destacam na Região Sul?

c) Na sua opinião, como a atividade turística pode contribuir para a economia de um município?

11. Leia o texto a seguir e assinale a alternativa correta.

"[...] A pecuária, que encontrara no sul um hábitat excepcionalmente favorável para desenvolver-se — e que, não obstante sua baixíssima rentabilidade, subsistia graças às exportações de couro —, passará por uma verdadeira revolução com o advento da economia mineira. [...]

A região rio-grandense, onde a criação de mulas se desenvolveu em grande escala, foi, dessa forma, integrada no conjunto da economia brasileira. Cada ano subiam do Rio Grande do Sul dezenas de milhares de mulas, as quais constituíram a principal fonte de renda da região. Esses animais se concentravam na região de São Paulo, onde, em grandes feiras, eram distribuídos aos compradores, que provinham de diferentes regiões. Desse modo, a economia mineira, através de seus efeitos indiretos, permitiu que se articulassem as diferentes regiões do sul do país [...]."

FURTADO, Celso. *Formação econômica do Brasil*. 34. ed. São Paulo: Companhia das Letras, 2007. p. 121-122.

a) Os imigrantes europeus foram responsáveis pelo comércio descrito no texto, além de terem influenciado a cultura da Região Sul.

b) A mineração não favorecia o comércio interno, uma vez que o ouro era destinado para Portugal.

c) Nas regiões mineradoras eram produzidos diversos elementos de subsistência e era desnecessário, portanto, estabelecer comércio com as demais áreas do país.

d) Os tropeiros, que realizavam o comércio mencionado no texto, contribuíram para promover a integração comercial entre as regiões do Brasil, pois abasteciam de carne, couro e animais a população das áreas mineradoras.

e) O texto trata dos tropeiros, imigrantes de origem italiana e alemã responsáveis pelo comércio entre o Sul e as áreas mineradoras do Brasil.

12. Observe a imagem e faça o que se pede.

Criação de gado bovino em Santa Maria (RS, 2015).

a) Descreva a paisagem apresentada na fotografia acima.

b) Identifique a que área da Região Sul ela corresponde.

c) Que tipo de criação de gado é praticado nessa região? Explique.

 **Mais questões no livro digital**

REPRESENTAÇÕES GRÁFICAS

Mapas pictóricos

Também chamados de ilustrados, os mapas pictóricos representam o espaço de maneira mais artística do que técnica e usam símbolos pictóricos (imagens ou desenhos) que, muitas vezes, dispensam o uso de legendas, uma vez que se procura estabelecer relação direta entre o símbolo e o fenômeno representado.

Os mapas pictóricos são muito usados para representar informações turísticas ou de interesse imobiliário, para divulgação de novos empreendimentos, por exemplo. Em sua maioria, não têm exatidão técnica nem respeitam convenções cartográficas.

RIO GRANDE DO SUL: TURISMO

Santa Catarina

Argentina

Uruguai

ROMEU&JULIETA ESTÚDIO

Fonte: SETUR RS. Disponível em: <http://romeuejulieta.net/rio-grande-do-sul-government>. Acesso em: 24 abr. 2018.

ATITUDES PARA A VIDA

Danças folclóricas

Cada região brasileira tem suas danças próprias. No Sul do Brasil, dentre as muitas danças típicas há o fandango, no Paraná, a balainha, em Santa Catarina, ou a chimarrita, no Rio Grande do Sul. Leia o texto a seguir para saber os benefícios das danças e suas características.

"Os valores que as danças folclóricas trazem aos seus praticantes podem ser descritos em quatro categorias: física, social, cultural e recreacional, pois estas constituem a expressão de emoções, ideias e significados especiais. Além disso, condicionam comportamentos de socialização civilizada, por meio de gestos, passos básicos, configurações espaciais, ritmos próprios, termos e idiomas e atividades características que revelam peculiaridades de um povo, como bater palmas e pés [...].

As características das músicas e das danças folclóricas variam de acordo com as etnias e regiões. As músicas são compostas com letras simples, populares, e são muito animadas. Os figurinos e os cenários são representativos de cada região e etnia. Geralmente, as danças realizam-se em espaços públicos, praças, ruas, largos [...]. As danças folclóricas, em sua maioria, têm coreografias coletivas e circulares e seus participantes se beneficiam emocionalmente ao vivenciá-las. São acompanhadas por instrumentos musicais e inspiram-se em histórias populares, culturais, conforme as tradições e a identidade dos povos de cada região."

COUTO, D. et al. As danças folclóricas da região sul do Brasil: uma proposta de intervenção para o ensino médio. *Cadernos PDE*, 2014. Disponível em <http://www.diaadiaeducacao.pr.gov.br/portals/cadernospde/pdebusca/producoes_pde/2014/2014_uel_edfis_artigo_dorotilde_lustoza_de_almeida_couto.pdf> Acesso em: 24 abr. 2018.

GERSON GERLOFF/PULSAR IMAGENS

As danças possibilitam interações entre distintas gerações e a transmissão de tradições culturais. Na foto, apresentação de dança de origem ucraniana, no município de Mallet (PR, 2017).

ATIVIDADES

1. As danças folclóricas são realizadas coletivamente. Em sua opinião, quais das atitudes a seguir são necessárias para aprender uma dança?

( ) Persistir.

( ) Questionar e levantar problemas.

( ) Pensar de maneira interdependente.

2. Praticar atividades esportivas é uma forma de aprender a controlar os movimentos do corpo. Para aprender uma dança folclórica, o controle do corpo é essencial para realizar os gestos, os passos e acompanhar o ritmo. A associação entre as atividades esportivas e a dança pode ser relacionada a que atitude para a vida?

O texto a seguir apresenta algumas características dos quilombos formados durante o período da escravidão no Brasil e aborda a importância que tiveram para a formação das culturas afro-brasileiras.

Subalterno: aquele sob as ordens de outro; subordinado em autoridade.

Sincretismo: fusão de elementos culturais ou religiosos distintos.

Posteridade: a humanidade num tempo futuro; próximas gerações.

Quilombos e revoltas escravas no Brasil

"Embora não tivessem sido as únicas formas de resistência coletiva sob a escravidão, a revolta e a formação de quilombos foram das mais importantes. A revolta se assemelha a ações coletivas comuns na história de outros grupos subalternos, mas o quilombo foi um movimento típico dos escravos. É difícil, porém, em muitos casos, distinguir um do outro. Apesar de muitos quilombos terem se formado aos poucos, através da adesão de fugitivos individuais ou agrupados, outros tantos resultaram de fugas coletivas iniciadas em revoltas. Tal parece ter sido, por exemplo, o caso de Palmares. [...]

Se a relação entre quilombo e revolta era complexa, não menos complexas eram as experiências dos escravos, e de seus oponentes, face a cada um desses movimentos. O quilombo podia ser pequeno ou grande, temporário ou permanente, isolado ou próximo dos núcleos populacionais; a revolta podia reivindicar mudanças específicas ou a liberdade definitiva, e esta para grupos específicos ou para os escravos em geral. Além dessas questões mais amplas, há outras relativas ao contexto histórico mais favorável ao surgimento de quilombos e revoltas, o perfil de seus participantes e líderes, suas motivações e vocabulário. [...]

Isolados ou integrados, dados à predação ou à produção, o objetivo da maioria dos quilombolas não era demolir a escravidão, mas sobreviver, e até viver bem, em suas fronteiras. [...] Apesar da vigilância senhorial, o mesmo acontecia nas senzalas. Contudo, tanto nestas como naqueles, por pouco que se conheça realmente da dinâmica interna de ambos, predominou a reinvenção, a mistura fina de valores e instituições várias, a escolha de uns e o descarte de outros recursos culturais trazidos por diferentes grupos étnicos africanos ou aqui encontrados entre os brancos e índios. Este deve ter sido o processo de formação das culturas afro-brasileiras — e escrevo no plural para indicar as variações regionais e as diversas estratégias de sincretismo cultural. [...] Essa disponibilidade para mesclar culturas era um imperativo de sobrevivência, exercício de sabedoria também refletida na habilidade demonstrada pelos quilombolas de compor alianças sociais, as quais inevitavelmente se traduziam em transformações e interpenetrações culturais. É óbvio que escravos e quilombolas foram forçados a mudar coisas que não mudariam se não submetidos à pressão escravocrata e colonial, mas foi deles a direção de muitas dessas mudanças, pois não permitiram transformar-se naquilo que o senhor desejava. Nisso, aliás, reside a força e a beleza da cultura que escravos e quilombolas legaram à posteridade."

REIS, João José. Quilombos e revoltas escravas no Brasil. *Revista USP*, São Paulo, n. 28, p. 14-19, dez./fev. 1995/1996. Disponível em: <http://www.revistas.usp.br/revusp/article/view/28362/30220>. Acesso em: 24 abr. 2018.

 ATIVIDADES

OBTER INFORMAÇÕES

1. De acordo com João José Reis, os quilombos tinham as mesmas características? Copie no caderno um trecho do texto que justifique sua resposta.

INTERPRETAR

2. Descreva de que maneira os quilombos poderiam ser formados.

3. O que as revoltas e a formação de quilombos têm em comum?

4. Escreva com suas palavras o que, para o autor, deve ter sido o "processo de formação das culturas afro-brasileiras".

PESQUISAR

5. Segundo dados do Incra (Instituto Nacional de Colonização e Reforma Agrária), existem no Brasil mais de 3 mil comunidades quilombolas, que se autodefinem por relações de parentesco, território, tradições e cultura.

Formem grupos de 5 ou 6 alunos. Cada grupo deverá escolher uma publicação da *Coleção Terras de Quilombos*, disponível em: <www.incra.gov.br/memoria_quilombola>, e apresentar oralmente para os colegas a localização, a origem e as reivindicações da comunidade quilombola escolhida, em uma data agendada pelo professor.

FERNANDO VILELA

8

REGIÃO CENTRO-OESTE

A Região Centro-Oeste é a segunda maior em extensão e a segunda menos populosa do país. Nas últimas quatro décadas, a região tem vivenciado um elevado crescimento econômico: a partir da década de 1980, a agropecuária, sua principal atividade econômica, teve grande aumento de produtividade. A industrialização no Centro-Oeste, porém, tem pouco destaque.

Após o estudo desta Unidade, você será capaz de:

- identificar as principais características do relevo, da hidrografia, do clima e da vegetação do Centro-Oeste;

- compreender o processo histórico de ocupação da região;

- comparar a relevância das diversas atividades econômicas do Centro-Oeste;

- distinguir algumas atividades praticadas pelos povos tradicionais que vivem na região.

Vista aérea do Parque Nacional do Pantanal Mato-grossense, na divisa entre os estados de Mato Grosso e Mato Grosso do Sul, no município de Poconé (MT, 2017).

Vista do Congresso Nacional e da Esplanada dos Ministérios em Brasília, a capital do Brasil (DF, 2018).

ANDRE DIB/PULSAR IMAGENS

RICARDO TELES/PULSAR IMAGENS

ILUSTRAÇÃO: NIK NEVES

MT

Cuiabá

DF

Brasília

GO

Goiânia

MS

Campo
Grande

- Esforçar-se por exatidão e precisão.
- Assumir riscos com responsabilidade.

COMEÇANDO A UNIDADE

1. Que atividade econômica é retratada na foto ao lado?

2. O que você sabe sobre o Pantanal? Utilize elementos da imagem do Parque Nacional do Pantanal Mato-grossense para responder.

3. Quais foram as principais consequências da transferência da capital do Brasil, em 1960, para a Região Centro-Oeste?

ADRIANO KIIRHARA/PULSAR IMAGENS

Colheita mecanizada de soja no município de Unaí (GO, 2017).

NATUREZA DA REGIÃO CENTRO-OESTE

Quais são as principais características da natureza do Centro-Oeste?

ASPECTOS GERAIS

Formada por três estados (Goiás, Mato Grosso e Mato Grosso do Sul) e um distrito (Distrito Federal), a Região Centro-Oeste ocupa uma área de 1.606. 415 km² (observe os dados na tabela 1). Segundo dados do IBGE, a população estimada dessa região era de 18.638.014 habitantes, em 2016.

RELEVO

Na Região Centro-Oeste, predominam áreas de planalto com altitudes não muito elevadas: a maior parte dessas áreas tem entre 200 e 800 metros, e nelas ocorrem diversas serras e chapadas, rodeadas parcialmente por depressões. As formações de planalto com altitudes maiores que 800 metros estão em algumas porções do estado de Goiás (figuras 1 e 2).

Nos estados de Mato Grosso e Mato Grosso do Sul, encontra-se a extensa **Planície do Pantanal**, para onde convergem rios vindos de diversas direções e que compõem a bacia hidrográfica do Rio Paraguai.

Serras e chapadas constituem importantes **divisores de águas** das principais bacias hidrográficas do país. A Chapada dos Parecis, por exemplo, divide as águas das bacias Amazônica e do Paraguai, e a Serra do Caiapó separa as águas de três bacias: do Tocantins-Araguaia, do Paraguai e do Paraná.

TABELA 1. REGIÃO CENTRO-OESTE

Unidade da federação	Sigla	Capital	Área (km²)
Goiás	GO	Goiânia	340.111
Mato Grosso	MT	Cuiabá	903.378
Mato Grosso do Sul	MS	Campo Grande	357.146
Distrito Federal	DF	Brasília*	5.780

Fonte: IBGE. *Atlas geográfico escolar.* 7. ed. Rio de Janeiro: IBGE, 2016. p. 154.

*Capital nacional

Figura 1. Vista de chapada no Parque Nacional da Chapada dos Guimarães (MT, 2015).

MARCOS AMEND/PULSAR IMAGENS

FIGURA 2. REGIÃO CENTRO-OESTE: FÍSICO

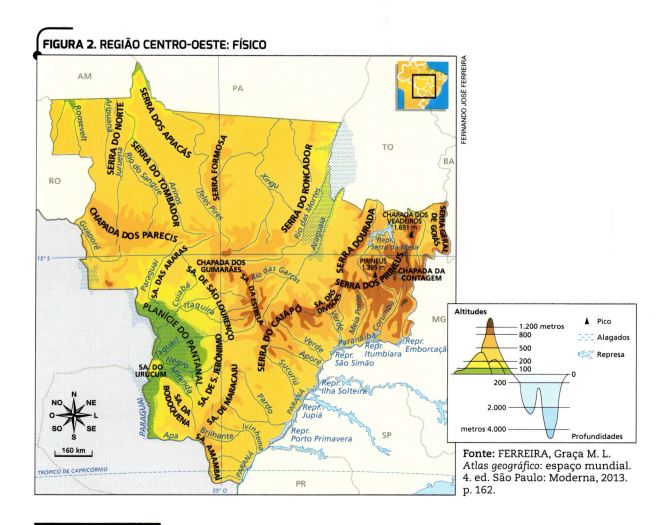

FERNANDO JOSÉ FERREIRA

Fonte: FERREIRA, Graça M. L. *Atlas geográfico*: espaço mundial. 4. ed. São Paulo: Moderna, 2013. p. 162.

HIDROGRAFIA

As principais bacias hidrográficas que banham a Região Centro-Oeste são as dos rios Amazonas, Paraná, Paraguai e Tocantins-Araguaia.

A Bacia do Tocantins-Araguaia estende-se do leste de Mato Grosso, atravessando o norte de Goiás, ao Norte do país, onde está localizada uma das maiores hidrelétricas do Brasil, a Usina de Tucuruí, no Pará.

Grande parte dos rios do Centro-Oeste tem elevado potencial para geração de energia elétrica por apresentar grande quantidade de corredeiras e quedas-d'água (figura 3). Por outro lado, há trechos navegáveis em parte dos cursos – os rios das bacias do Paraná e do Paraguai, por exemplo, não são utilizados apenas para a produção de energia elétrica, mas também para o transporte de passageiros e mercadorias.

Figura 3. Usina Hidrelétrica São Simão, no Rio Parnaíba, localizada no município de São Simão (GO, 2014).

THOMAZ VITA NETO/PULSAR IMAGENS

CLIMA

No Centro-Oeste o clima predominante é o **tropical,** com verões quentes e chuvosos e invernos frios e secos. O período chuvoso ocorre entre os meses de outubro e março. A estação seca acontece entre os meses de abril e setembro, ao longo do outono e do inverno.

Na porção norte da Região Centro-Oeste, zona de transição para a Floresta Amazônica, ocorre o clima **equatorial,** caracterizado pelas elevadas temperatura e pluviosidade (figura 4).

VEGETAÇÃO

Na Região Centro-Oeste encontra-se o Pantanal: bioma marcado pela presença de uma grande área de planície drenada por muitos rios e onde há espécies vegetais e animais da Mata Atlântica, da Floresta Amazônica e do cerrado. No restante da região predomina a vegetação de cerrado (figura 5).

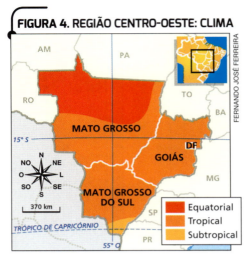

FIGURA 4. REGIÃO CENTRO-OESTE: CLIMA

Fonte: FERREIRA, Graça M. L. *Atlas geográfico:* espaço mundial. 4. ed. São Paulo: Moderna, 2013. p. 123.

PARA LER

- **Cerrado brasileiro**
José Maria Franco e Armênio Uzunian.
São Paulo: Harbra, 2010.

O livro permite aprofundar os conhecimentos sobre o cerrado em seus variados aspectos: flora, fauna e ocupação do espaço, considerando as propostas para a preservação dessa vegetação.

FIGURA 5. CERRADO: ÁREA REMANESCENTE – 2009

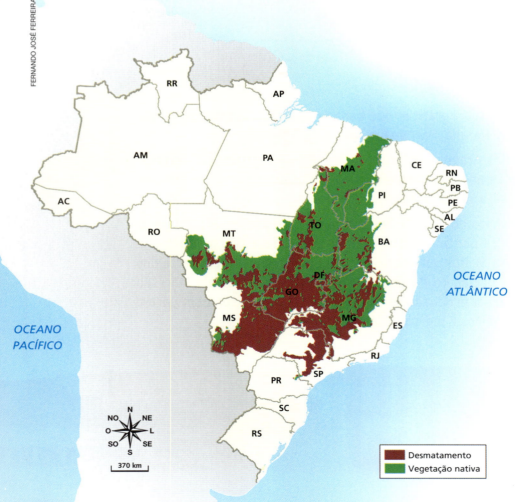

Desmatamento
Vegetação nativa

Fonte: RIGUEIRA JUNIOR, Itamar. Pesquisa realizada no IGC projeta tendências de desmatamento e regeneração do cerrado até 2050. *UFMG,* 22 maio 2013. Disponível em: <https://www.ufmg.br/online/arquivos/028424.shtml>. Acesso em: 24 abr. 2018.

FIGURA 6. AS FORMAÇÕES DO CERRADO BRASILEIRO

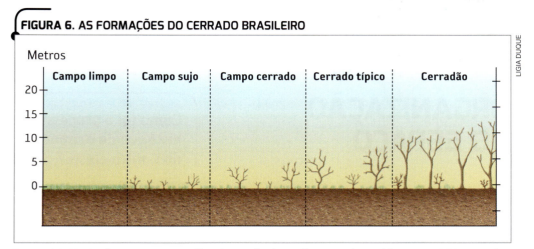

Fonte: CONTI, José B., FURLAN, Sueli A. Geoecologia: o clima, o solo e a biota. In: ROSS, Jurandyr L. S. (Org.). *Geografia do Brasil*. 4. ed. São Paulo: Edusp, 2001. p. 179.

A principal característica do cerrado é a predominância de espécies rasteiras, com pequenos arbustos e árvores tortuosas (figura 6). O cerrado apresenta cinco tipos fisionômicos:

- **campo limpo:** campo com predomínio de gramíneas;

- **campo sujo:** cobertura constituída de árvores esparsas, distantes umas das outras;

- **campo cerrado:** área com predomínio absoluto de espécies herbáceas e algumas arbustivas; apresenta vegetação mais fechada que o campo sujo;

- **cerrado típico:** conjunto caracterizado pela presença de árvores baixas, a maioria com altura inferior a 12 metros, inclinadas, tortuosas, com ramificações irregulares e retorcidas;

- **cerradão:** área com grande quantidade de árvores que podem chegar a 15 metros de altura.

Nas áreas mais abertas do cerrado, onde há predominância de vegetação arbustiva, é comum a ocorrência de queimadas naturais, que exercem um importante papel no equilíbrio dessa formação. O fogo estimula algumas etapas do ciclo de vida de muitas espécies, principalmente as herbáceas, além de promover a reciclagem da matéria orgânica, uma vez que as cinzas, com as chuvas, disponibilizam nutrientes às raízes das plantas. Sem esse equilíbrio, muitos animais perderiam seu hábitat e diversos tipos de plantas deixariam de existir na região.

Entretanto, além das queimadas naturais, muitas vezes provocadas por raios, são frequentes as queimadas realizadas com o objetivo de preparar o solo para a prática agrícola, que atingem grandes proporções e colocam em risco a vida de animais silvestres. No Centro-Oeste, sobretudo nas últimas décadas, boa parte da vegetação do cerrado foi desmatada para a prática da agropecuária (figura 7).

De olho nos mapas

Compare os mapas das figuras 5 e 7 e estabeleça relação entre o avanço das plantações de soja e a devastação do cerrado.

FIGURA 7. BRASIL: ÁREAS COM PRODUÇÃO DE SOJA – 2015

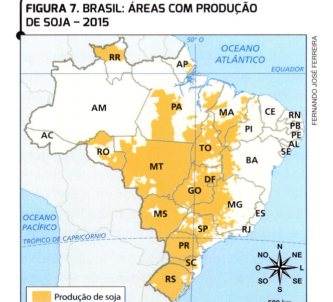

Fonte: IBGE. Pesquisa Agrícola Municipal: recordes de produção de soja e milho impulsionam agricultura em 2015. *Agência IBGE Notícias*, 25 maio 2017. Disponível em: <https://agenciadenoticias.ibge.gov.br/2013-agencia-de-noticias/releases/9812-pesquisa-agricola-municipal-recordes-de-producao-de-soja-e-milho-impulsionam-agricultura-em-2015.html>. Acesso em: 24 abr. 2018.

ORGANIZAÇÃO DO ESPAÇO

Como foi o processo histórico de ocupação do Centro-Oeste?

CARACTERÍSTICAS GERAIS ATUAIS

O Centro-Oeste é a região do Brasil de ocupação mais recente. Embora sua exploração tenha se iniciado no século XVII, foi durante o século XX que o povoamento se intensificou.

Segunda região menos populosa do Brasil, com pouco menos de 19 milhões de habitantes em 2016, o Centro-Oeste abriga apenas duas regiões metropolitanas: a de Goiânia e a de Cuiabá, além da Região Integrada de Desenvolvimento do Distrito Federal e Entorno (Ride), onde está situada a capital do país, **Brasília**.

A maior parte da população do Centro-Oeste é urbana. O uso de tecnologias na produção agropecuária e o crescimento industrial, além da construção de Brasília, influenciaram a migração de milhares de pessoas para as cidades da região.

De olho no mapa

1. Qual capital de estado atual do Centro-Oeste fazia parte da área de mineração no século XVIII?

2. No século XVIII, que atividades econômicas movimentavam diversas áreas que compõem a Região Centro-Oeste atual?

INÍCIO DA OCUPAÇÃO: ENTRADAS E BANDEIRAS NO SÉCULO XVIII

O interior do Brasil começou a ser explorado mais intensamente a partir do início do século XVII, por expedições pioneiras, chamadas de entradas e bandeiras. As **entradas** eram expedições organizadas pelo governo colonial sobretudo para o reconhecimento do território. As **bandeiras** eram organizadas especialmente por colonos paulistas e visavam o aprisionamento de indígenas para o trabalho escravo e a exploração de pedras e metais preciosos.

Com a descoberta de ouro no atual estado de Minas Gerais, em 1693, milhares de pessoas se estabeleceram ao redor das áreas de mineração, que também se estendiam por áreas da atual Região Centro-Oeste (figura 8). Com a decadência da atividade mineradora em Minas Gerais, por volta de 1750, parte da população que ocupava a porção central do território brasileiro passou a se dedicar à pecuária.

FIGURA 8. BRASIL: PECUÁRIA E MINERAÇÃO – SÉCULO XVIII

Fonte: *Atlas histórico escolar.* 8. ed. Rio de Janeiro: FAE, 1991. p. 24 e 32.

FERNANDO JOSÉ FERREIRA

BACIA DO PRATA, PROJETOS DE COLONIZAÇÃO E CONSTRUÇÃO DE BRASÍLIA

A Região Centro-Oeste faz fronteira com a Bolívia e o Paraguai. Historicamente, as relações com esses países se desenvolveram a partir do comércio realizado através do Rio Paraguai, que, com o Rio Uruguai e o Rio Paraná, formam a Bacia do Prata, área de significativo dinamismo econômico na América do Sul (figura 9).

No fim do século XIX e início do século XX, a circulação de mercadorias e pessoas na Bacia do Prata era controlada especialmente pela Argentina. Nesse contexto, o município brasileiro de Corumbá (MS) teve sua economia animada pelo comércio de produtos como charque, couro e erva-mate pelo Rio Paraguai (figura 10). A cidade de Corumbá não possuía muita conexão com o restante do Brasil, mas estava no circuito de comércio realizado na América do Sul.

FIGURA 9. BACIA DO PRATA

Fonte: FREITAS, Elisa Pinheiro de. Corumbá (MS) e as metamorfoses nas políticas brasileiras de ordenamento territorial e seus impactos na região de fronteira Brasil-Bolívia. *Geo Fronter*, Campo Grande, n. 3, v. 1, jan. a jun. 2017, p. 16-29.

Figura 10. Porto fluvial de Corumbá (MS, 1910), situado no Rio Paraguai.

A FERROVIA NOROESTE

A importância política e econômica da Argentina trouxe desconforto ao Brasil quando argentinos e uruguaios começaram a expandir suas atividades de criação de gado em direção ao Pantanal. O Estado brasileiro buscou então reorientar o fluxo econômico na região construindo a Ferrovia Noroeste do Brasil, que ligava Corumbá (MS) a Bauru (SP). Inaugurada em 1914, essa ferrovia passou a ser importante para conectar áreas do Centro-Oeste ao litoral do Oceano Atlântico, beneficiando o comércio entre Campo Grande e o estado de São Paulo e estimulando o desenvolvimento da agropecuária na Região Centro-Oeste.

PARA ASSISTIR

● **Brasília: primeiras imagens**
Jean Manzon. TV Congresso em foco. Disponível em: <http://www.brasil.gov.br/governo/2010/04/brasilia-primeiras-imagens>. Acesso em: 20 abr. 2018.

O curta-metragem, feito por um documentarista francês em 1957, busca mostrar o início da construção da cidade de Brasília sob a ótica do governo federal. No curta há cenas históricas da vastidão da área onde Brasília foi construída e das paisagens com as primeiras estradas, usinas e esplanadas.

219

PROJETOS DE OCUPAÇÃO E DE COLONIZAÇÃO

Na década de 1940, o então presidente Getúlio Vargas determinou a criação do projeto "Marcha para o oeste" com o objetivo de incentivar a ocupação da porção central do Brasil. Entre os pioneiros desse movimento estiveram os irmãos Cláudio, Orlando e Leonardo Villas-Bôas, que lideraram a expedição **Roncador-Xingu**. Os irmãos Villas-Boas chegaram a fazer um amplo reconhecimento do território do Mato Grosso. Com a abertura de diversas estradas e áreas de pouso, calcula-se que essa iniciativa tenha contribuído para a criação de mais de 40 municípios no estado.

Na década de 1940, o governo federal também iniciou um projeto de colonização sobretudo nos estados de Goiás e Mato Grosso com o objetivo de desenvolver o povoamento e a economia na região. A partir da década de 1970, outros projetos de colonização foram implantados pelos governos federal e estadual e por empresas privadas. Grandes investimentos em infraestrutura, como rodovias e linhas de transmissão de energia elétrica, foram implementados visando facilitar a circulação de pessoas e mercadorias (figura 11).

A CONSTRUÇÃO DE BRASÍLIA

Brasília foi idealizada em meados dos anos 1950 pelo presidente Juscelino Kubitschek, que queria transferir a capital federal do Rio de Janeiro para o planalto central com o objetivo de promover a integração do país. Brasília foi concebida para sediar as principais estruturas do funcionalismo público federal e abrigar um número limitado de pessoas. No entanto, com o progressivo aumento da população nas décadas subsequentes a sua inauguração, as áreas periféricas começaram a ser ocupadas sem planejamento.

Hoje, as condições precárias das periferias (figura 12) contrastam com a situação privilegiada do centro de poder, localizado no Plano Piloto, área central da cidade.

A presença da capital federal no interior do território brasileiro deu impulso ao estabelecimento de infraestrutura de transporte ligando as diversas Regiões do país. Foram feitos investimentos, principalmente em rodovias, para ligar a nova capital aos principais centros urbanos brasileiros.

FIGURA 11. MATO GROSSO: NÚCLEOS DE COLONIZAÇÃO – DÉCADA DE 1970

Fonte: OLIVEIRA, Ariovaldo U. *Amazônia:* monopólio, expropriação e conflitos. Campinas: Papirus, 1987. p. 108.

Oscar Niemeyer

O audiovisual apresenta algumas ideias que nortearam a criação de Brasília, com destaque para o planejamento urbano e habitacional da cidade.

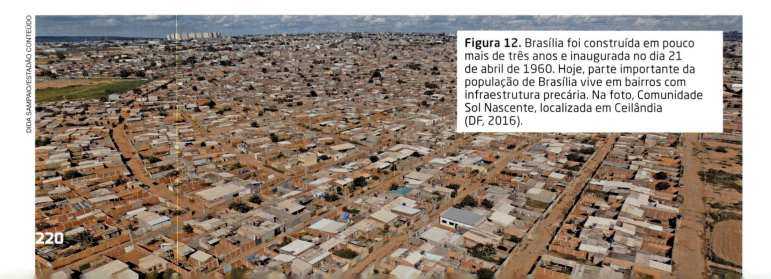

Figura 12. Brasília foi construída em pouco mais de três anos e inaugurada no dia 21 de abril de 1960. Hoje, parte importante da população de Brasília vive em bairros com infraestrutura precária. Na foto, Comunidade Sol Nascente, localizada em Ceilândia (DF, 2016).

FERNANDO JOSÉ FERREIRA

DIDA SAMPAIO/ESTADÃO CONTEÚDO

MODERNIZAÇÃO RECENTE

Nas décadas de 1970 e 1980, o Centro-Oeste registrou um período de intenso crescimento econômico e demográfico, recebendo elevados investimentos e o estabelecimento de importantes empresas agroindustriais. O intenso fluxo migratório para a região foi acelerado pelo processo de expansão da fronteira agrícola brasileira, que englobou as regiões Centro-Oeste e Norte.

A modernização agrícola nacional, e em especial da Região Centro-Oeste, é de significativa importância, estando ligada diretamente ao desenvolvimento do agronegócio no país.

Mesmo com o avanço da fronteira agrícola, a região possui uma agricultura relativamente modernizada, em decorrência de carência de mão de obra, capital e tecnologia.

O Índice de Modernização Agrícola (IMA), mostrado no mapa ao lado (figura 13), leva em conta um conjunto de variáveis que caracteriza o padrão técnico e tecnológico da agricultura local. Grande parte dos municípios classificados com o menor grau de modernização estão em áreas do Pantanal e os municípios de melhores valores de IMA estão no cerrado, por consequência da expansão da fronteira agrícola nacional iniciada na década de 1970.

FIGURA 13. REGIÃO CENTRO-OESTE: ÍNDICE DE MODERNIZAÇÃO AGRÍCOLA (IMA)

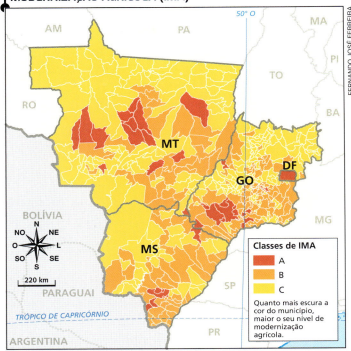

Fonte: FERNANDES, Elaine Aparecida; LAVORATO Mateus Pereira. Índice de modernização agrícola dos municípios da Região Centro-Oeste do Brasil. *Revista Econômica do Centro-Oeste*, Goiânia, v. 2, n. 2, p. 2-18, 2016.

Nos últimos anos, o avanço do agronegócio tem provocado aumento na participação da Região Centro-Oeste no PIB brasileiro. No entanto, o uso de grandes extensões de terra para a agropecuária (figura 14) tem causado a perda da biodiversidade, o empobrecimento dos solos e a contaminação de diversos mananciais na região.

Figura 14. A pecuária extensiva é uma atividade econômica importante no Centro-Oeste. Na foto, deslocamento de rebanho em grande propriedade no município de Corumbá (MS, 2017).

ATIVIDADES

ORGANIZAR O CONHECIMENTO

1. Complete o texto a seguir com as palavras adequadas.

No relevo da Região Centro-oeste predominam as áreas de

_____, e na porção oeste dos estados de Mato Grosso e Mato Grosso do Sul está localizada a extensa _____ do Pantanal.

Os rios da região possuem tanto potencial para geração de _____ quanto para o uso para o _____ de pessoas e mercadorias.

O clima predominante na região é o _____.

2. Associe cada acontecimento histórico à sua consequência.

   I. Séculos XVII-XVIII: expedições do litoral em direção ao interior.
   II. Fim do século XIX e início do XX: comércio de produtos pelo Rio Paraguai.
   III. 1914: Ferrovia Noroeste liga o Centro-Oeste ao litoral.

   IV. Década de 1940: Expedição Roncador-Xingu no Mato Grosso.
   V. 1960: inauguração de Brasília.
   VI. Décadas de 1970-1980: expansão da fronteira agrícola.
   VII. 2000-2020: expansão do agronegócio.

   ( ) Intenso fluxo migratório e crescimento econômico e populacional.
   ( ) Desenvolvimento de Corumbá.
   ( ) Desenvolvimento da agropecuária para o comércio.
   ( ) Aumento da participação do Centro-Oeste no PIB brasileiro e dos problemas ambientais.
   ( ) Desenvolvimento da infraestrutura (rodovias e transmissão de eletricidade).
   ( ) Início do povoamento da atual Região Centro-Oeste.
   ( ) Abertura de estradas, áreas para pouso e criação de municípios

3. Na atualidade, qual atividade econômica tem sido a base da economia do Centro-Oeste?

APLICAR SEUS CONHECIMENTOS

4. Observe a imagem e leia a legenda.

Os milhares de trabalhadores que participaram da construção de Brasília ficaram conhecidos como candangos. Na foto, trabalhadores nas obras do palácio do Congresso Nacional, em Brasília (DF, 1959).

a) De acordo com o que você estudou e utilizando elementos da imagem, explique como a construção de Brasília teve um papel muito importante na organização do espaço da Região Centro-Oeste.

b) Os trabalhadores da construção de Brasília ficaram conhecidos como "candangos". Pesquise o significado dessa palavra no dicionário e reflita sobre como a escolha desse nome demonstra o preconceito em relação a esses trabalhadores.

5. Observe o mapa e responda às questões.

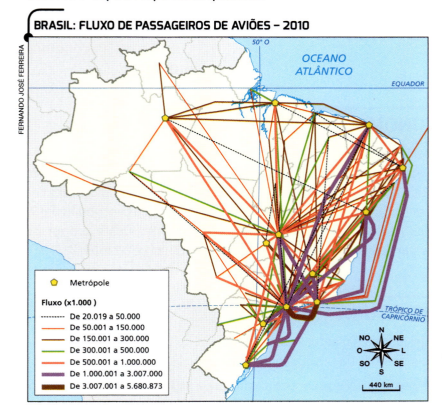

BRASIL: FLUXO DE PASSAGEIROS DE AVIÕES – 2010

FERNANDO JOSÉ FERREIRA

a) De acordo com o mapa, quais são as principais metrópoles concentradoras de fluxos de passageiros aéreos no Brasil? E em que regiões elas se localizam?

b) Qual é a importância da localização de Brasília nos fluxos aéreos brasileiros?

Fonte: TEIXEIRA, Sérgio Henrique Oliveira. Planejamento corporativo e concessão aeroportuária no Brasil. In: *Mercator*, Fortaleza, v. 17, 2018. Disponível em: <http://www.scielo.br/pdf/mercator/v17/1984-2201-mercator-17-e17002.pdf>. Acesso em: 20 abr. 2018.

6. Leia o texto para responder às questões.

Para a agricultura do Centro-Oeste a saída é pelo Norte

"O problema é conhecido: tirar a soja ou o milho das fazendas do Centro-Oeste e colocá-los dentro de um navio para exportação é um suplício. [...]

De uma ponta a outra, esbarra-se no mau estado de conservação das pistas, numa infinidade de pedágios, no custo elevado de combustível e manutenção dos caminhões.

Só a péssima qualidade da pavimentação causa um prejuízo de 3,8 bilhões ao país a cada nova safra, conforme a Confederação Nacional dos Transportes.

Uma saída para o entrave sempre esteve evidente. Basta bater os olhos no mapa do Brasil. Escoar a produção pelos portos de cima – do Norte e do Nordeste – é bem mais razoável do que a alternativa de descer com os grãos.

Mas sempre faltou o mais importante: investimento. Até agora. Neste ano, os portos do chamado Arco Norte – que inclui os complexos de Itacoatiara (AM), Santarém e Barcarena (PA), São Luís (MA) e Salvador (BA) – terão uma importância inédita para as exportações agrícolas.

O Arco Norte foi responsável por cerca de 20% das exportações de soja e milho do Brasil no ano passado. O volume foi comemorado porque historicamente, até 2014, não passava de 15%, conforme dados da Confederação da Agricultura e Pecuária do Brasil. [...]"

SEGALA, Mariana. Para a agricultura do Centro-Oeste, a saída é pelo Norte. *Exame*, 25 abr. 2016. Disponível em: <https://exame.abril.com.br/economia/investimentos-em-infraestrutura-dinamizam-economia-do-norte/>. Acesso em: 20 abr. 2018.

a) Segundo a reportagem, quais são os problemas enfrentados para o escoamento da produção agrícola do Centro-Oeste?

b) De que forma esse problema está sendo resolvido?

③ ATIVIDADES ECONÔMICAS

Qual é a importância da agricultura do Centro-Oeste para a economia brasileira?

TABELA 2. CENTRO-OESTE: PARTICIPAÇÃO NO PIB NACIONAL – 2015	
Unidade da federação	Participação (em %)
Goiás	2,9
Mato Grosso	1,8
Mato Grosso do Sul	1,4
Distrito Federal	3,6

Fonte: IBGE. *Sistema de Contas Nacionais: Brasil 2015.* Disponível em: <https://biblioteca.ibge.gov.br/visualizacao/livros/liv101307_informativo.pdf>. Acesso em: 20 abr. 2018.

A ECONOMIA DO CENTRO-OESTE

Nas últimas décadas, a Região Centro-Oeste continua registrando crescimento econômico. Esse dado pode ser constatado, por exemplo, na avaliação da participação da região no PIB nacional: em 2002, o Centro-Oeste contribuía com 8,6% para o PIB nacional; em 2015, passou a contribuir com 9,7%. O Distrito Federal é a unidade da federação do Centro-Oeste que apresenta a maior participação no PIB brasileiro: 3,6%. Observe a tabela 2.

AGRICULTURA

A agricultura é o setor mais importante do Centro-Oeste, responsável por mais de 40% da produção agrícola do Brasil (figura 15).

Entre os fatores que contribuíram para a expansão da atividade agrícola na região, destacam-se o desenvolvimento de sementes adaptadas e mais resistentes às condições do solo e da natureza local, os incentivos governamentais (isenção fiscal, oferta de terras e investimentos em infraestrutura) e o uso de novas técnicas de irrigação e de correção dos solos.

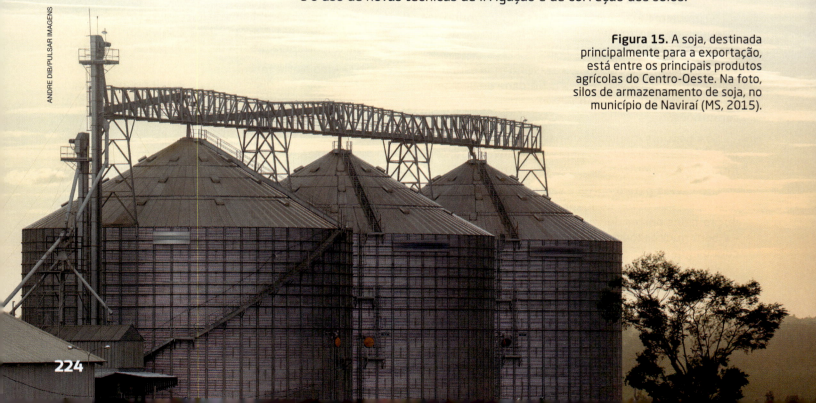

Figura 15. A soja, destinada principalmente para a exportação, está entre os principais produtos agrícolas do Centro-Oeste. Na foto, silos de armazenamento de soja, no município de Naviraí (MS, 2015).

ANDRE DIB/PULSAR IMAGENS

A correção dos solos é uma técnica que visa compensar a baixa fertilidade natural: na preparação dos terrenos para cultivo, dosagens elevadas de fertilizantes são empregadas. No entanto, essa prática aumentou os custos de produção e reduziu a rentabilidade do negócio na região. Para compensar essa redução, muitos produtores buscaram a economia de escala, com a exploração de áreas cada vez maiores.

O desenvolvimento e a aplicação das tecnologias à agricultura foi fundamental para aumentar a produtividade agrícola no Centro-Oeste: estudos da Empresa Brasileira de Pesquisa Agropecuária (Embrapa) indicam que o Centro-Oeste apresenta os maiores índices de produtividade anual de grãos do Brasil (figura 16).

O Centro-Oeste é também o maior produtor brasileiro de algodão e mais de 90% dessa produção se concentra no estado de Mato Grosso, onde praticamente todo o sistema de plantação é mecanizado (figura 17).

ARTUR KEUNECKE/PULSAR IMAGENS

Figura 17. Plantação e colheita de algodão, através de grandes rolos envoltos por material plástico, no município de Chapada dos Guimarães (MT, 2016).

Economia de escala: redução de custos unitários decorrente de aumento no volume (escala) de produção, seja de uma empresa, um setor, uma região ou um país.

De olho no gráfico

No Brasil, quais são as regiões que apresentam as maiores produções em volume de soja? Explique as características dessa produção no Centro-Oeste.

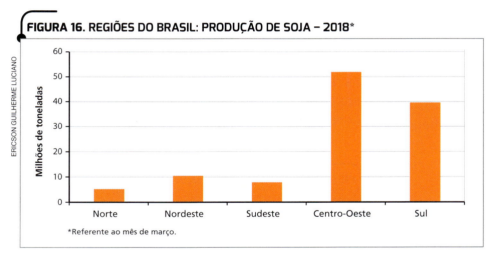

FIGURA 16. REGIÕES DO BRASIL: PRODUÇÃO DE SOJA – 2018*

ERICSON GUILHERME LUCIANO

*Referente ao mês de março.

Fonte: IBGE. *Levantamento sistemático da produção agrícola.* Disponível em: <https://sidra.ibge.gov.br/tabela/1618>. Acesso em: 23 abr. 2018.

PECUÁRIA

A pecuária, uma das primeiras atividades econômicas realizadas na região no período colonial, hoje é muito importante para o Centro-Oeste, que concentra o maior rebanho bovino brasileiro, com cerca de 35% das cabeças de gado em 2016. O rebanho de suínos é o terceiro maior do Brasil, atrás das regiões Sul e Sudeste.

O desenvolvimento da pecuária na região é favorecido pela disponibilidade de terras e pela proximidade em relação ao mercado consumidor da carne produzida, localizado sobretudo na Região Sudeste.

O avanço da pecuária extensiva, no entanto, tem causado uma série de problemas ambientais na região, decorrentes, principalmente, do desmatamento da vegetação. A formação de grandes grupos brasileiros produtores de carne e a consequente ampliação das exportações levaram à ocupação de novas áreas, acelerando o processo de desmatamento.

Figura 18. Escavação para extração de minério de ferro e manganês na Serra do Urucum, em Corumbá (MS, 2014).

EXTRATIVISMO

No Centro-Oeste, o extrativismo vegetal e mineral está presente sobretudo nas áreas mais distantes dos grandes centros urbanos. Da Floresta Amazônica, que recobre a porção norte da região, são extraídas borracha e madeira. O ferro e o manganês são encontrados na Serra do Urucum, em Corumbá, Mato Grosso do Sul (figura 18).

A produção extrativista é escoada através dos rios da Bacia do Rio Paraná, em direção às Regiões Sudeste e Sul: parte do minério segue para o porto de Santos, em São Paulo, e parte para o porto de Paranaguá, no Paraná.

Assim como a pecuária, o extrativismo também é uma atividade responsável pelo desmatamento na região.

INDÚSTRIA

O estado de Goiás e o Distrito Federal são as áreas mais industrializadas da região. No eixo que engloba os municípios de Anápolis, Goiânia e a capital federal, Brasília, encontra-se a maior concentração industrial do Centro-Oeste, onde se destacam as indústrias automobilística, farmacêutica e têxtil e os ramos ligados ao setor de alimentos e de bebidas (figura 19).

Um dos fatores que favorecem o desenvolvimento da indústria nessas áreas é a proximidade tanto de grandes centros de consumo quanto das principais vias de comunicação com estados de outras regiões, como Minas Gerais e São Paulo.

A existência de ferrovias e hidrovias para o escoamento da produção também tem contribuído para a industrialização do Centro-Oeste. Além disso, a região conta com uma série de incentivos fiscais, como isenção de impostos e redução de tarifas para instalação de empresas. Outro fator que favorece o desenvolvimento industrial no Centro-Oeste é a disponibilidade energética devido à presença de usinas hidrelétricas na região (como a de Itumbiara, em Goiás) e nos estados vizinhos (como algumas usinas que pertencem ao Complexo Urubupungá).

FIGURA 19. REGIÃO CENTRO-OESTE: INDÚSTRIA

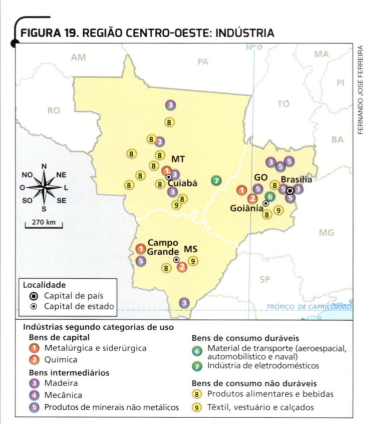

Fonte: CALDINI, Vera Lúcia de Moraes; ÍSOLA, Leda. *Atlas geográfico Saraiva*. 4. ed. São Paulo: Saraiva, 2013. p. 73.

TURISMO

O turismo é uma atividade econômica de destaque no Centro-Oeste, especialmente o chamado ecoturismo, praticado de forma sustentável.

São exemplos de atrativos naturais da região a Chapada dos Guimarães (MT), a Chapada dos Veadeiros (GO), o Pantanal (MT e MS) e o município de Bonito (MS) (figura 20). Goiás também oferece um circuito de águas termais, no qual se destacam Caldas Novas e Rio Quente. Algumas cidades goianas abrigam um importante patrimônio histórico-cultural, como Goiás, antiga capital do estado, também conhecida como "Goiás Velho".

MARCOS AMEND/PULSAR IMAGENS

Figura 20. O município de Bonito está situado no Parque Nacional da Serra da Bodoquena, área de montanha com rios de águas transparentes e diversas grutas e cavernas. Na foto, caverna de rocha calcárea, inundada pela água do lençol freático (MS, 2017).

SOCIEDADE E MEIO AMBIENTE

Quais são as comunidades tradicionais do Centro-Oeste?

AS COMUNIDADES TRADICIONAIS

Na Região Centro-Oeste vivem diversos povos e comunidades tradicionais. Trata-se de povos que habitam as áreas de cerrado, de floresta e áreas do Pantanal, sobrevivendo dos recursos da natureza, como frutos, peixes, castanhas, madeira, farinha, fibras, borracha, óleo, entre outros. Esses recursos são utilizados como fonte de alimento ou na confecção de objetos e utensílios domésticos. O extrativismo, a pesca, a agricultura de subsistência e a pecuária são as principais atividades que sustentam as famílias dessas comunidades, cujas tradições e técnicas desenvolvidas ao longo do tempo preservam a biodiversidade e os elementos naturais presentes no território que ocupam.

Entre as comunidades tradicionais que vivem no Pantanal e os povos da floresta e do cerrado situados na Região Centro-Oeste estão os indígenas (figura 21), os seringueiros, os castanheiros, os quilombolas, os pantaneiros (figura 22), os ribeirinhos, os pescadores artesanais, os apanhadores de sempre-vivas, entre outros.

RENATO SOARES/PULSAR IMAGENS

Figura 21. O Centro-Oeste é a região do Brasil com a terceira maior população indígena, e grande parte dessa população está no estado de Mato Grosso do Sul. Na foto, indígena da etnia Kadiwéu roçando o mato para o plantio do milho, no município de Porto Murtinho (MS, 2015).

EDSON GRANDISOLI/PULSAR IMAGENS

Figura 22. Os pantaneiros habitam o Pantanal e por isso conhecem o regime de secas e inundações do ambiente. Vivem da pesca, do extrativismo e da criação de gado. Na foto, boiadeiros tocando o gado, no município de Poconé (MT, 2015).

COMUNIDADES TRADICIONAIS E PRESERVAÇÃO

Como são considerados comunidades tradicionais, a legislação brasileira assegura que os povos das florestas e do cerrado devem ter seus territórios garantidos, assim como o acesso aos recursos naturais que tradicionalmente utilizam para sua sobrevivência (figura 23). No entanto, na prática, eles enfrentam diversos desafios para que esses direitos sejam garantidos.

O cerrado, por exemplo, registrou nas últimas décadas elevados índices de desmatamento em decorrência do estabelecimento de áreas destinadas à pecuária extensiva e ao cultivo da soja, do algodão e de outras monoculturas (figura 24). Essas atividades, baseadas no modelo do agronegócio, além de provocar a retirada de grandes extensões de vegetação natural, utilizam diversos insumos químicos, provocando uma série de impactos no meio ambiente.

O desmatamento, a escassez e a contaminação das águas e dos solos afetam diretamente os povos tradicionais que vivem na Região Centro-Oeste, pois eles dependem diretamente dos recursos oferecidos pela natureza. Além disso, as dificuldades com relação à posse legal da terra contribuem para que as comunidades sofram com a perda de suas territorialidades e com a descaracterização do modo de vida.

Figura 23. Os apanhadores de sempre-viva vivem da coleta dessa flor, característica do cerrado e utilizada para a confecção de peças de artesanato. Na foto, coletora de plantas ornamentais e medicinais na comunidade quilombola de Engenho 2, em Alto Paraíso de Goiás (GO, 2017).

Figura 24. Área desmatada no município de Araguaiana (MT, 2014).

FIGURA 25. REGIÃO ABRANGIDA PELO PANTANAL

FERNANDO JOSÉ FERREIRA

CHAPADA DOS GUIMARÃES

57° O

Rio Jauru

Rio Jubá

Rio Paraguai

Rio Cuiabá

Rio São Lourenço

Rio Itiquira

16° S

Rio Piquiri

BOLÍVIA

Rio Taquari

Vazante do Mangabá

SERRA DE SANTA LUÍSA

Rio Negro

Rio Aquidauana

Rio Paraguai

SERRA DA BODOQUENA

20° S

Rio Miranda

SERRA DE MARACAJU

Rio Tereré

Rio Brilhante

Rio Perdido

N
NO NE
O L
SO SE
S

70 km

Rio Paraguai

PARAGUAI

Rio Apa

Rio Dourados

Área sujeita a inundação

Fonte: CALDINI, Vera Lúcia de Moraes; ÍSOLA, Leda. *Atlas geográfico Saraiva*. 4. ed. São Paulo: Saraiva, 2013. p. 74.

Trilha de estudo

Vai estudar? Nosso assistente virtual no app pode ajudar!
<mod.lk/trilhas>

A PLANÍCIE DO PANTANAL

O Pantanal abrange áreas dos estados de Mato Grosso e Mato Grosso do Sul, estendendo-se por cerca de 151 mil quilômetros quadrados no território brasileiro (figura 25), além de ocupar trechos da Bolívia, do Paraguai e da Argentina, países em que recebe o nome de *chaco*.

O Pantanal é a maior planície inundável do mundo: trata-se de uma área de drenagem das águas da Bacia do Rio Paraguai, cuja baixa declividade favorece a inundação de grandes áreas nos períodos de chuvas mais intensas (figura 26).

MODO DE VIDA

O regime de chuvas determina o modo de vida no Pantanal. Uma característica da região é o deslocamento temporário dos rebanhos para áreas onde há menos risco de alagamento, em função das chuvas que atingem a região durante os meses de verão.

Como as planícies alagam rapidamente, os rebanhos são conduzidos pelos pantaneiros ou pelos boiadeiros para áreas mais secas, onde podem ficar em segurança. Quando as águas recuam, os rebanhos são levados novamente até o local onde estavam, encontrando pastagens verdes e água em grande quantidade.

As chuvas também determinam a diversidade da fauna e da flora. No período das cheias, é recorrente a presença de aves migratórias, que chegam ao Pantanal em busca de alimento.

No Pantanal também se pratica a pesca nos rios e nas planícies alagáveis, e a agricultura familiar. Nas últimas décadas, o ecoturismo tem contribuído para a geração de renda na região, na medida em que estimula os setores de comércio e serviços e a instalação de infraestrutura.

Figura 26. Vista de planície alagada em uma área do Parque Nacional do Pantanal Mato-grossense, em Poconé (MT, 2017).

ANDRE DIB/PULSAR IMAGENS

O Parque Indígena do Xingu

"Quem sobrevoa a região nordeste do estado de Mato Grosso se depara com uma das mais impressionantes cenas de contraste entre conservação e degradação ambiental.

O que se vê é uma enorme mancha verde de floresta muito conservada, literalmente ilhada em um mar de pastagens, plantios e solos expostos de áreas desmatadas e abandonadas.

A floresta, em muitos locais geometricamente recortada sem considerar limites naturais, é uma ilha de biodiversidade com 26,4 mil quilômetros quadrados, equivalente ao tamanho do estado de Alagoas, encravada na zona de transição entre o cerrado e a Floresta Amazônica, os dois maiores biomas brasileiros.

Mas ao observador mais atento, não escapará a percepção das pequenas clareiras, geralmente circulares, ocupadas por construções cobertas com folhas de palmeiras de arquitetura e distribuição espacial muito singulares. São as aldeias indígenas onde vivem em relativa segurança 16 povos indígenas, somando quase seis mil indivíduos.

Esse é o PIX – Parque Indígena do Xingu, uma das maiores e mais antigas áreas protegidas criadas no Brasil e uma das mais importantes e bem sucedidas experiências de conservação da diversidade cultural e ambiental brasileiras. [...]

O PIX tem uma taxa de desmatamento baixíssima e é a área mais preservada da região das cabeceiras do Xingu, formando uma verdadeira ilha de floresta face ao desmatamento regional. Sua população é de aproximadamente 5.500 pessoas, com elevadas taxas de crescimento populacional, e vive em 77 aldeias."

Instituto Socioambiental. *Parque Indígena do Xingu*: 50 anos. São Paulo: Instituto Socioambiental, 2011. p. 13 e 27.

ATIVIDADES

1. No texto, por que a floresta é descrita como "geometricamente recortada sem considerar limites naturais"?

2. Relacione o estado de conservação da área do parque com o tipo de ocupação humana que ocorre nele.

A ideia de criação do parque surgiu em 1952, mas ele só foi demarcado em 1978. Na foto, aldeia dos indígenas Kamayurá, no Parque Indígena do Xingu (MT, 2015).

FOTO: PAULO WHITAKER/REUTERS/LATINSTOCK / MAPA: FERNANDO JOSÉ FERREIRA

ATIVIDADES

ORGANIZAR O CONHECIMENTO

1. Assinale as frases corretas. Em seguida, reescreva as frases incorretas no caderno, corrigindo-as.

   a) ( ) A atividade agrícola é a mais importante para a economia da Região Centro-Oeste.

   b) ( ) A base da economia do Centro-Oeste é a agricultura de subsistência.

   c) ( ) No Centro-Oeste o crescimento da pecuária bovina está associado à abundância de terras e à proximidade em relação ao mercado consumidor, localizado sobretudo no Sudeste.

   d) ( ) As unidades da federação mais industrializadas do Centro-Oeste são Mato Grosso e Mato Grosso do Sul.

2. Sobre a agricultura do Centro-Oeste, responda.

   a) Quais são os principais produtos cultivados?

   b) Como é praticada, predominantemente?

   c) Que fatores impulsionam seu crescimento?

   d) Quais são as principais consequências ambientais de seu crescimento?

3. Copie os itens no caderno e complete-os com informações sobre as populações tradicionais do Centro-Oeste.

   a) Habitam áreas de _____.

   b) Sobrevivem dos recursos da _____.

   c) Os recursos são utilizados como _____.

APLICAR SEUS CONHECIMENTOS

4. O gráfico abaixo apresenta o crescimento da população urbana de cada região do Brasil. Analise-o e faça o que se pede.

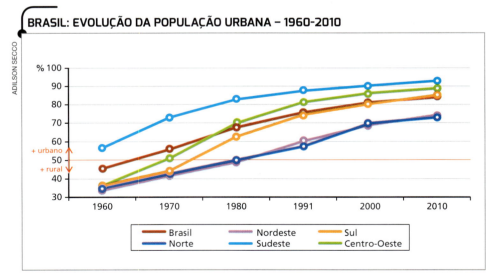

BRASIL: EVOLUÇÃO DA POPULAÇÃO URBANA – 1960-2010

Fonte: IBGE. *Sinopse do Censo demográfico 2010.* Disponível em: <https://censo2010.ibge.gov.br/sinopse/index.php?dados=9&uf=00>. Acesso em: 24 abr. 2018.

   a) Em que década a população do Centro-Oeste passou a ser predominantemente urbana? Como se pode chegar a essa conclusão?

   b) Compare o crescimento da população urbana do Centro-Oeste com o da população brasileira entre 1960 e 2010.

5. Leia o texto a seguir e responda às questões.

"Enquanto o uso de sementes melhoradas e de insumos constitui a base do processo que leva o capital a superar as barreiras naturais, as inovações mecânicas contribuem para a ampliação da escala de produção. Sem um forte aporte tecnológico em termos de máquinas e equipamentos adequados, os avanços na produção de soja e os níveis de rendimento teriam sido mais modestos. Nesse sentido, devemos chamar a atenção para a importância das dimensões na escala de produção, uma das vantagens comparativas que a região oferece [...]."

BERNARDES, Júlia Adão. *As estratégias do capital no complexo sojífero-Brasil.* Disponível em: <http://observatoriogeograficoamericalatina.org.mx/egal6/ Geografiasocioeconomica/Geografiaagricola/382.pdf.>. Acesso em: 24 abr. 2018.

a) Quais são as tecnologias citadas no texto?

b) Por que é importante que a agricultura no Centro-Oeste seja praticada numa grande escala de produção?

c) Qual é a vantagem comparativa à qual o texto faz referência?

6. Escolha quatro povos tradicionais que vivem em áreas da Região Centro-Oeste. Elabore um quadro como o do modelo abaixo e complete-o com as informações solicitadas. Pesquise em jornais, revistas, livros e na internet.

Povos das florestas e do cerrado	Principais características do modo de vida tradicional	Localização

7. Observe a foto e escreva no caderno aspectos do Pantanal e do modo de vida do pantaneiro que foram retratados nela.

DESAFIO DIGITAL

8. Acesse o objeto digital *O Parque Indígena do Xingu*, disponível em <http://mod.lk/desv7u8>, e faça o que se pede.

a) Por que os irmãos Villas-Bôas levaram indígenas para o Parque Indígena do Xingu?

b) Cite as diferenças culturais mencionadas no objeto digital que existem entre os povos que habitam o parque.

c) Quais são os impactos ambientais que ocorrem no parque e quais são suas causas?

Mais questões no livro digital

ANDRE DIB/PULSAR IMAGENS

Vista de criação de gado no Pantanal, no município de Corumbá (MS, 2017).

REPRESENTAÇÕES GRÁFICAS

Pictogramas na cartografia

O **pictograma** ou **gráfico pictórico** é uma representação cartográfica que utiliza símbolos para registrar a localização, a intensidade ou os aspectos qualitativos ou quantitativos de determinado fenômeno.

O uso de pictogramas na cartografia facilita a comparação de valores. Os símbolos, em geral autoexplicativos, expressam os elementos representados por meio da quantidade de figuras ou pela diferença proporcional de tamanho. Observe a seguir um mapa representativo do rebanho bovino brasileiro em 2014.

BRASIL: REBANHO BOVINO – 2014

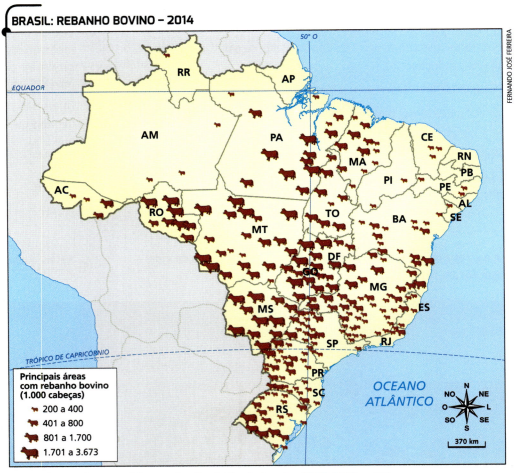

Fonte: IBGE. *Atlas geográfico escolar.* 7. ed. Rio de Janeiro: IBGE, 2016. p. 131.

ATIVIDADES

1. Quais são as características dos pictogramas? Como esses símbolos facilitam a visualização das informações?

2. Redija um pequeno texto organizando as informações do mapa com a descrição da distribuição do rebanho bovino brasileiro.

ATITUDES PARA A VIDA

Fogo do bem

"O que você pensaria se descobrisse que os indígenas do povo Xavante colocam fogo todos os anos em enormes áreas de vegetação de suas terras? Ao saber disso, muita gente logo pensa que a prática pode causar danos à natureza. Mas cientistas têm mostrado que a queimada provocada pelos índios no cerrado, na região central do país, está, na verdade, ajudando a preservar a fauna e a flora.

Os índios xavantes usam o fogo há séculos para caçar – hábito conhecido como caçada de fogo. Nessas ocasiões, os jovens e os mais velhos da aldeia saem juntos para a mata e ateiam fogo na vegetação seca para espantar os animais.

O antropólogo James R. Welch, da Fundação Oswaldo Cruz, conta que essas queimadas são planejadas pelos mais velhos de modo que o fogo não se alastre sem controle, deixando as plantas vivas a salvo. Antes de iniciar uma caçada de fogo, eles prestam muita atenção na vegetação, no vento e na época do ano.

'Os xavantes sabem exatamente o lugar certo para queimar, é impressionante como eles conseguem prever com exatidão para que lado o fogo vai e como ele se comporta', diz Carlos Coimbra, também antropólogo da Fundação Oswaldo Cruz, explica que os indígenas conseguem controlar o fogo de maneira que as chamas não fiquem muito elevadas e não atinjam temperaturas muito altas, o que faz com que a vegetação sobreviva [...]."

MOUTINHO, Sofia. Fogo do Bem. *Revista Ciência Hoje das Crianças*, 15 jul. 2014. Disponível em: <http://chc.cienciahoje.uol.com.br/fogo-do-bem/>. Acesso em: 10 abr. 2018.

ATIVIDADES

1. Selecione um trecho do texto que demonstre a maneira como os Xavante aplicam a atitude **esforçar-se por exatidão e precisão** e justifique sua resposta.

2. O texto relata que o planejamento das queimadas é realizado pelos mais velhos. No entanto, durante a caçada de fogo eles são acompanhados pelos mais jovens e, juntos, ateiam fogo na vegetação seca para espantar os animais. Nesse caso, qual atitude pode ser praticada pelos mais jovens? Justifique a alternativa assinalada.

( ) **Controlar a impulsividade.**

( ) **Criar, imaginar e inovar.**

( ) **Pensar com flexibilidade.**

( ) **Assumir riscos com responsabilidade.**

Indígenas do povo Xavante dançam durante ritual na Terra Indígena Marãiwatsédé (MT, 2013).

PAULO WHITAKER/ REUTERS/LATINSTOCK

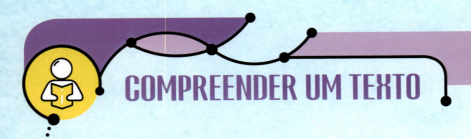

COMPREENDER UM TEXTO

Ãné si (É assim)

"Eu fico pensando nisso.

O povo A'*uwê* já vivia na terra. Foram os primeiros habitantes. Nós ainda não conhecíamos os costumes dos *warazu*. Nós somos povo antigo, de uma linhagem antiga — *dapótónahatarawi*. Herdamos essa tradição.

É assim que nós vivemos. Nós que estamos nesta aldeia, agora. Aqui nós vamos viver sempre. É aqui, em Etêniritipa, que nós vamos morrer.

É assim que eu vou contar.

Aqui os *warazu* (o estrangeiro) cercaram nosso povo. Paramos bem aqui. Nós saímos de *Wedeze* porque as terras já tinham sido vendidas pelos padres.

O padre é que autorizou dar a terra. Mesmo assim nós estamos aqui. Vocês estão vendo tudo isso em volta? As estradas, os caminhos por onde passa muita gente, essas coisas altas que os *warazu* constroem e não têm medo de subir...

É bem aqui que nós vivemos e criamos. Agora, as novas gerações sabem muito bem quem é esse povo, os *warazu*. Aprenderam a escrever. Mesmo depois que nós morrermos, quando não existirmos mais... Eles devem observar. Devem estar atentos.

[...] É assim que vivemos. Temos nossa tradição para curar quem está doente. Nascemos homens para curar as nossas doenças, para curar tudo o que há de ruim. Mas agora as crianças estão com gripe, com tosse, com pneumonia. Não era assim. Não é a doença do A'*uwê*.

Nós ficamos com vergonha quando começamos a usar roupas. Quando viemos de *Pazaihörepré*. Nesse tempo o povo ainda vivia nu. Não tínhamos vestido roupa ainda. Nossos filhos viviam nus. Nós aceitamos o que os *warazu* ofereceram. Eu aceitei vestir roupa. Não devia ter aceitado.

O relato ao lado, do indígena Sereburã, mostra como o "contato com o branco" iniciado há cerca de 60 anos modificou aspectos culturais do povo Xavante que vive na aldeia Etêniritipa, localizada no leste de Mato Grosso, em uma área cercada por fazendas de criação de gado e de cultivo de arroz e soja.

A'uwê: povo verdadeiro; modo de o povo Xavante se autodeterminar.

Warazu: termo usado para designar quem é "estrangeiro", o que não é A'uwê.

[...] No cerrado é difícil achar o alimento. Nós andamos igual queixadas, procurando frutas, raízes. Agora aceitamos tudo o que os *warazu* oferecem. Os *warazu* são rápidos para fazer as coisas na cozinha. Abrem um pacote, abrem uma lata e a comida já está pronta. É fácil... [...]

Hoje não fazemos mais *zomori* (movimento de grupos familiares pelo território tradicional em busca de caça, formando acampamentos por períodos curtos) como antigamente. Os novos estão pressionados para fazer *zomori*. Por que não realizamos? A geração nova não sabe mais fazer as casas de acampamento. Quem vai fazer a casa para eles? [...]

Não sabemos como vamos viver daqui para frente. O *warazu* está em volta. Para todo o lado que vamos, encontramos arame farpado. Está tudo cercado. Até o Rio das Mortes está sendo cercado. Estão fazendo a hidrovia. Vão tomar conta do rio também. Vão estragar o rio.

É assim! É assim que nós vamos continuar vivendo. Eu sou velho e enquanto viver vou seguir transmitindo a tradição. Mesmo vestindo roupa, mesmo com algumas coisas que aprendemos com os *warazu*. Vamos continuar essa tradição. Sempre. Este espaço, este território é fundamental para continuar nossa tradição. O território e a tradição têm que ser respeitado.

É assim que eu estou falando. Vocês, meus netos, têm que tomar cuidado. Têm que cuidar de todo esse ensinamento. A tradição deve permanecer. Ela vem de antes de nós e vai seguir em frente."

SEREBURÃ. *Ãné si. (É assim)*. Xavante. Disponível em: <http://www2.uol.com.br/aprendiz/designsocial/xavante/frame_nhist.htm>. Acesso em: 20 abr. 2018.

ATIVIDADES

OBTER INFORMAÇÕES

1. Cite três mudanças que ocorreram na aldeia Etêniritipa após o contato do povo Xavante com o branco.

INTERPRETAR

2. O autor do relato enxerga o contato do povo Xavante com os brancos de modo positivo ou negativo? Releia o texto e copie dois trechos que justifiquem sua resposta.

3. Sereburã questiona por que o *zomori* não é realizado pela nova geração. Com base no que foi lido, responda a essa pergunta do autor do texto.

4. Para Sereburã, o que é território?

PESQUISAR

5. Em grupo, pesquise outro texto produzido por indígenas brasileiros que expresse o ponto de vista deles sobre o contato com o branco. Depois, com seus colegas de grupo, compare o texto escolhido com o relato de Sereburã. Procurem compreender pontos positivos e negativos desse contato e identificar em que os autores concordam e em que discordam.

SOUD

AB'SABER, Aziz N. *Brasil*: paisagens de exceção. São Paulo: Ateliê, 2006.

_____. *Os domínios da natureza no Brasil*: potencialidades paisagísticas. São Paulo: Ateliê, 2003.

_____. Províncias geológicas e domínios morfoclimáticos do Brasil. São Paulo. *Geomorfologia*, n. 20, 1970.

AGÊNCIA NACIONAL DE TRANSPORTES AQUAVIÁRIOS. *Bacia Amazônica*: Plano Nacional de Integração Hidroviária. Florianópolis: ANTAQ, 2013.

_____. *Caracterização da oferta e da demanda do transporte fluvial de passageiros na região amazônica*. Belém: ANTAQ, 2013.

ANDRADE, M. C. de. *A terra e o homem no Nordeste*. São Paulo: Atlas, 1988.

Atlas histórico escolar. 8. ed. Rio de Janeiro: FAE, 1991.

BARROS, Alexandre Rands. *Desigualdades regionais no Brasil*. Rio de Janeiro: Campus, 2011.

BATALHA, Ben Hur Luttembarck; HANAN, Samuel Assayang. *Amazônia*: contradições no paraíso ecológico. São Paulo: Cultura, 1995.

BECKER, Berta K. *A Amazônia*. São Paulo: Ática, 1990.

_____. *Amazônia, geopolítica na virada do III milênio*. 2. ed. São Paulo: Garamond, 2007.

_____; STENNER, Claudio. *Um futuro para a Amazônia*. São Paulo: Oficina de Textos, 2008.

BONAVIDES, Paulo. *Teoria do Estado*. 5. ed. São Paulo: Malheiros, 2004.

BORGES, Edson; MEDEIROS, Carlos A.; D'ADESKY, Jacques. *Racismo, preconceito e intolerância*. São Paulo: Atual, 2009.

BRASIL. Ministério da Educação e Cultura. *Explorando o ensino de Geografia*. Disponível em: <http://portal.mec.gov.br/seb/arquivos/pdf/EnsMed/expensgeointro.pdf>.

BRITO, F. *As migrações internas no Brasil*: um ensaio sobre os desafios teóricos recentes. Belo Horizonte: UFMG/Cedeplar, 2009.

BRUM, E. Vidas barradas de Belo Monte. *Uol Notícias*. Disponível em: <https://www.uol/noticias/especiais/vidas-barradas-de-belo-monte.htm#vidas-barradas-de-belo-monte>.

BUARQUE, Sérgio C. et al. Integração fragmentada e crescimento da fronteira norte. In: AFFONSO, Rui de Britto Álvares; SILVA, Pedro Luiz Barros da (Org.). *Desigualdades regionais e desenvolvimento*. São Paulo: Fundap/Unesp, 1995.

CALDINI, Vera Lúcia de Moraes; ÍSOLA, Leda. *Atlas geográfico Saraiva*. 4. ed. São Paulo: Saraiva, 2013.

CASTRO, Iná E. de; GOMES, Paulo C. C.; CORRÊA, Roberto L. (Org.). *Geografia*: conceitos e temas. 15. ed. Rio de Janeiro: Bertrand Brasil, 2012.

CAVALCANTI, I. F. A. et al. (Org.). *Tempo e clima no Brasil*. São Paulo: Oficina de Textos, 2009.

COELHO, Maria Célia Nunes. *A ocupação da Amazônia e a presença militar*. São Paulo: Atual, 1998.

CONTI, José B.; FURLAN, Sueli A. Geoecologia: o clima, os solos e a biota. In: ROSS, Jurandyr L. S. (Org.). *Geografia do Brasil*. São Paulo: Edusp, 1996.

CORRÊA, Roberto L. *Região e organização espacial*. 8. ed. São Paulo: Ática, 2007.

_____. Os centros de gestão do território: uma nota. *Revista Território*. v. 1, n. 1, Rio de Janeiro, 1996.

COSTA, Wanderley Messias da. *O Estado e as políticas territoriais no Brasil*. 9. ed. São Paulo: Contexto, 2000.

DEAN, Warren. *A industrialização de São Paulo*. São Paulo: Difel/Edusp, 1971.

DEDECCA, Claudio. *População e mercado de trabalho em São Paulo*: metrópoles e interior. Trabalho apresentado no XVII Encontro Nacional de Estudos Populacionais, realizado em Caxambu (MG), set. 2010. Disponível em: <http://www.abep.org.br/publicacoes/index.php/anais/article/viewFile/2330/2284>.

DE SIQUEIRA, Tagore Villarim. Zona da Mata do Nordeste: diversificação das atividades e desenvolvimento econômico. *Revista do BNDES*, Rio de Janeiro, v. 8, n. 15, p. 163, jun. 2001.

FARIAS, Regina C. G. B. *Atuação estatal e a privatização do setor elétrico brasileiro*. 2006. 155 f. Dissertação de mestrado em Ciência Política. Instituto de Ciência Política/Universidade de Brasília, DF. Disponível em: <http://portal2.tcu.gov.br/portal/pls/portal/docs/2056040.PDF>.

FAUSTO, Bóris. *História do Brasil*. 6. ed. São Paulo: Edusp, 1998.

FELIPPE, Miguel F. et al. Evolução da ocupação das zonas preferenciais de recarga de aquíferos de Belo Horizonte. *Revista de Geografia*, v. 2, n. 1, 2011.

FERREIRA, Graça M. L. *Atlas geográfico*: espaço mundial. 4. ed. São Paulo: Moderna, 2010; 2013.

_____. *Moderno atlas geográfico*. 6. ed. São Paulo: Moderna, 2016.

FURLAN, Sueli Angelo; NUCCI, João Carlos. *A conservação das florestas tropicais*. São Paulo: Atual, 1999.

FURTADO, Bernardo Alves; KRAUSE, Cleandro; FRANÇA, Karla Christina Batista de (Ed.). *Território metropolitano, políticas municipais*: por soluções conjuntas de problemas urbanos no âmbito metropolitano. Brasília: Ipea, 2013.

FURTADO, Celso. *Brasil*: a construção interrompida. 2. ed. São Paulo: Paz e Terra, 1992.

_____. *Formação econômica do Brasil*. 34. ed. São Paulo: Companhia das Letras, 2007.

GARCIA, Carlos. *O que é Nordeste brasileiro*. 5. ed. São Paulo: Brasiliense, 1986.

GEIGER, Pedro P. *As formas do espaço brasileiro*. Rio de Janeiro: Jorge Zahar, 2003.

GEORGE, Pierre; VERGER, Fernand. *Dictionnaire de la Géographie*. Paris: PUF, 2009.

GUIMARÃES NETO, Leonardo. *Introdução à formação econômica do Nordeste*. Recife: Massangana, 1989.

HOLANDA, Sergio B. de. *Raízes do Brasil*. 23. ed. Rio de Janeiro: José Olympio, 1991.

IBGE. *Anuário estatístico do Brasil 2007*. Rio de Janeiro: IBGE, 2008. v. 67.

_____. *Atlas do censo demográfico 2010*. Rio de Janeiro: IBGE, 2013.

_____. *Atlas geográfico escolar*. 7. ed. Rio de Janeiro: IBGE, 2016.

_____. *Atlas geográfico escolar*: ensino fundamental do 6º ao 9º ano. Rio de Janeiro: IBGE, 2010.

_____. *Pesquisa nacional por amostra de domicílios*: síntese de indicadores 2016. Rio de Janeiro: IBGE, 2017.

LUCIANO, Gersem dos Santos. *O índio brasileiro*: o que você precisa saber sobre os povos indígenas no Brasil de hoje. Brasília: Ministério da Educação, Secretaria de Educação Continuada, Alfabetização e Diversidade; Laced/Museu Nacional, 2006.

_____; ARBEX JUNIOR, José; OLIC, Nelson Bacic. *Conhecendo o Brasil*: Região Norte. São Paulo: Moderna, 2000.

MEIRELLES FILHO, João. *O livro de ouro da Amazônia*. Ediouro: Rio de Janeiro, 2004.

MELLO, Thiago de. *Amazonas*: pátria da água. Rio de Janeiro: Bertrand Brasil, 2002.

MENDONÇA, Francisco; DANNI-OLIVEIRA, Inês Moresco. *Climatologia*: noções básicas e climas do Brasil. São Paulo: Oficina de Textos, 2007.

MENDONÇA, Sônia. *A industrialização brasileira*. São Paulo: Moderna, 1995.

MONBEIG, Pierre. *Pioneiros e fazendeiros de São Paulo*. São Paulo: Hucitec, 1984.

MORAES, Antonio C. R. *Bases da formação territorial do Brasil*: o território colonial brasileiro no "longo" século XVI. São Paulo: Hucitec, 2000.

MORAES, Paulo Roberto; FIORAVANTI, Carlos. *Centro-Oeste*: terra de conquistas. São Paulo: Harbra, 1998.

_____; MELLO, Suely A. R. Freire de. *Região Norte*. São Paulo: Harbra, 2009.

MORAIS, Raymundo. *Anfiteatro amazônico*. São Paulo: Melhoramentos, 1936.

MOTTA, Diana; DA MATA, Daniel. A importância da cidade média. *Desafios do Desenvolvimento*, Brasília, ano 6, n. 47, fev. 2009.

OLIVEIRA, Adonis; PEREIRA, Albertina de S. L. (Coord.). *Nordeste em números*: 2011. Recife: Sudene, 2013.

OLIVEIRA, Ariovaldo U. de. *Amazônia, monopólio, expropriação e conflito*. Campinas: Papirus, 1995.

PENNAFORTE, Charles. *Amazônia*: contrastes e perspectivas. São Paulo: Atual, 2006.

PORTELA, Fernando; SANT'ANNA NETO, João Lima. *O Pantanal*. São Paulo: Ática, 1992.

PRADO JR., Caio. *Formação do Brasil contemporâneo*: colônia. Entrevista Fernando Novais; posfácio Bernardo Ricupero. São Paulo: Companhia das Letras, 2011.

_____. *História econômica do Brasil*. São Paulo: Brasiliense, 2004.

RAMOS, Soraia. Sistemas técnicos agrícolas e meio técnico-científico-informacional no Brasil. In: SANTOS, Milton. *O Brasil*: território e sociedade no início do século XXI. 6. ed. Rio de Janeiro: Record, 2004.

RANGEL, Ignácio. *Economia, milagre e antimilagre*. Rio de Janeiro: Jorge Zahar, 1985.

REBOUÇAS, Aldo da Cunha; BRAGA, Benedito; TUNDISI, José Galizia (Org.). *Águas doces no Brasil*: capital ecológico, uso e conservação. 3. ed. São Paulo: Escrituras, 2006.

REIS, João José. Quilombos e revoltas escravas no Brasil. *Revista USP*, São Paulo, n. 28, dez./fev. 1995/1996. Disponível em: <http://www.revistas.usp.br/revusp/article/ view/28362/30220>.

RIBEIRO, Darcy. *O povo brasileiro*: a formação e o sentido do Brasil. 2. ed. Rio de Janeiro: Companhia das Letras, 2004.

RIBEIRO, Wagner C. (Org.). *Patrimônio ambiental brasileiro*. São Paulo: Imprensa Oficial do Estado de São Paulo, 2003.

ROSA, Antônio Vitor. *Agricultura e meio ambiente*. 7. ed. São Paulo: Atual, 1998.

ROSS, Jurandyr L. S. (Org.). *Geografia do Brasil*. 5. ed. São Paulo: Edusp, 2005.

SANTOS, Milton. *A urbanização brasileira*. 5. ed. São Paulo: Edusp, 2005.

_____. *Técnica, espaço, tempo*. 5. ed. São Paulo: Edusp, 2008.

_____; SILVEIRA, Maria Laura. *O Brasil*: território e sociedade no início do século XXI. Rio de Janeiro: Record, 2005.

SANTOS FILHO, Milton (Coord.). *O processo de urbanização do oeste baiano*. Recife: Sudene, 1989.

SINGER, Paul. *A crise do "milagre"*: interpretação crítica do milagre brasileiro. 7. ed. Rio de Janeiro: Paz e Terra, 1982.

SUNDFELD. Carlos A. *Fundamentos de direito público*. 4. ed. São Paulo: Malheiros, 2003.

THÉRY, Hervé; MELLO, Neli Aparecida de. *Atlas do Brasil*: disparidades e dinâmicas do território. São Paulo: Edusp, 2005.

TORRES, Fillipe T. P.; MACHADO, Pedro José de O. *Introdução à climatologia*. São Paulo: Cengage Learnig, 2011.

BASE ELETRÔNICA DE DADOS

- Agência Nacional de Águas (ANA): <www2.ana.gov.br>
- Agência Nacional de Energia Elétrica (Aneel): <www.aneel.gov.br>
- Atlas do Desenvolvimento Humano no Brasil: <http://atlasbrasil.org.br>
- Ciência Hoje das Crianças: <http://chc.cienciahoje.uol.com.br>
- Companhia Ambiental do Estado de São Paulo (Cetesb): <www.cetesb.sp.gov.br>
- ComCiência: <www.comciencia.br/comciencia>
- Companhia de Desenvolvimento dos Vales do São Francisco e do Parnaíba (Codevasf): <www.codevasf.gov.br>
- Confins Revista Franco-Brasileira de Geografia: <confins.revues.org>
- Empresa Brasileira de Pesquisa Agropecuária (Embrapa): <www.embrapa.br>
- Fundação Florestal: <http://www.parqueestadualserradomar.sp.gov.br>
- Fundação Nacional do Índio (Funai): <www.funai.gov.br>
- ICMBio: <http://www.icmbio.gov.br>
- Instituto Brasileiro de Geografia e Estatística (IBGE): <www.ibge.gov.br>
- Instituto Nacional de Colonização e Reforma Agrária (Incra): <www.incra.gov.br>
- Instituto Nacional de Pesquisas Espaciais (Inpe): <www.inpe.br>
- Instituto Socioambiental (ISA): <www.socioambiental.org/pt-br>
- Programa das Nações Unidas para o Desenvolvimento (Pnud): <www.pnud.org.br>
- Revista Pesquisa Fapesp: <http://revistapesquisa.fapesp.br>
- SOS Mata Atlântica: <www.sosma.org.br>

ATITUDES PARA A VIDA

As *Atitudes para a vida* são comportamentos que nos ajudam a resolver as tarefas que surgem todos os dias, desde as mais simples até as mais desafiadoras. São comportamentos de pessoas capazes de resolver problemas, de tomar decisões conscientes, de fazer as perguntas certas, de se relacionar bem com os outros e de pensar de forma criativa e inovadora.

As atividades que apresentamos a seguir vão ajudá-lo a estudar os conteúdos e a resolver as atividades deste livro, incluindo as que parecem difíceis demais em um primeiro momento.

Toda tarefa pode ser uma grande aventura!

PERSISTIR

Muitas pessoas confundem persistência com insistência, que significa ficar tentando e tentando e tentando, sem desistir. Mas persistência não é isso! Persistir significa buscar estratégias diferentes para conquistar um objetivo.

Antes de desistir por achar que não consegue completar uma tarefa, que tal tentar outra alternativa?

Algumas pessoas acham que atletas, estudantes e profissionais bem-sucedidos nasceram com um talento natural ou com a habilidade necessária para vencer. Ora, ninguém nasce um craque no futebol ou fazendo cálculos ou sabendo tomar todas as decisões certas. O sucesso muitas vezes só vem depois de muitos erros e muitas derrotas. A maioria dos casos de sucesso é resultado de foco e esforço.

Se uma forma não funcionar, busque outro caminho. Você vai perceber que desenvolver estratégias diferentes para resolver um desafio vai ajudá-lo a atingir os seus objetivos.

CONTROLAR A IMPULSIVIDADE

Quando nos fazem uma pergunta ou colocam um problema para resolver, é comum darmos a primeira resposta que vem à cabeça. Comum, mas imprudente.

Para diminuir a chance de erros e de frustrações, antes de agir devemos considerar as alternativas e as consequências das diferentes formas de chegar à resposta. Devemos coletar informações, refletir sobre a resposta que queremos dar, entender bem as indicações de uma atividade e ouvir pontos de vista diferentes dos nossos.

Essas atitudes também nos ajudarão a controlar aquele impulso de desistir ou de fazer qualquer outra coisa para não termos que resolver o problema naquele momento. Controlar a impulsividade nos permite formar uma ideia do todo antes de começar, diminuindo os resultados inesperados ao longo do caminho.

ESCUTAR OS OUTROS COM ATENÇÃO E EMPATIA

Você já percebeu o quanto pode aprender quando presta atenção ao que uma pessoa diz? Às vezes recebemos importantes dicas para resolver alguma questão. Outras vezes, temos grandes ideias quando ouvimos alguém ou notamos uma atitude ou um aspecto do seu comportamento que não teríamos percebido se não estivéssemos atentos.

Escutar os outros com atenção significa manter-nos atentos ao que a pessoa está falando, sem estar apenas esperando que pare de falar para que possamos dar a nossa opinião. E empatia significa perceber o outro, colocar-nos no seu lugar, procurando entender de verdade o que está sentindo ou por que pensa de determinada maneira.

Podemos aprender muito quando realmente escutamos uma pessoa. Além do mais, para nos relacionar bem com os outros — e sabemos o quanto isso é importante —, precisamos prestar atenção aos seus sentimentos e às suas opiniões, como gostamos que façam conosco.

PENSAR COM FLEXIBILIDADE

Você conhece alguém que tem dificuldade de considerar diferentes pontos de vista? Ou alguém que acha que a própria forma de pensar é a melhor ou a única que existe? Essas pessoas têm dificuldade de pensar de maneira flexível, de se adaptar a novas situações e de aprender com os outros.

Quanto maior for a sua capacidade de ajustar o seu pensamento e mudar de opinião à medida que recebe uma nova informação, mais facilidade você terá para lidar com situações inesperadas ou problemas que poderiam ser, de outra forma, difíceis de resolver.

Pensadores flexíveis têm a capacidade de enxergar o todo, ou seja, têm uma visão ampla da situação e, por isso, não precisam ter todas as informações para entender ou solucionar uma questão. Pessoas que pensam com flexibilidade conhecem muitas formas diferentes de resolver problemas.

ESFORÇAR-SE POR EXATIDÃO E PRECISÃO

Para que o nosso trabalho seja respeitado, é importante demonstrar compromisso com a qualidade do que fazemos. Isso significa conhecer os pontos que devemos seguir, coletar os dados necessários para oferecer a informação correta, revisar o que fazemos e cuidar da aparência do que apresentamos.

Não basta responder corretamente; é preciso comunicar essa resposta de forma que quem vai receber e até avaliar o nosso trabalho não apenas seja capaz de entendê-lo, mas também que se sinta interessado em saber o que temos a dizer.

Quanto mais estudamos um tema e nos dedicamos a superar as nossas capacidades, mais dominamos o assunto e, consequentemente, mais seguros nos sentimos em relação ao que produzimos.

QUESTIONAR E LEVANTAR PROBLEMAS

Não são as respostas que movem o mundo, são as perguntas.

Só podemos inovar ou mudar o rumo da nossa vida quando percebemos os padrões, as incongruências, os fenômenos ao nosso redor e buscamos os seus porquês.

E não precisa ser um gênio para isso, não! As pequenas conquistas que levaram a grandes avanços foram — e continuam sendo — feitas por pessoas de todas as épocas, todos os lugares, todas as crenças, os gêneros, as cores e as culturas. Pessoas como você, que olharam para o lado ou para o céu, ouviram uma história ou prestaram atenção em alguém, perceberam algo diferente, ou sempre igual, na sua vida e fizeram perguntas do tipo "Por que será?" ou "E se fosse diferente?".

Como a vida começou? E se a Terra não fosse o centro do universo? E se houvesse outras terras do outro lado do oceano? Por que as mulheres não podiam votar? E se o petróleo acabasse? E se as pessoas pudessem voar? Como será a Lua?

E se...? (Olhe ao seu redor e termine a pergunta!)

APLICAR CONHECIMENTOS PRÉVIOS A NOVAS SITUAÇÕES

Esta é a grande função do estudo e da aprendizagem: sermos capazes de aplicar o que sabemos fora da sala de aula. E isso não depende apenas do seu livro, da sua escola ou do seu professor; depende da sua atitude também!

Você deve buscar relacionar o que vê, lê e ouve aos conhecimentos que já tem. Todos nós aprendemos com a experiência, mas nem todos percebem isso com tanta facilidade.

Devemos usar os conhecimentos e as experiências que vamos adquirindo dentro e fora da escola como fontes de dados para apoiar as nossas ideias, para prever, entender e explicar teorias ou etapas para resolver cada novo desafio.

PENSAR E COMUNICAR-SE COM CLAREZA

Pensamento e comunicação são inseparáveis. Quando as ideias estão claras em nossa mente, podemos nos comunicar com clareza, ou seja, as pessoas nos entendem melhor.

Por isso, é importante empregar os termos corretos e mais adequados sobre um assunto, evitando generalizações, omissões ou distorções de informação. Também devemos reforçar o que afirmamos com explicações, comparações, analogias e dados.

A preocupação com a comunicação clara, que começa na organização do nosso pensamento, aumenta a nossa habilidade de fazer críticas tanto sobre o que lemos, vemos ou ouvimos quanto em relação às falhas na nossa própria compreensão, e poder, assim, corrigi-las. Esse conhecimento é a base para uma ação segura e consciente.

IMAGINAR, CRIAR E INOVAR

Tente de outra maneira! Construa ideias com fluência e originalidade!

Todos nós temos a capacidade de criar novas e engenhosas soluções, técnicas e produtos. Basta desenvolver nossa capacidade criativa.

Pessoas criativas procuram soluções de maneiras distintas. Examinam possibilidades alternativas por todos os diferentes ângulos. Usam analogias e metáforas, se colocam em papéis diferentes.

Ser criativo é não ser avesso a assumir riscos. É estar atento a desvios de rota, aberto a ouvir críticas. Mais do que isso, é buscar ativamente a opinião e o ponto de vista do outro. Pessoas criativas não aceitam o *status quo*, estão sempre buscando mais fluência, simplicidade, habilidade, perfeição, harmonia e equilíbrio.

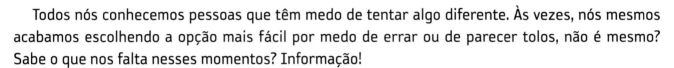

ASSUMIR RISCOS COM RESPONSABILIDADE

Todos nós conhecemos pessoas que têm medo de tentar algo diferente. Às vezes, nós mesmos acabamos escolhendo a opção mais fácil por medo de errar ou de parecer tolos, não é mesmo? Sabe o que nos falta nesses momentos? Informação!

Tentar um caminho diferente pode ser muito enriquecedor. Para isso, é importante pesquisar sobre os resultados possíveis ou os mais prováveis de uma decisão e avaliar as suas consequências, ou seja, os seus impactos na nossa vida e na de outras pessoas.

Informar-nos sobre as possibilidades e as consequências de uma escolha reduz a chance do "inesperado" e nos deixa mais seguros e confiantes para fazer algo novo e, assim, explorar as nossas capacidades.

PENSAR DE MANEIRA INTERDEPENDENTE

Nós somos seres sociais. Formamos grupos e comunidades, gostamos de ouvir e ser ouvidos, buscamos reciprocidade em nossas relações. Pessoas mais abertas a se relacionar com os outros sabem que juntos somos mais fortes e capazes.

Estabelecer conexões com os colegas para debater ideias e resolver problemas em conjunto é muito importante, pois desenvolvemos a capacidade de escutar, empatizar, analisar ideias e chegar a um consenso. Ter compaixão, altruísmo e demonstrar apoio aos esforços do grupo são características de pessoas mais cooperativas e eficazes.

Estes são 11 dos 16 Hábitos da mente descritos pelos autores Arthur L. Costa e Bena Kallick em seu livro *Learning and leading with habits of mind*: 16 characteristics for success.

Acesse http://www.moderna.com.br/araribaplus para conhecer mais sobre as *Atitudes para a vida*.

CHECKLIST PARA MONITORAR O SEU DESEMPENHO

Reproduza para cada mês de estudo o quadro abaixo. Preencha-o ao final de cada mês para avaliar o seu desempenho na aplicação das *Atitudes para a vida*, para cumprir as suas tarefas nesta disciplina. Em *Observações pessoais*, faça anotações e sugestões de atitudes a serem tomadas para melhorar o seu desempenho no mês seguinte.

Classifique o seu desempenho de 1 a 10, sendo 1 o nível mais fraco de desempenho, e 10, o domínio das *Atitudes para a vida*.

Atitudes para a vida	Neste mês eu...	Desempenho	Observações pessoais
Persistir	Não desisti. Busquei alternativas para resolver as questões quando as tentativas anteriores não deram certo.		
Controlar a impulsividade	Pensei antes de dar uma resposta qualquer. Refleti sobre os caminhos a escolher para cumprir minhas tarefas.		
Escutar os outros com atenção e empatia	Levei em conta as opiniões e os sentimentos dos demais para resolver as tarefas.		
Pensar com flexibilidade	Considerei diferentes possibilidades para chegar às respostas.		
Esforçar-se por exatidão e precisão	Conferi os dados, revisei as informações e cuidei da apresentação estética dos meus trabalhos.		
Questionar e levantar problemas	Fiquei atento ao meu redor, de olhos e ouvidos abertos. Questionei o que não entendi e busquei problemas para resolver.		
Aplicar conhecimentos prévios a novas situações	Usei o que já sabia para me ajudar a resolver problemas novos. Associei as novas informações a conhecimentos que eu havia adquirido de situações anteriores.		
Pensar e comunicar-se com clareza	Organizei meus pensamentos e me comuniquei com clareza, usando os termos e os dados adequados. Procurei dar exemplos para facilitar as minhas explicações.		
Imaginar, criar e inovar	Pensei fora da caixa, assumi riscos, ouvi críticas e aprendi com elas. Tentei de outra maneira.		
Assumir riscos com responsabilidade	Quando tive de fazer algo novo, busquei informação sobre possíveis consequências para tomar decisões com mais segurança.		
Pensar de maneira interdependente	Trabalhei junto. Aprendi com ideias diferentes e participei de discussões.		